U0662213

21世纪高等学校规划教材

MONI DIANZI JISHU

模拟电子技术

陶彩霞　田　莉　编

罗映红　主审

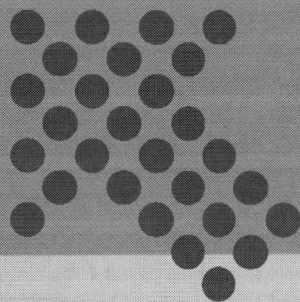

中国电力出版社
CHINA ELECTRIC POWER PRESS

内 容 提 要

本书为 21 世纪高等学校规划教材。

全书共分 7 章,主要内容包括半导体器件、基本放大电路、多级放大电路、低频功率放大电路、集成运算放大器、直流稳压电源、电力电子技术基础。本书每节都配有思考与练习,每章后都有本章小结,并且配有一定量的典型例题与习题,以帮助读者巩固所学知识。

本书主要作为普通高等院校电气信息类专业教材,也可作为高职高专教材,同时还可供从事电子技术工作的工程技术人员参考。

图书在版编目 (CIP) 数据

模拟电子技术/陶彩霞,田莉编 .—北京:中国电力出版社, 2009.9 (2020.7 重印)

21 世纪高等学校规划教材

ISBN 978 - 7 - 5083 - 9142 - 7

Ⅰ. 模⋯ Ⅱ. ①陶⋯②田⋯ Ⅲ. 模拟电路－电子技术－高等学校－教材 Ⅳ. TN710

中国版本图书馆 CIP 数据核字 (2009) 第 120377 号

中国电力出版社出版、发行

(北京市东城区北京站西街 19 号 100005 http://www.cepp.sgcc.com.cn)

北京传奇佳彩数码印刷有限公司印刷

各地新华书店经售

*

2009 年 9 月第一版 2020 年 7 月北京第五次印刷

787 毫米×1092 毫米 16 开本 10.5 印张 254 千字

定价 25.00 元

前　言

本书以教育部 2005 年颁发的"高等学校电工学基础课程教学基本要求"为依据，根据国家提出的在 2020 年使我国进入创新型国家行列的发展目标编写，属于《电路基础》、《电工技术》、《数字集成电路》、《模拟电子技术》、《电子技术》系列教材。建议本书教学学时为32～48 学时。

"模拟电子技术"是非电类专业的技术基础课程。其内容包括半导体器件、基本放大电路、多级放大电路、低频功率放大电路、集成运算放大器、直流稳压电源、电力电子技术基础等。通过本课程的学习，学生能掌握模拟电子技术的基础理论、基本分析方法、基本测量技能，为今后的学习、创新和科学研究工作打下扎实的理论和实践基础。

为了适应高等教育教学改革的新形势，转变教育思想，更新教育观念，在保证基础内容的前提下，加强了集成运放的应用，更加突出理论联系实际的主题，教材编写时力求做到深入浅出，将培养学生能力的要求贯穿于整个教学之中。本教材通过"思考与练习"、"习题"、"本章小结"等多种途径帮助学生建立学习本课程的正确思路，引导他们深入地思考问题，注意各部分知识的综合，加强系统的概念，每章中的例题和习题都尽量贴近实际应用，以开拓视野，提高学生分析问题，解决问题的能力。

本书第 1、2、4 章由兰州交通大学田莉编写，第 3、5、6、7 章由兰州交通大学陶彩霞编写。全书由兰州交通大学罗映红教授主审。

本书在编写过程中，得到了兰州交通大学自动化与电气工程学院电工学教研室全体教师的帮助和支持，并提出了许多宝贵意见，在此表示由衷的感谢。虽然我们精心组织，认真编写，但受水平限制，疏漏之处在所难免，恳请读者批评指正。

编者

2009 年 4 月

本 书 符 号 说 明

一、基本符号

1. 电流、电压、电位

i, u	电流、电压瞬时值
I, U	直流电流、电压值；正弦电流、电压有效值
$\dot{I}$, $\dot{U}$	正弦电流、电压复数量（相量）
I_m, U_m	正弦电流、电压幅值
I_{max}, U_{max}	电流、电压最大值
I_{min}, U_{min}	电流、电压最小值
i_B	基极电流总瞬时值
i_b	基极电流交流分量瞬时值
I_B	基极直流电流
i_C	集电极电流总瞬时值
i_c	集电极电流交流分量瞬时值
I_C	集电极直流电流
I_E	发射极直流电流
U_{CC}	集电极直流电源电压
U_{DD}	漏极直流电源电压
I_D	漏极直流电流；二极管直流电流
I_S	源极直流电流；二极管反向饱和电流
U_{BE}	基极—发射极直流电压
U_{CE}	集电极—发射极直流电压
U_{GS}	栅极—源极直流电压
U_{DS}	漏极—源极直流电压
u_i	输入电压瞬时值
U_i	正弦输入电压有效值；直流输入电压增量值
u_o	输出电压瞬时值
U_o	正弦输出电压有效值；直流输出电压增量值；整流电路输出平均电压
i_o	输出电流瞬时值
I_o	正弦输出电流有效值；整流电路输出平均电流
U_{DRM}	整流电路中，二极管最大反向电压
U_D	整流电路中，二极管正向电压降
I_L	负载电流

2. 功率

p	瞬时功率
P	功率
P_Z	电源消耗的功率
P_{CM}	集电极最大允许耗散功率

3. 频率

f	频率
ω	角频率

4. 电阻、电导、电容、电感

r	微变电阻
R	固定电阻
r_{be}	共发射极接法下基射极之间的微变电阻
r_i	输入电阻
r_o	输出电阻
$R_{B(b)}$	接到基极的固定电阻
R_C	接到集电极的固定电阻；余类推
R_L	负载电阻
R_s	信号源内阻
R_S	接到场效应管源极的固定电阻
C	电容
L	电感

5. 增益或放大倍数

A	增益或放大倍数
A_u	电压放大倍数
A_{us}	考虑信号源内阻时的电压放大倍数
F	反馈系数
$\dot{F}$	反馈系数的复数形式
A_d	差模电压放大倍数
A_c	共模电压放大倍数

二、器件参数符号

A	阳极
K	阴极
G	场效应管栅极；晶闸管控制极或门极
D	场效应管漏极；非线性失真系数
B	晶体管基极
C	晶体管集电极
E	晶体管发射极
J	PN 结
VD	二极管设备文字符号
S	场效应管源极；信号通用符号；变压器容量
VZ	稳压管
U_f	反馈电压
I_f	反馈电流
$U_{GS(off)}$	场效应管的夹断电压；单结晶体管峰点电压
U_T	温度的电压当量
$U_{GS(th)}$	增强型场效应管的开启电压
N	电子型半导体
P	空穴型半导体
P_{CM}	集电极最大允许耗散功率
P_{DM}	漏极最大允许耗散功率
β	共发射极接法下晶体管交流电流放大系数
$\bar{\beta}$	共发射极接法下晶体管直流电流放大系数
g_m	跨导
U_Z	稳压管的稳定电压
I_{max}	稳压管的最大稳定电流
r_z	稳压管的动态电阻
VT	晶体管、晶闸管设备文字符号
I_H	晶闸管维持电流
I_G	晶闸管控制极电流

三、其他符号

K_{CMRR}	共模抑制比
T	绝对温度；周期
k	变压器变比；波尔兹曼常数
N_1	变压器一次侧绕组匝数
N_2	变压器二次侧绕组匝数
q	电子电荷量
Q	静态工作点
Q	品质因数
η	效率
τ	时间常数
φ	相角差

目　　录

第1章　半导体器件

电子技术是研究电子器件、电子电路及其应用的学科。半导体器件是构成各种分立、集成电子电路最基本的元器件。随着电子技术的飞速发展，各种新型半导体器件层出不穷。了解和掌握各种半导体器件是学习电子技术的基础。

1.1　半导体的基础知识

物质按导电性能可分为**导体、半导体和绝缘体**。

物质的导电特性取决于原子结构。导体一般为低价元素，如铜、铁、铝等金属，其最外层电子受原子核的束缚力很小，因而极易挣脱原子核的束缚成为自由电子。在外电场作用下，这些电子产生定向运动形成电流，呈现出较好的导电特性。高价元素（如惰性气体）和高分子物质（如橡胶、塑料）最外层电子受原子核的束缚力很强，极难摆脱原子核的束缚成为自由电子，所以其导电性极差，可以作为绝缘材料。而半导体材料最外层电子既不像导体那样极易摆脱原子核的束缚，成为自由电子，也不像绝缘体那样被原子核束缚得那么紧，因此，半导体的导电特性介于二者之间。由于绝大多数半导体的原子排列呈晶体结构，所以由半导体构成的管件也称晶体管。

半导体的导电性能具有如下两个显著的特点：①具有光敏性和热敏性，即半导体受到光照或热的辐射时，其电阻率会发生很大的变化，导电能力明显改善；②具有掺杂特性，即纯净的半导体中掺入微量的其他元素，半导体的导电能力将有明显的增加。

除上述特性外，有些半导体还具有压敏、气敏、磁敏等特性，利用这些特性可以制造非常有用的压敏、气敏、磁敏器件。

1.1.1　本征半导体

纯净晶体结构的半导体称为**本征半导体**。常用的半导体材料是硅和锗，它们都是 4 价元素。在它们的晶体结构中，原子与原子之间构成所谓的共价键，它使得每个原子最外层具有 8 个电子而处于较为稳定的状态。本征半导体在绝对温度下，又无外界能源施加能量（如光照等）时，是不导电的。但在温度增加或接受光照时，一些共价键中的价电子由于获得一定能量而挣脱共价键的束缚成为自由电子，同时在共价键中产生带正电的空穴，如图 1-1 所示。自由电子和空穴两种载流子的同时存在是半导体区别于导体的主要特点。本征半导体中自由电子和空穴是成对出现的，因此，它们的浓度是相等的。

价电子在热运动中获得能量产生了电子—空穴对，这种现象称为**本征激发**。同时自由电子在运动过程中

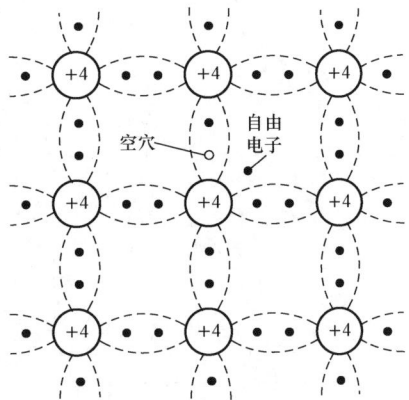

图 1-1　本征半导体中的
自由电子和空穴

失去能量，与空穴相遇，使电子、空穴消失，这种现象称为**复合**。在一定温度下，载流子的产生过程和复合过程是相对平衡的，因此载流子的浓度是一定的。

如果在本征半导体两端加上电源，则自由电子将向电源正端定向运动形成电子电流。空穴虽不移动，但因为带正电，故能吸收相邻原子中的价电子来填补，这样共价键中受束缚的价电子在晶体内不断地填补空穴而间接产生空穴的定向移动，从而形成空穴电流。

1.1.2　杂质半导体

本征半导体中虽然存在自由电子和空穴两种载流子，但浓度很低，所以导电能力很差。如果在其中有控制地掺入微量的特定杂质，其导电能力将大大提高。掺入杂质的半导体称为**杂质半导体**。

1. N 型半导体

在本征半导体中掺入微量 5 价元素，如磷、砷等，则在原来晶格中的某些硅（锗）原子被杂质原子代替。由于杂质原子最外层有 5 个价电子，因此在与周围的 4 个硅（锗）原子组成共价键时，还多余 1 个价电子。它不受共价键的束缚，而只受自身原子核的束缚。因此它只要得到较少的能量就能成为自由电子，并留下带正电的杂质离子，离子不能参与导电，如图 1-2 所示。显然，这种半导体中自由电子的浓度远远大于空穴的浓度，主要靠自由电子导电，称为 N 型半导体；由于 5 价杂质原子可提供自由电子，故称为施主杂质。N 型半导体中，自由电子称为**多数载流子**，简称**多子**；空穴称为**少数载流子**，简称**少子**。

2. P 型半导体

在本征半导体中掺入微量 3 价元素，如硼、镓等，则在原来晶格中的某些硅（锗）原子被杂质原子代替。由于杂质原子最外层有 3 个价电子，因此在与周围的 4 个硅（锗）原子组成共价键时，还缺少 1 个价电子，所以形成一个空位。其他共价键中的电子，只需摆脱一个原子核的束缚，就转至空位上，在原来的位子上形成空穴。因此，它在较少能量下就可形成空穴，并留下带负电的杂质离子，离子不能参与导电，如图 1-3 所示。显然，这种半导体中空穴的浓度远远大于自由电子的浓度，主要靠空穴导电，所以称为 P 型半导体；由于 3 价杂质原子可接受电子，相应地在邻近原子中形成空穴，故称为受主杂质。P 型半导体中，自由电子称为少数载流子，空穴称为多数载流子。

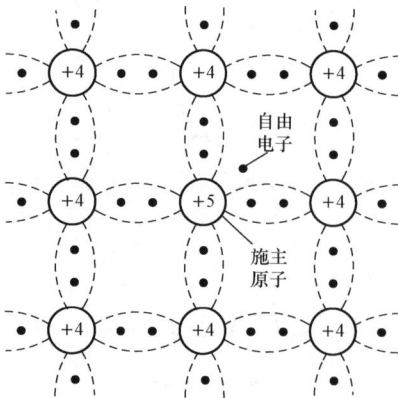

图 1-2　N 型半导体共价键结构　　　　　　图 1-3　P 型半导体共价键结构

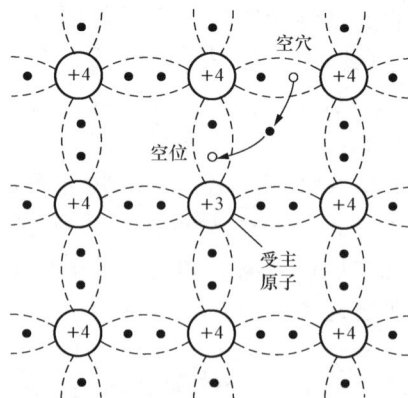

P 型半导体和 N 型半导体虽然各自都有一种多数载流子，但对外仍呈现电中性。它们

的导电特性主要由掺杂浓度决定。这种杂质半导体是构成各种半导体器件的基础。

【思考与练习】

1. 什么是本征半导体？什么是杂质半导体？各有什么特征？
2. 电子电流和空穴电流是怎样形成的？

1.2 PN 结

在一块本征半导体上，用工艺的办法使其一边形成 N 型半导体，另一边形成 P 型半导体，则在两种半导体的交界处形成了 PN 结，PN 结是构成其他半导体器件的基础。

1.2.1 PN 结的形成

在 P 型和 N 型半导体的交界面两侧，由于电子和空穴的浓度相差悬殊，因而将产生**扩散运动**。电子由 N 区向 P 区扩散，空穴由 P 区向 N 区扩散。由于它们均是带电粒子（离子），因而电子由 N 区向 P 区扩散的同时，在交界面 N 区剩下不能移动（不参与导电）的带正电的杂质离子；空穴由 P 区向 N 区扩散的同时，在交界面 P 区剩下不能移动（不参与导电）的带负电的杂质离子，于是形成了**空间电荷区**。在 P 区和 N 区的交界处形成了电场，称为自建场。在此电场的作用下，载流子将做**漂移运动**，其运动方向正好与扩散运动方向相反，阻止扩散运动。电荷扩散得越多，电场越强，因而漂移运动越强，对扩散的阻力越大。当达到平衡时，扩散运动的作用与漂移运动的作用相等，通过界面的载流子总数为 0。此时在 P、N 区交界处形成一个缺少载流子的高阻区，称为**耗尽层**（又称阻挡层）。上述过程如图 1-4 所示。

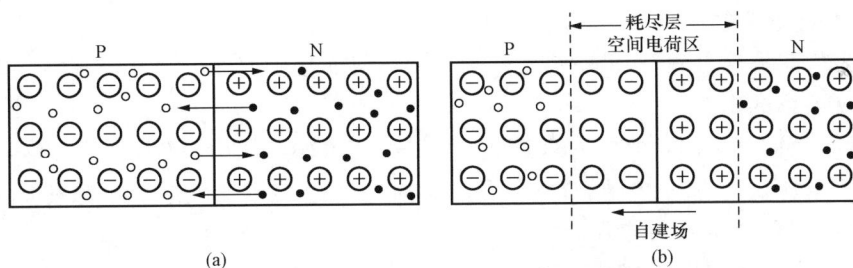

图 1-4 PN 结的形成

(a) 多数载流子的扩散运动；(b) 平衡时阻挡层形成

1.2.2 PN 结的单向导电性

PN 结在未加外电压时处于动态平衡状态，PN 结内无宏观电流。如在 PN 结上外加一定的电压，将会破坏这种动态平衡状态。

1. PN 结正向偏置

如图 1-5 所示，PN 结外加正向电压，也称**正向偏置**，简称正偏。此时外电场与自建场的方向相反，因此扩散与漂移运动的平衡被破坏。外电场驱使 P 区的空穴和 N 区的自由电子分别由两侧进入空间电荷区抵消一部分空间电荷。使整个空间电荷区变窄，自建场被削弱，多数载流子的扩散运动增强，形成较大的扩散电流（正向电流）。由于外电源不断向半导体提供电荷，使该电流得以维持。这时 PN 结所处的状态称为**正向导通**。正向导通时，PN 结的正向电流大，结电阻小。

2. 外加反向电压

如图 1-6 所示，PN 结外加反向电压，也称**反向偏置**，简称反偏。此时由于外电场与自建场的方向相同，同样也破坏了原来的平衡，使得 PN 结变厚，扩散运动难以进行，漂移运动却被加强。由于少数载流子浓度很小，故由少数载流子漂移形成的反向电流很微弱。这时 PN 结所处的状态称为**反向截止**。反向截止时，PN 结的反向电流小，结电阻大，且温度对反向电流影响很大。

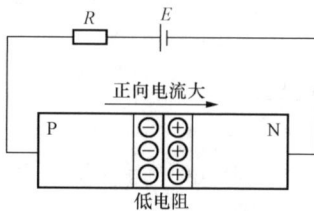

图 1-5　PN 结正向偏置　　　　　　　　图 1-6　PN 结反向偏置

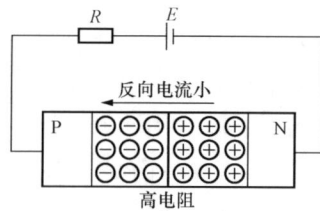

综上所述，PN 结加正向电压，处于导通状态；加反向电压，处于截止状态，即 PN 结具有单向导电特性。

PN 结的电流与端电压的关系可写成如下通式

$$i = I_\text{s}(\text{e}^{\frac{u}{U_T}} - 1) \tag{1-1}$$

式中：I_s 为反向饱和电流；U_T 为温度电压当量，$U_T = \dfrac{1}{(q/kT)}$，在绝对温度 300K（27℃）时，$U_T \approx 26\text{mV}$；q 为电子的电荷量，$q = 1.60 \times 10^{-19}\text{C}$；$T$ 为绝对温度，单位为 K（开尔文）；k 为波尔兹曼常数，$k = 1.38 \times 10^{-23}\text{J/K}$。

此方程为伏安特性方程，图 1-7 所示为 PN 结伏安特性曲线。

1.2.3　PN 结的击穿

PN 结处于反向偏置时，在一定范围内，流过 PN 结的电流是很小的反向饱和电流。但是当反向饱和电压超过某一数值（U_B）后，反向电流急剧增加，这种现象称为**反向击穿**，如图 1-7 所示，U_B 称为击穿电压。

PN 结的击穿分为雪崩击穿和齐纳击穿。

当反向电压足够高时，阻挡层内电场很强，少数载流子在结区内受强烈电场的加速作用，获得很大的能量，在运动中与其他原子发生碰撞时，有可能将价电子"打"出共价键，形成新的电子—空穴对。这些新的载流子与原先的载流子一道，在强电场作用下碰撞其他原子打出更多的电子—空穴对，如此连锁反应，使反向电流迅速增大。这种击穿称为**雪崩击穿**。

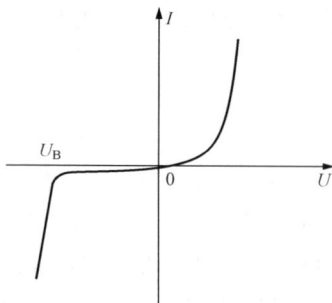

所谓**齐纳击穿**，是指当 PN 结两边掺入高浓度杂质时，其阻挡层宽度很小，即使外加反向电压不太高（一般为几伏），在 PN 结内也可形成很强的电场（可达 $2 \times 10^6 \text{V/cm}$），将共价键的电子直接拉出来，产生电子—空穴对，使反向电流急剧增加，出现击穿现象。

对硅材料的 PN 结，击穿电压大于 7V 时通常是雪崩击穿，小于 4V 时通常是齐纳击穿，在 4V 和 7V 之间时两种击

图 1-7　PN 结的伏安特性曲线

穿均有。由于击穿破坏了 PN 结的单向导电性，因而一般使用时应避免出现击穿现象。需要指出的是，发生击穿并不意味着 PN 结被损坏。当 PN 结反向击穿时，只要注意反向电流的数值（一般通过串接电阻 R 实现），不使其过大，以免因过热而烧毁 PN 结，当反向电压（绝对值）降低时，PN 结的性能就可以恢复正常。

1.2.4 PN 结的电容效应

PN 结两端加上电压，PN 结内就有电荷的变化，说明 PN 结具有电容效应。PN 结具有两种结电容：势垒电容和扩散电容。

1. 势垒电容 C_T

势垒电容 C_T 是由阻挡层内空间电荷引起的。空间电荷区是由不能移动的正负杂质离子所形成的，均具有一定的电荷量，所以在 PN 结内储存了一定的电荷。当外加电压使阻挡层变宽时，电荷量增加；反之，外加电压使阻挡层变窄时，电荷量减少。也就是说，阻挡层中的电荷量随外加电压的变化而改变，形成了电容效应，称为**势垒电容**，用 C_T 表示。

2. 扩散电容 C_D

扩散电容 C_D 是 PN 结在正向偏置时，多数载流子在扩散过程中引起电荷积累而产生的，用 C_D 表示。当 PN 结加正向电压时，N 区的电子扩散到 P 区，同时 P 区的空穴向 N 区扩散。显然，在 PN 区交界处，载流子浓度最高；离交界愈远，载流子浓度愈低。若 PN 结正向电压加大，则多数载流子扩散加强，积累的电荷增加；反之，若 PN 结正向电压减少，则多数载流子扩散减弱，积累的电荷减少。

所以，PN 结电容 $C_j = C_T + C_D$。一般说来，当 PN 结正向偏置时，扩散电容起主要作用；当 PN 结反偏时，势垒电容起主要作用。

【思考与练习】

1. P 型半导体中空穴是多数载流子，因而 P 型半导体带正电；N 型半导体中电子是多数载流子，因而 N 型半导体带负电。这种说法是否正确？

2. 什么叫载流子的扩散运动、漂移运动？它们的大小主要与什么有关系？

3. PN 结是如何形成的？在热平衡下，PN 结中有无净电流流过？

4. PN 结为什么具有单向导电性？

5. 什么是 PN 结的击穿现象？击穿有哪两种？击穿是否意味着 PN 结坏了？为什么？

6. 什么是 PN 结的电容效应？何为势垒电容、扩散电容？PN 结正向运用时，主要考虑什么电容？反向运用时，主要考虑什么电容？

1.3 半导体二极管

半导体二极管是由 PN 结加上引线和管壳构成的。

二极管的类型很多，按制造二极管的材料分，有硅二极管和锗二极管。从管子的结构来分，二极管有以下几种类型：

（1）点接触型二极管。其结构如图 1-8（a）所示。它的特点是结面积小，因而结电容小，适用于高频下工作，最高工作频率可达几百兆赫，但不能通过很大的电流。其主要应用于小电流的整流和检波、混频等。

（2）面接触型二极管。其结构如图 1-8（b）所示。它的特点是结面积大，因而能通过较大的电流，但其结电容也大，只能工作在较低的频率下，可用于整流电路。

（3）硅平面型二极管。其结构如图 1-8（c）所示。其结面积大的，可通过较大的电流，适用于大功率整流；其结面积小的，结电容小，适用于在脉冲数字电路中作开关管。

二极管的图形符号如图 1-8（d）所示。

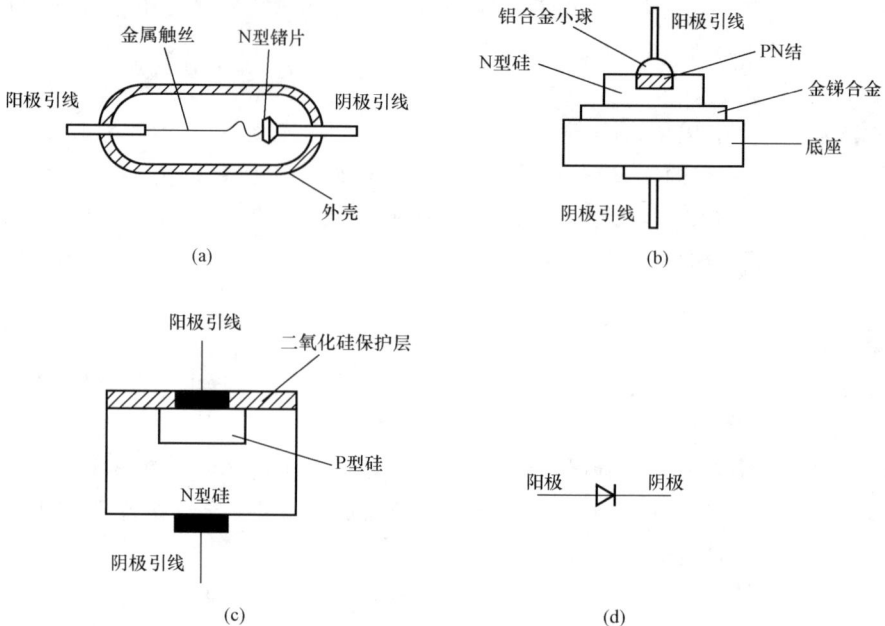

图 1-8　半导体二极管的结构和符号

（a）点接触型；（b）面接触型；（c）平面型；（d）图形符号

1.3.1　二极管的特性

二极管本质上就是一个 PN 结，但是对于真实的二极管器件，考虑到引线电阻和半导体的体电阻以及表面漏电流等因素的影响，二极管的特性与 PN 结理论特性略有差别。实测特性曲线如图 1-9 所示。其特点如下：

（1）正向特性。正向电压低于某一数值时，正向电流很小，只有当正向电压高于某一值后，才有明显的正向电流。该电压称为导通电压，又称为门限电压或死区电压，用 U_{on} 表示。在室温下，硅管的 U_{on} 约为 0.6～0.8V，锗管的 U_{on} 约为 0.1～0.3V，通常认为，当正向电压 $U<U_{on}$ 时，二极管截止；$U>U_{on}$ 时，二极管导通。

（2）反向特性。二极管承受反向电压时，由于少数载流子的漂移运动，形成反向电流。反向电流数值很小，且基本不变，称为反向饱和电流。硅管的反向饱和电流为纳安（nA）数量级，锗管的为微安（µA）数量级。当反向电压加到一定值时，反向电流急剧增加，产生击穿。普通二极管反向击穿电压一般在几十伏以上（高反压管可达几千伏）。

（3）二极管的温度特性。二极管对温度很敏感，温度升高，正向特性曲线向左移，反向特性曲线向下移。其规律是：在室温附近，在同一电流下，温度每升高 1℃，正向压降减小 2～2.5mV；温度每升高 10℃，反向电流约增大 1 倍。

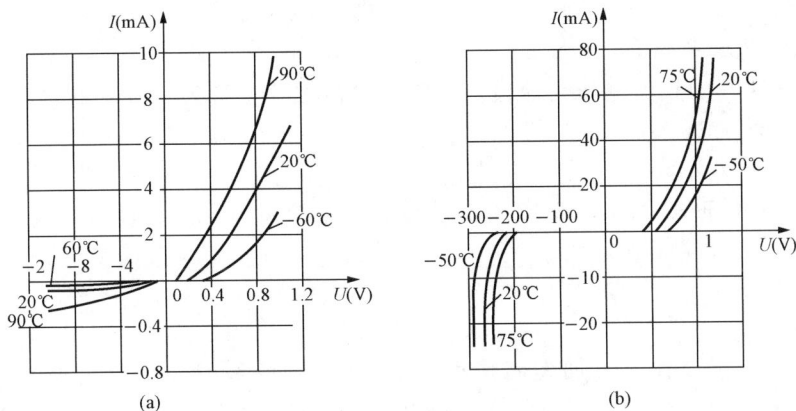

图 1-9 二极管的伏安特性曲线

(a) 2AP22（锗管）的伏安特性曲线；（b）2CP10～20（硅管）的伏安特性曲线

1.3.2 二极管模型

二极管是一非线性器件，一般采用非线性电路的分析方法，但在近似计算时可用以下两种常用模型将其简化。

（1）理想模型。所谓理想模型，是指在正向偏置时，其管压降为零，相当于开关闭合；当反向偏置时，其电流为零，阻抗为无穷大，相当于开关断开。具有这种理想特性的二极管也叫作理想二极管。在实际电路中，当外加电源电压远大于二极管的管压降时，可利用此模型分析。

（2）恒压降模型。所谓恒压降模型，是指二极管在正向导通时，其管压降为恒定值，硅管的管压降约为 0.7V，锗管的管压降约为 0.3V；当反向偏置时，和理想二极管相同。在实际电路中，此模型应用非常广泛。

1.3.3 主要参数

描述器件特性的物理量称为器件的参数。它是器件特性的定量描述，也是选择器件的依据。各器件的参数可由手册查得。

1. 最大整流电流 I_F

最大整流电流是指二极管长期使用时，允许流过二极管的最大正向平均电流。实际工作时，管子通过的电流不应超过这个值，否则将因 PN 结过热而损坏。此值取决于 PN 结结面积、材料和散热情况。

2. 最大反向工作电压 U_R

它是保证二极管允许的最高反向电压。当反向电压超过此值时，二极管可能被击穿。为安全起见，一般最大反向工作电压取反向击穿电压的一半或三分之二。

3. 最大反向电流 I_R

最大反向电流是指二极管加反向工作电压未被击穿时的反向电流值。此值越小，则二极管的单向导电性越好。反向电流是由少数载流子的漂移运动形成的，所以受温度影响很大。

4. 最高工作频率 f_M

最高工作频率 f_M 的值主要取决于 PN 结结电容的大小，结电容越大，则二极管允许的最高工作频率越低。

5. 二极管的直流电阻 R_D

加到二极管两端的直流电压与流过二极管的电流之比，称为二极管的直流电阻 R_D，即

$$R_D = \frac{U_F}{I_F} \tag{1-2}$$

此值可由二极管特性曲线求出。如图 1-10 所示，工作点 Q 电压为 $U_F = 1.5V$，电流 $I_F = 50mA$，则

$$R_D = \frac{U_F}{I_F} = \frac{1.5}{50 \times 10^{-3}} = 30\Omega$$

且由图可看出，R_D 随工作电流加大而减小，故 R_D 呈现非线性。用万用表测量出的电阻值为 R_D，用不同档测量出的 R_D 值显然是不同的。二极管加正、反向电压所呈现的电阻也不同。加正向电压时，R_D 为几十欧至几百欧，加反向电压时 R_D 为几百千欧至几兆欧。一般正、反向电阻值相差越大，二极管的性能越好。

6. 二极管的交流电阻 r_d

在二极管工作点附近，电压的微变值 ΔU 与相应的微变电流值 ΔI 之比，称为该点的交流电阻 r_d，即

$$r_d = \frac{\Delta U}{\Delta I} \tag{1-3}$$

从其几何意义上讲，当 $\Delta U \to 0$ 时有

$$r_d = \frac{dU}{dI} \tag{1-4}$$

r_d 就是工作点 Q 处的切线斜率的倒数。显然，r_d 也是非线性的，即工作电流越大，r_d 越小。交流电阻 r_d 也可从特性曲线上求出，如图 1-11 所示。过 Q 点作切线，在切线上任取两点 A、B，查出这两点间的 ΔU 和 ΔI，代入式（1-3）可得 r_d。

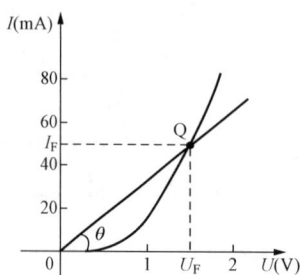

图 1-10　求直流电阻　　　　　图 1-11　求交流电阻

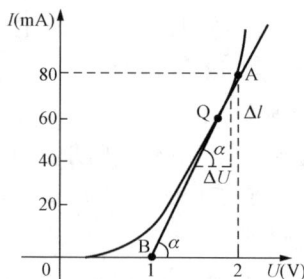

交流电阻 r_d 也可利用 PN 结的电流方程式（1-1）求出，对 I 求微分可得

$$dI = d[I_S(e^{\frac{U}{U_T}} - 1)] = \frac{I_S}{U_T}e^{\frac{U}{U_T}}dU = \frac{I_D}{U_T}dU$$

即

$$r_d = \frac{dU}{dI} = \frac{26}{I_D} \tag{1-5}$$

式中，I_D 为二极管工作点的电流，mA；26 的单位为 mV。

式（1-5）的近似等式在室温条件下（$T=300K$）成立。

对同一工作点而言，直流电阻 R_D 大于交流电阻 r_d；对不同工作点而言，其工作点愈高，R_D 和 r_d 愈低。

表 1-1 列出了几种二极管的典型参数。

表 1-1　　　　　　　　　　　半导体二极管的典型参数

型号＼参数	最大整流电流 I_F/mA	最高反向电压 U_R/V	反向电流 I_R/μA	最高工作频率 f_M	结电容 C_j/pF	备注
2AP1	16	20	≤250	150MHz	≤1	
2AP2	16	30	≤250	150MHz	≤1	点接触型锗管
2AP11	<25	<10	≤250	40MHz	≤1	
2AP12	<40	<10	≤250	40MHz	≤1	
2CP1	400	100	250	3kHz		
2CP2	400	200	250	3kHz		面接触型硅管
2CP6A	100	100	≤20	50kHz		
2CP6B	100	200	≤20	50kHz		
2CZ11A	1A	100	≤600	≤3kHz		加 60mm×60mm×1.5mm 铝散热板
2CZ12A	3A	50	≤1000	≤3kHz		加 80mm×80mm×1.5mm 铝散热板

1.3.4　二极管的应用

二极管的运用基础就是利用它的单向导电性。因此，在应用电路中，关键是判断二极管的导通或截止。然后根据情况利用恒压降模型或理想模型来分析。它可用于整流、检波、整形、限幅以及在数字电路中作为开关元件等。其典型的应用如图 1-12 所示。

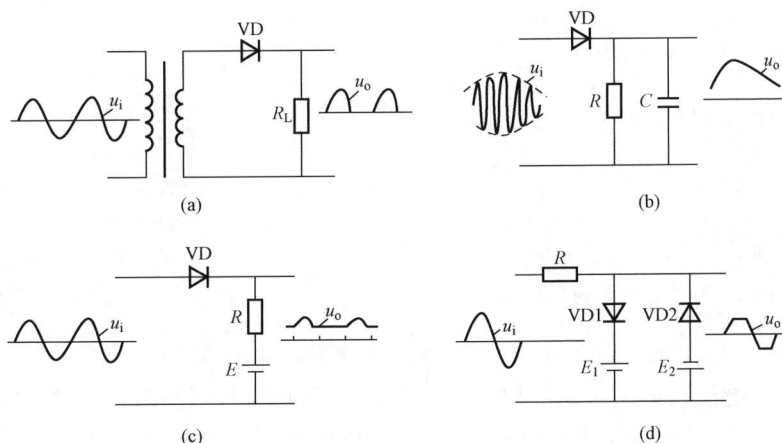

图 1-12　半导体二极管典型应用
（a）整流路；（b）检波器；（c）整形器；（d）限幅器

二极管的整流电路放在直流电源中讨论。

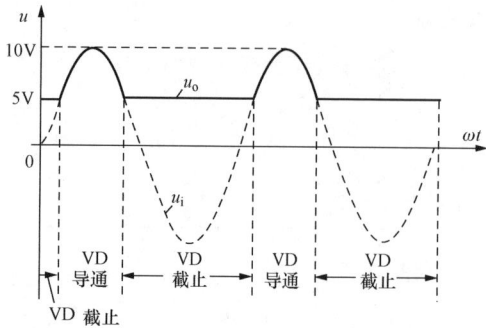

图 1-13　整形器输出波形

[例 1-1]　在图 1-12（c）电路中，$E=$ 5V，$u_i=10\sin\omega t$ V，忽略二极管的正向压降，试画出电压 u_o 的波形图。

解　当 $u_i \leqslant 5$V 时，二极管 VD 截止，$u_o=E=5$V；

当 $u_i>5$V 时，二极管 VD 导通，$u_o=u_i$。输出 u_o 的波形图如图 1-13 所示。

通过此例说明，利用整形器可以在输出端得到预期的波形。

[例 1-2]　在图 1-12（d）电路中，$E_1=E_2=5$V，$u_i=10\sin\omega t$ V，忽略二极管的正向压降，试画出电压 u_o 的波形图。

解　当 $u_i>+5$V 时，二极管 VD1 导通、VD2 截止，$u_o=+5$V；

当 -5V$<u_i<5$V 时，二极管 VD1、VD2 都截止，$u_o=u_i$；

当 $u_i<-5$V 时，二极管 VD2 导通、VD1 截止，$u_o=-5$V。

输出电压 u_o 的波形图如图 1-14 所示。输入电压的正负半轴的幅值受到限制，使输出电压 u_o 近似于梯形波。这就是限幅器的作用。

[例 1-3]　已知电路如图 1-15 所示，VDA 和 VDB 为硅二极管，求下列两种情况下输出的电压 U_F：（1）$U_A=U_B=3$V；（2）$U_A=3$V，$U_B=0$。

解　两个管子阳极连接在一起，在电路中其阳极电位是相同的。因此两二极管中，阴极电位最低的那只管子先导通。

（1）二极管 VDA 和 VDB 阳极通过 R 接在 $+6$V 的电源上，而它们的阴极分别接输入端，其电位 U_A 和 U_B 都是 $+3$V，所以 VDA 和 VDB 同时导通，设硅二极管的正向电压 $U_D=0.7$V，则 $U_F=3+0.7=3.7$（V）。

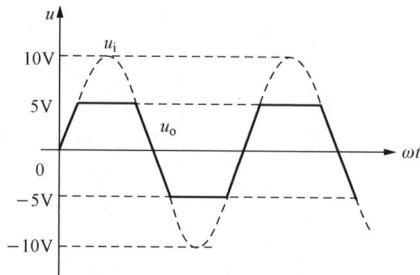

图 1-14　限幅器输出波形

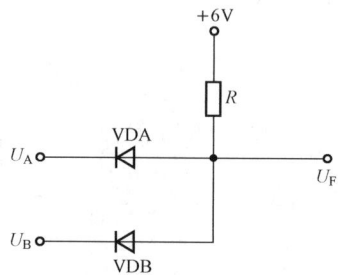

图 1-15　[例 1-3] 图

（2）由于 $U_A>U_B$，所以 VDB 抢先导通，因而 $U_F=0+0.7=0.7$V，VDB 导通后，使得 VDA 承受反向电压而截止，从而隔断了 U_A 对 U_F 的影响，使 U_F 被钳制在 0.7V。

该电路中只要有一路输入信号为低电平，输出即为低电平；仅当全部输入为高电平时，输出才为高电平。这在逻辑运算中称为"与"运算。

【思考与练习】

1. 二极管的伏安特性上为什么会出现死区电压？

2. 为什么二极管的反向饱和电流与所加反向电压无关，而当环境温度升高时，有明显增大？

3. 怎样用万用表判断二极管的正极与负极以及管子的好坏？

4. 用万用表测量二极管的正向电阻时，用 $R\times100\Omega$ 档测出的电阻值小，用 $R\times1k\Omega$ 档测出的值大，这是为什么？

5. 把一个干电池直接接到（正向接法）二极管的两端，会不会发生什么问题？

6. 二极管的直流电阻 R_D 和交流电阻 r_d 有何不同？如何在伏安特性上表示？

1.4　稳　压　管

稳压管是一种按特殊工艺制成的面接触型硅二极管。外形与普通二极管一样。由于它在电路中与适当阻值的电阻配合，能起稳定电压的作用，所以称为稳压管。图 1-16 是稳压管的伏安特性曲线和图形符号。稳压管的伏安特性和普通二极管的伏安特性基本相似，只是稳压管的击穿区特性曲线比较陡，反向击穿电压较小。

1.4.1　稳压管的稳压原理

稳压管的工作机理是利用 PN 结的击穿特性。如果二极管工作在反向击穿区，则当反向电流在较大范围内变化 ΔI 时，管子两端电压相应的变化 ΔU 却很小，这说明它具有很好的稳压特性。

使用稳压管组成稳压电路时，需要注意几个问题：①稳压管正常工作是在反向击穿状态，即外加电源正极接管子的阴极，负极接管子的阳极；②稳压管应与负载并联，由于稳压管两端电压变化量很小，因而使负载两端电压比较稳定；③必须限制流过稳压管的电流 I_Z，使其在一定范围之内，I_Z 太大，会因过热而烧毁管子，I_Z 太小，稳压特性不太好。稳压管电路如图 1-17 所示，图中限流电阻 R 即起此作用。

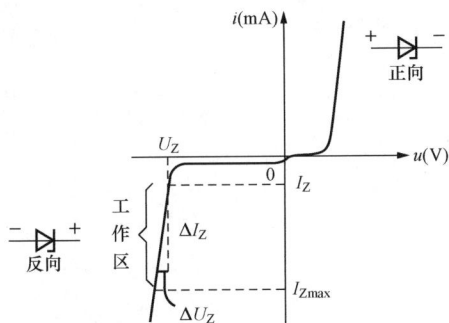

图 1-16　稳压管的图形符号和伏安特性曲线　　　　　图 1-17　稳压管电路

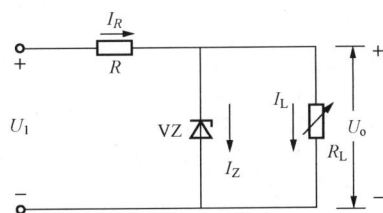

1.4.2　稳压管的主要参数

1. 稳定电压 U_Z

稳定电压 U_Z 是稳压管反向击穿后稳定工作的电压值。对于同一型号的管子会有不同的稳定电压值，分散性比较大，通常对同一型号的管子给出一定的稳定电压范围。

2. 稳定电流 I_Z

稳定电流 I_Z 是保证稳压管具有正常稳压性能的最小反向电流。当工作电流低于 I_Z 时，稳压效果变差。工作时应使流过稳压管的电流大于此值。一般情况是工作电流较大时，稳压性能较好。但最大稳定电流要受管子功耗的限制，即 $I_{Zmax} = P_Z/U_Z$。

3. 电压温度系数 α_u

温度每变化1℃，引起稳定电压变化的百分数定义为电压温度系数 α_u。它是表示稳压管稳定性的参数，电压温度系数越小，温度稳定性越好。通常，稳定电压低于6V的管子，α_u 是负值；高于6V的管子，α_u 是正值。而稳定电压为6V左右的稳压管，电压温度系数接近于零。因此，在温度稳定性要求较高的场合应选用 U_Z 为6V左右的稳压管。

4. 动态电阻 r_Z

动态电阻 r_Z 是稳压管在稳定工作范围内，管子两端电压的变化量与相应电流的变化量之比。即

$$r_Z = \frac{\Delta U_Z}{\Delta I_Z} \tag{1-6}$$

稳压管反向伏安特性曲线愈陡，则动态电阻愈小，稳压性能愈好。

5. 最大耗散功率 P_Z 和最大稳定电流 I_{Zmax}

P_Z 是稳压管允许结温下的最大功率损耗。最大稳定电流 I_{Zmax} 是指稳压管允许通过的最大电流。它们之间的关系是

$$P_Z = U_Z I_{Zmax} \tag{1-7}$$

稳压管在电路中的主要作用是稳压和限幅，也可和其他电路配合构成欠压或过压保护、报警环节等。

表1-2给出了几种稳压管的典型参数。

表1-2　　　　　　　　　　　　　稳 压 管 典 型 参 数

参　数　　型　号	稳定电压 U_Z/V	电压温度系数 $\alpha/(\%/℃)$	动态内阻 r_Z/Ω	稳定电流 I_Z/mA	最大稳定电流 I_{Zmax}/mA	耗散功率 P_Z/W
2CW11	3.2～4.5	−0.05～0.03	≤70	10	55	0.25
2CW12	4～5.5	−0.04～0.04	≤50	10	45	0.25
2CW16	8～9.5	0.08	≤20	5	26	0.25
2CW17	9～10.5	0.09	≤25	5	23	0.25
2CW21	3.2～4.5	−0.05～0.03	40	30	220	1
2CW21A	4～5.5	−0.04～0.04	30	30	180	1
2CW21E	8～9.5	0.08	7	30	105	1
2CW21F	9～10.5	0.09	9	30	95	1
2DW7B	5.8～6.6	0.005	≤15	10	30	0.2
2DW7C	6.1～6.5	0.005	≤10	10	30	0.2

【思考与练习】

1. 为什么稳压管的动态电阻越小，稳压越好？

2. 利用稳压管或普通二极管的正向压降，是否也可以稳压？

3. 用两个稳压值相等的稳压管反向串联起来使用可获得较好的温度稳定性，这是为什么？

1.5　其　他　二　极　管

1.5.1　发光二极管

发光二极管是一种将电能转换成光能的半导体器件，简称 LED（Light Emitting Diode）。和普通二极管相似，内部单元仍然是一个 PN 结。LED 多采用磷砷化镓制作 PN 结，这种半导体材料的 PN 结，在外加正向电压时，空穴和电子在复合过程中，其中一部分能量以光子的形式放出，发出一定波长的可见光。光的波长不同，颜色也不同，常见的 LED 有红、绿、黄等颜色。LED 的 PN 结封装在透明塑料管壳内，外形有方形、矩形和圆形等，图 1-18 所示为发光二极管的图形符号。

发光二极管也具有单向导电性，只有当外加的正向电压使得正向电流足够大时才发光。它的开启电压比普通二极管的开启电压大，一般在 0.9～1.1V 之间；正向工作电压为 1.5～2.5V，工作电流为 5～15mA；反向击穿电压较低，一般小于 10V。

发光二极管因其驱动电压低、工作电流小、抗振动和抗冲击能力强、体积小、可靠性高、耗电小和寿命长等优点，广泛应用于显示电路中。发光二极管除单个使用外，还可用多个 PN 结按分段式制成数码管或做成矩阵列显示器，如指示灯、七段数码管、矩阵显示器等。

1.5.2　光敏二极管

光敏二极管又称光电二极管，是将光能转换为电能的半导体器件。光敏二极管的图形符号如图 1-19 所示，其结构与普通二极管相似，其特点是 PN 结的结面积较大，管壳上有透明聚光窗。

图 1-18　发光二极管图形符号　　　　　　　图 1-19　光敏二极管图形符号

光敏二极管工作在反向偏置下，当无光照射时，它的伏安特性和普通二极管一样，反向电流很小，称为暗电流。当有光照射时，半导体共价键中的电子获得能量，产生的电子—空穴对增多，反向电流增加。且在一定的反向电压范围内，反向电流随光照强度的增加而线性地增加。此外，反向电流还与入射光的波长有关。

1.5.3　光电耦合器件

将发光二极管和光敏二极管组合起来可构成光电耦合器。如图 1-20 所示，将它们封装在一个不透明的管壳内，由透明、绝缘的树脂隔开。它以光为媒介可实现电信号的传递。使用时将电信号送入光电耦合器输入侧的发光二极管，发光二极管将电信号转换成光信号，由输出侧的光敏二极管接收并再转换成电信号。光电耦合器既可用来传递模拟信号，也可作为开关器件使用。它具有抗干扰、隔噪声、速度快、耗能少、寿命长等优点。由于发光器件和光敏器件相互绝缘分别置于输入、输出回路，因而可实现两电路间的电器隔离，并能实现信号的单方向传递，所以光电耦合器在电子技术中应用广泛，如，常用来在数字电路或计算机控制系统中作接口电路。

1.5.4 变容二极管

利用 PN 结的势垒电容随外加反向电压的变化特性可制成变容二极管。其图形符号如图 1-21 所示。变容二极管主要用于高频电子线路，如电子调谐、频率调制等。

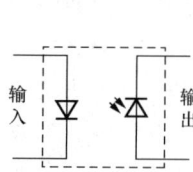

图 1-20　光电耦合器件

图 1-21　变容二极管图形符号

1.6　半 导 体 三 极 管

半导体三极管又称为晶体管、双极型（具有两种载流子—电子和空穴参与导电）三极管。它们是组成各种电子电路的核心器件。三极管有 3 个电极，其外形如图 1-22 所示。

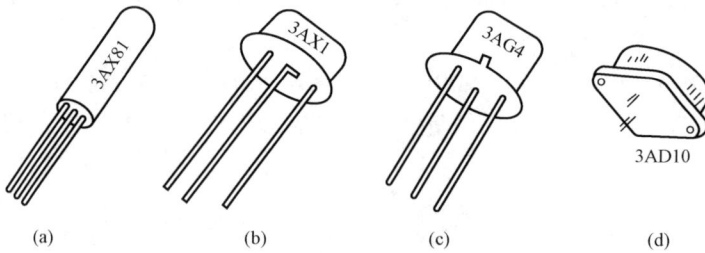

图 1-22　几种半导体三极管的外形

（a）3AX81 型　(b) 3AX1 型；（c）3AG4 型；（d）3AD10 型

1.6.1 三极管的结构及类型

若将两个 PN 结"背靠背"地（同极区相对）连接起来（用工艺的办法制成），则组成三极管。按 PN 结的组合方式，三极管有 PNP 和 NPN 两种类型，其结构示意图和图形符号如图 1-23 所示。

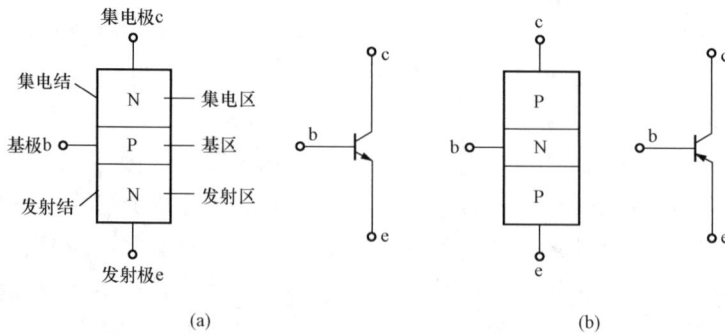

图 1-23　三极管的结构示意图和图形符号

（a）NPN 型；（b）PNP 型

无论是 PNP 型或是 NPN 型的晶体三极管，内部均包含 3 个区：基区、发射区和集电区，并相应地引出 3 个电极：基极（b）、发射极（e）和集电极（c）；有两个结：发射区与基区之间的发射结和集电区与基区之间的集电结。常用的半导体材料有硅和锗，因此共有 4 种三极管类型。它们对应的型号分别为：3A（锗 PNP）、3B（锗 NPN）、3C（硅 PNP）、3D（硅 NPN）4 种系列。NPN 型和 PNP 型晶体管工作原理相同，不同之处仅在于使用时工作电源极性相反而已。由于硅 NPN 三极管应用最广，故无特殊说明时，下面均以硅 NPN 三极管为例来讲述。

1.6.2 三极管的 3 种连接方式

因为放大器一般是 4 端网络，而三极管只有 3 个电极，所以组成放大电路时，势必要有一个电极作为输入与输出信号的公共端。根据所选公共端电极的不同，三极管有共发射极、共基极和共集电极 3 种不同的连接方式（指对交流信号而言），如图 1-24 所示。无论采用哪种连接方式，其工作原理都是相同的。

1.6.3 三极管的放大作用

三极管尽管从结构上看，相当于两个二极管背靠背地串联在一起。但是，当用单独的两个二极管按上述关系串联起来时将会发现，它们并不具有放大作用，其原因是，为了使三极管实现放大，必须由三极管内部结构和外部条件来保证。

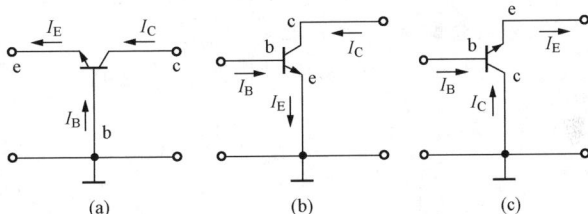

图 1-24　三极管的 3 种连接方式

(a) 共基极；(b) 共发射极；(c) 共集电极

从三极管的内部结构来看，具有以下 3 个特点：

（1）发射区进行重掺杂，而且比基区大很多，一般大 100 倍以上。因而多数载流子数远大于基区，起发射载流子的作用。

（2）基区做得很薄，通常只有几微米到几十微米，而且掺杂浓度低，起控制载流子的作用。

（3）集电区面积大，掺杂浓度比发射区小，起收集载流子的作用。

从外部条件来看，外加电源的极性应保证发射结处于正向偏置状态，集电结处于反向偏置状态。

在满足上述条件下来分析放大过程。由于共发射极应用极广泛，故下面以共发射极为例。

1. 载流子的传输过程

下面用图 1-25 来说明晶体管内部载流子的运动规律。

（1）发射区向基区扩散电子。由于发射结正向偏置，则发射区的

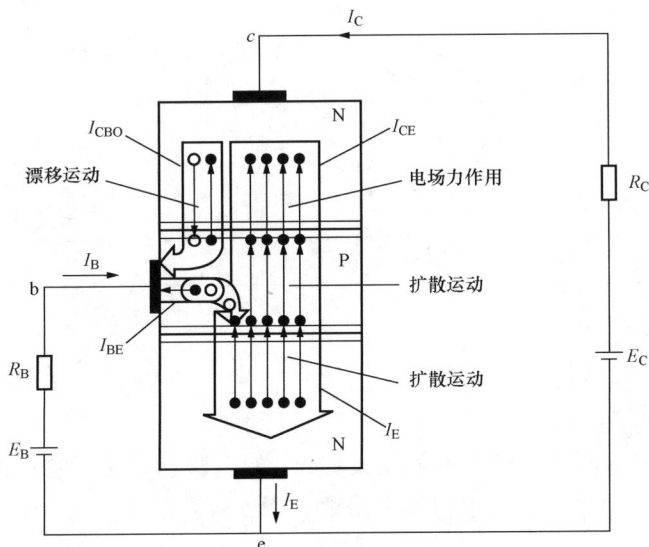

图 1-25　晶体管中载流子的运动及电流分配

电子大量地扩散注入基区，与此同时基区的空穴也向发射区扩散，由于发射区重掺杂，因而注入基区的电子浓度远大于基区向发射区扩散的空穴数，在下面的分析中，将这部分空穴的作用忽略不计。发射区发射载流子形成电流 I_E。

（2）电子在基区扩散及复合。由于电子的注入，使基区靠近发射结处电子浓度很高，集电结反向偏置，使靠近集电结处的电子浓度很低（近似为 0），因此在基区形成电子浓度差，从而电子靠扩散作用向集电区运动。电子扩散的同时，在基区与空穴相遇产生复合。由于基区空穴浓度比较低，且很薄，因此，复合的电子数极少，绝大多数电子均能扩散到集电结处。由于基区接电源的正极，基区中的价电子不断地被电源拉走，于是基区中不断地有空穴产生，被电源拉走的电子形成电流 I_{BE}。

（3）集电区收集电子。由于集电结反向偏置，扩散到集电结的电子将作漂移运动，到达集电区，形成电流 I_{CE}。因为集电结面积大，所以基区扩散过来的电子，基本上全部被集电区收集。同时由于基区和集电区的少数载流子漂移运动，形成反向饱和电流 I_{CBO}。

2. 电流分配和放大原理

载流子的运动形成相应的电流。其电流关系（见图 1 - 25）为

$$I_C = I_{CE} + I_{CBO} \qquad (1-8)$$

$$I_B = I_{BE} - I_{CBO} \qquad (1-9)$$

$$I_E = I_{BE} + I_{CE} \qquad (1-10)$$

由于基区做得很薄，掺杂浓度比发射区低得多，从发射区扩散到基区的电子中，只有一小部分在基区复合，绝大部分到达集电区。对已制成的晶体管，在基区复合与扩散的电子数是有一定比例关系的，该关系就是半导体晶体管的电流放大作用，即

$$\bar{\beta} = \frac{I_{CE}}{I_{BE}} = \frac{I_C - I_{CBO}}{I_B + I_{CBO}} \approx \frac{I_C}{I_B} \qquad (1-11)$$

构成发射极的电流 I_E 的两部分中，I_B 很小，而 I_C 所占的比例较大，这两个量的比值称为晶体管共发射极直流电流放大系数 $\bar{\beta}$。

为了对三极管的电流关系增加一些感性的认识，将某个实际的晶体管的电流关系列于表 1 - 3。

表 1 - 3   **三极管电流关系的一组典型数据**

物理量	电流（mA）				
I_B	0.02	0.04	0.06	0.08	0.10
I_C	0.70	1.50	2.30	3.10	3.95
I_E	0.72	1.54	2.36	3.18	4.05

从表中数据可得出如下结论。

（1）符合基尔霍夫电流定律，$I_E = I_C + I_B$。

（2）I_B 比 I_C 和 I_E 小得多，所以 $I_C \approx I_E$。

（3）基极电流的微小变化 ΔI_B 可以引起集电极电流的较大变化 ΔI_C，这就是晶体管电流的放大作用。把 ΔI_C 和 ΔI_B 的比值称为共射极交流电流放大倍数，用 β 来表示，即

$$\beta = \frac{\Delta I_C}{\Delta I_B} \qquad (1-12)$$

由表 1-3 可知，当 I_B 由 0.04mA 变化到 0.06mA 时，I_C 将由 1.50mA 变化到 2.30mA，则

$$\beta = \frac{\Delta I_C}{\Delta I_B} = \frac{2.30 - 1.50}{0.06 - 0.04} = 40$$

1.6.4　特性曲线

晶体管的特性曲线是指晶体管各电极之间电压和电流的关系曲线。它直观地表达出管子内部的变化规律，描述出管子的外特性。特性曲线与参数是选用三极管的主要依据。图 1-26 是测试晶体管特性曲线的电路图。下面以共射电路为例，讨论晶体管的输入、输出特性曲线。

1. 输入特性曲线

当 U_{CE} 不变时，输入回路中的电流 I_B 与电压 U_{BE} 之间的关系曲线称为输入特性，即

$$I_B = f(U_{BE})|_{U_{CE}=常数} \tag{1-13}$$

输入特性曲线如图 1-27 所示。

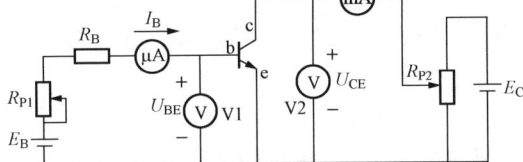

图 1-26　测试晶体管特性曲线的实验电路

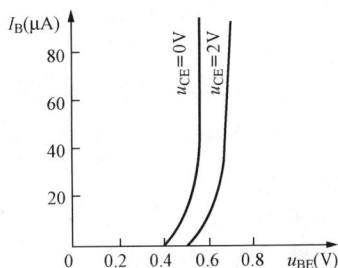

图 1-27　三极管共射输入特性

(1) 当 $U_{CE} = 0$ 时，从三极管输入回路看，相当于两个 PN 结（发射结和集电结）并联。当 b、e 间加正电压时，三极管的输入特性就是两个二极管正向伏安特性。

(2) 当 $U_{CE} \geqslant 1V$，b、e 间加正电压，此时集电极的电位比基极高，集电结为反向偏置，阻挡层变宽，基区变窄，基区电子复合减少，故基极电流 I_B 下降。与 $U_{CE} = 0$ 时相比，在相同条件下，I_B 要小得多，结果输入特性曲线将右移。

(3) 当 U_{CE} 继续增大时，严格地讲，输入特性应该继续右移，但当 U_{CE} 大于某一数值以后（如 1V），在一定的 U_{CE} 下，集电结的反向偏置电压已足以将注入基区的电子基本上都收集到集电极，此时 U_{CE} 再增大，I_B 变化不大。因此 $U_{CE} > 1V$ 以后，不同 U_{CE} 值的各条输入特性几乎重叠在一起。所以常用 $U_{CE} > 1V$（如 2V）的一条输入特性曲线来代表 U_{CE} 更高的情况。

在实际的放大电路中，三极管的 U_{CE} 一般都大于零，因而 $U_{CE} > 1V$ 的特性更具有实用意义。

2. 输出特性曲线

输出特性是指当三极管基极电流 I_B 为常数时，集电极电流 I_C 与集、射极间电压 U_{CE} 之间的关系，即

$$I_C = f(U_{CE})|_{I_B=常数} \tag{1-14}$$

固定一个 I_B 值，得一条输出特性曲线，改变 I_B 值后可得一簇输出特性曲线，如图 1-28 所

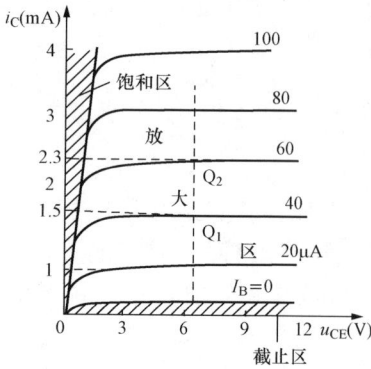

图 1-28　三极管共射输出特性

示。在输出特性曲线上可划分 3 个区域：截止区、放大区、饱和区。

（1）截止区。一般将 $I_B \le 0$ 的区域称为截止区。$I_B = 0$ 时，$I_C = I_{CEO}$。I_{CEO} 称为晶体管的集射极反向电流，又称穿透电流。通常，当发射结上的电压小于输入特性的死区电压时，发射区基本上没有自由电子注入基区，晶体管即已开始截止。但为了截止可靠，常使 $U_{BE} \le 0$，即此时发射结和集电结都处于反向偏置。

（2）放大区。此时发射结正向偏置，集电结反向偏置。在曲线上是比较平坦的部分，表示当 I_B 一定时，I_C 的值基本上不随 U_{CE} 变化。在这个区域内，当基极电流发生微小的变化量 ΔI_B 时，相应的集电极电流将产生较大的变化量 ΔI_C，此时二者的关系为

$$\Delta I_C = \beta \Delta I_B \qquad (1-15)$$

该式体现了三极管的电流放大作用。

（3）饱和区。曲线靠近纵轴附近，各条输出特性曲线的上升部分属于饱和区。在这个区域，不同 I_B 值的各条特性曲线几乎重叠在一起，即当 U_{CE} 较小时，管子的集电极电流 I_C 基本上不随基极电流 I_B 而变化，这种现象称为饱和。此时三极管失去了放大作用，$I_C = \bar\beta I_B$ 或 $\Delta I_C = \beta \Delta I_B$ 关系不成立。

一般认为 $U_{CE} = U_{BE}$，即 $U_{CB} = 0$ 时，三极管处于临界饱和状态，当 $U_{CE} < U_{BE}$ 时称为过饱和，三极管饱和时的管压降用 U_{CES} 表示。在深度饱和时，小功率管压降通常小于 0.3V。

三极管工作在饱和区时，发射结和集电结都处于正向偏置状态。

1.6.5　工作状态

对应晶体管输出特性的 3 个工作区，晶体管有 3 种工作状态：放大、截止和饱和。在分析电路中常根据晶体管结偏置电压的大小和管子的电流关系判定工作状态。而在实验中常通过测定晶体管的极间电压判定工作状态。

下面以 NPN 型管子组成的共射放大电路为例，讨论晶体管工作状态的判定方法。如图 1-29 所示，设晶体管的 $U_{BE} = 0.7V$，饱和压降为 U_{CES}。

1. 根据 PN 结偏置电压的判定法

晶体管结偏置电压与管子工作状态的关系见表 1-4。

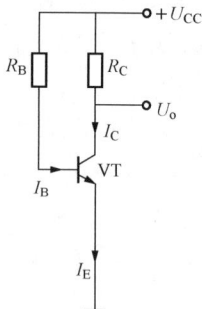

图 1-29　NPN 型管子组成的
共射放大电路

表 1-4　　　　　结 偏 置 与 工 作 状 态

工作状态 偏置电压	PN结 发 射 结	集 电 结
放　大	正偏：$U_{BE} > 0$	反偏：$U_{BC} < 0$
截　止	反偏：$U_{BE} \le 0$	反偏：$U_{BC} < 0$
饱　和	正偏：$U_{BE} > 0$	正偏：$U_{BC} \ge 0$

2. 根据 I_B、I_C 和 I_E 的判定法

由图 1-29，通过计算晶体管电流的大小来判定管子的工作状态，其计算方法及工作状态判定结果如表 1-5 所示。

表 1-5　　　　　　　　　　**晶体管电流大小与工作状态关系**

关系 概念 电流 工作状态	基极临界饱和电流 $I_{BS}=\dfrac{U_{CC}-U_{CES}}{\beta R_C}$ 硅管的临界饱和压降 $U_{CES}=0.5V$ 深饱和时 $U_{CES}=0.1\sim0.3V$		
	I_B	I_C	I_E
放　大	$0<I_B<I_{BS}$	$=\beta I_B$	$=I_B+I_C=(1+\beta)I_B$
截　止	≈ 0	≈ 0	≈ 0
饱　和	$\geqslant I_{BS}$	$<\beta I_B$	$<(1+\beta)I_B$

3. 测量管压的判定方法

测量数据与管子工作状态关系如表 1-6 所示。

1.6.6　主要参数

三极管的参数是用来表征管子性能优劣和适用范围的，是选用三极管的依据。了解这些参数的意义，对于合理使用和充分利用三极管达到设计电路的经济性和可靠性是十分必要的。

表 1-6　　　**晶体管极间电压与工作状态关系**

关系 极间电压 工作状态	U_{BE}	U_{CE}
放　大	$\approx 0.7V$	$U_{CES}<U_{CE}<U_{CC}$
截　止	$\leqslant 0$	$\approx U_{CC}$
饱　和	$\geqslant 0.7V$	$\leqslant U_{CES}$（0.3V）

1. 电流放大系数 $\bar{\beta}$ 和 β

根据工作状态的不同，在直流（静态）和交流（动态）两种情况下分别用 $\bar{\beta}$ 和 β 表示晶体管的电流放大能力。直流电流放大系数的定义为

$$\bar{\beta}=\frac{I_C}{I_B} \tag{1-16}$$

交流电流放大系数的定义为

$$\beta=\frac{\Delta I_C}{\Delta I_B} \tag{1-17}$$

显然，$\bar{\beta}$ 和 β 的含义不同，但在输出特性比较好的情况下，两者差别很小。在一般工程估算中，可以认为 $\bar{\beta}\approx\beta$。在手册中 $\bar{\beta}$ 常用 h_{FE} 表示，β 常用 h_{fe} 表示。手册中给出的数值都是在一定的测试条件下得到的。由于制造工艺和原材料的分散性，即使同一型号的晶体管，其电流放大系数也有很大的区别。常用的小功率晶体管，β 值约在 20~150 之间，而且还与 I_C 大小有关。I_C 很小或很大时，β 值将明显下降。β 值太小，电流放大作用差；β 值太大，对温度的稳定性又太差，通常以 100 左右为宜。

2. 极间反向电流

(1) 集—基极间反向饱和电流 I_{CBO}。I_{CBO} 是在发射极开路（$I_E=0$），集—基极间加一定反

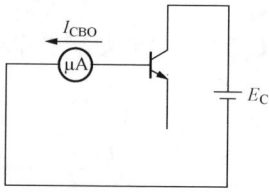

图 1 - 30　测量 I_{CBO} 的电路

向电压时的反向电流。图 1 - 30 为测量 I_{CBO} 的电路。I_{CBO} 和 PN 结的反向电流一样,是集电区和基区中少数载流子的漂移运动所形成的电流,因而受温度的影响大,硅管的 I_{CBO} 比锗管小。在室温下,一般小功率锗管的 I_{CBO} 为几微安到几十微安,而硅管的 I_{CBO} 小于 $1\mu A$。

(2) 穿透电流 I_{CEO}。I_{CEO} 是指当晶体管基极开路 ($I_B=0$)、集电结处于反向偏置和发射结处于正向偏置时的集电极电流,其测量电路如图 1 - 31 (a) 所示。

晶体管的 I_{CEO} 和 I_{CBO} 之间有着密切关系。在图 1 - 31 (b) 中,电源 E_C 加在晶体管的集电极和发射极之间,所以集电结反偏,发射结正偏。在反向电压的作用下,集电区的空穴漂移到基区(由于基区很薄,忽略基区的电子漂移到集电区所形成的电子流)而形成反向饱和电流 I_{CBO}。在正向电压作用下,发射区自由电子扩散到基区,其中绝大部分自由电子被拉入集电区,只有极少部分在基区与空穴复合。由于基极开路,$I_B=0$,因此在基区参与复合的电子与从集电区漂移过来空穴数量应该相等,也就是说,从集电区漂移过来的空穴形成的电流与参与复合的电子形成的电流相等,而且等于 I_{CBO},这样才满足 $I_B=0$ 的条件。从发射区扩散的电子,不断从电源 E_C 得到补充,形成电流 I_{CEO}。根据晶体管的分配原则,从发射区扩散到基区而到达集电区的电子数,应为在基区与空穴复合的电子数的 $\bar{\beta}$ 倍。因此,为了与形成电流 I_{CBO} 的空穴相复合,发射区必须向基区注入可以形成 $(1+\bar{\beta})$ I_{CBO} 电流的自由电子,即

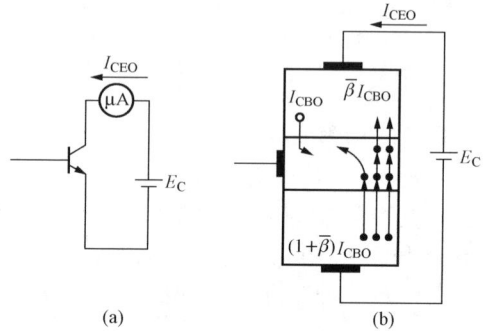

图 1 - 31　集—射极反向电流 I_{CEO}
(a) 测量 I_{CEO} 电路;(b) 载流子运动情况

$$I_{CEO} = \bar{\beta}I_{CBO} + I_{CBO} = (1+\bar{\beta})I_{CBO} \qquad (1 - 18)$$

前面式 (1 - 8) 集电极电流 I_C 也可表示为

$$
\begin{aligned}
I_C &= I_{CE} + I_{CBO} \\
&= \bar{\beta}I_{BE} + I_{CBO} \\
&= \bar{\beta}(I_B + I_{CBO}) + I_{CBO} \\
&= \bar{\beta}I_B + I_{CEO}
\end{aligned}
\qquad (1 - 19)
$$

I_{CEO} 的大小与晶体管的性能有着密切的关系,I_{CEO} 小的晶体管温度稳定性好,I_{CEO} 大的管子温度稳定性差。由于 I_{CEO} 与 I_{CBO} 和 $\bar{\beta}$ 有关,I_{CBO} 越大、$\bar{\beta}$ 越高的管子温度稳定性越差。因此,在选管子时,要求 I_{CBO} 尽可能小些,而 $\bar{\beta}$ 以不超过 100 为好。

3. 极限参数

(1) 集电极最大允许电流 I_{CM}。晶体管的集电极电流超过一定数值时,其 β 值将有明显下降,规定 β 值下降至正常值的 2/3 时的集电极电流为集电极最大允许电流 I_{CM}。使用时如果 I_C 超过 I_{CM},除了使 β 值显著下降外,还有可能使管子损耗过大而损坏。

(2) 集电极最大允许耗散功率 P_{CM}。集电极电流流经集电结时要产生功率损耗,使集电结发热。当结温超过一定数值后,会导致管子性能变坏,甚至烧坏。为了使管子结温不超过允许值,规定了集电极最大允许耗散功率 P_{CM},P_{CM} 与 U_{CE}、I_C 的关系为

$$P_{CM} = I_C U_{CE} \qquad (1 - 20)$$

根据式（1-20）和晶体管手册上给出的 P_{CM} 可在其输出特性曲线上作出一条 P_{CM} 曲线，如图 1-32 所示。

P_{CM} 值还与环境温度有关，因此晶体管还受使用温度的限制。也就是说受结温的限制，通常锗管允许结温约为 $70 \sim 90℃$，硅管约为 $150℃$。对于大功率晶体管，通常用加装散热片的方法来提高 P_{CM}。

（3）集—射极反向击穿电压 $U_{(BR)CEO}$。基极开路时，集电极与发射极之间的最大允许电压，称为集—射极反向击穿电压 $U_{(BR)CEO}$。当晶体管的 U_{CE} 大于 $U_{(BR)CEO}$ 时，管子的电

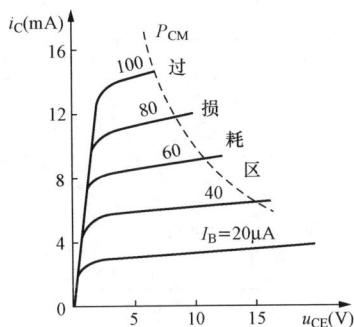

图 1-32　晶体管的 P_{CM} 线

流由很小的 I_{CEO} 突然剧增，表示管子已被反向击穿可能造成管子损坏。$U_{(BR)CEO}$ 与温度有关，温度升高 $U_{(BR)CEO}$ 值将要降低，使用时应特别注意。

由 P_{CM}、$U_{(BR)CEO}$ 和 I_{CM} 这 3 条曲线所包围区域为晶体管的安全工作区。

1.6.7　温度对三极管参数的影响

由于半导体的载流子浓度受温度影响，因而，三极管的参数也会受温度影响。这将严重影响到三极管电路的热稳定性。通常，半导体三极管的参数 U_{BE}、I_{CBO}、β 受温度影响比较明显。

1. 温度对 U_{BE} 的影响

输入特性曲线随温度升高向左移，即 I_B 不变时，U_{BE} 将下降，其变化规律是温度每升高 $1℃$，U_{BE} 减小 $2 \sim 2.5 \text{mV}$，即

$$\frac{\Delta U_{BE}}{\Delta T} = -2.5$$

2. 温度对 I_{CBO} 的影响

I_{CBO} 是由少数载流子漂移运动形成的。当温度上升时，少数载流子增加，故 I_{CBO} 也上升。其变化规律是，温度每上升 $10℃$，I_{CBO} 约上升 1 倍。I_{CEO} 随温度变化规律大致与 I_{CBO} 相同。在输出特性曲线上，温度上升，曲线上移。

3. 温度对 β 的影响

β 随温度升高而增大，变化规律是：温度每升高 $1℃$，β 值增大 $0.5\% \sim 1\%$。在输出特性曲线图上，曲线间的距离随温度升高而增大。

表 1-7 给出了几种三极管的典型参数。

表 1-7　　　　　　　　　　　　　三 极 管 的 典 型 参 数

参数 型号	直流参数			交流参数		极限参数			备　　注
	I_{CBO} /μA	I_{CEO} /μA	β	f_T /MHz	C_μ /pF	I_{CM} mA	βU_{CEO} /V	P_{CM} /mW	
3AX31B 3AX81C	$\leqslant 10$ $\leqslant 30$	$\leqslant 750$ $\leqslant 1000$	$50 \sim 150$ $30 \sim 250$	$f_\beta \geqslant 8\text{kHz}$ $f_\beta \geqslant 10\text{kHz}$		125 200	$\geqslant 18$ 10	125 200	PNP 合金型锗管，用于低频放大以及甲类和乙类功率放大电路
3AG6E 3AG11	$\leqslant 10$ $\leqslant 10$		$30 \sim 250$	$\geqslant 100$ $\geqslant 30$	$\leqslant 3$ $\leqslant 15$	10 10	$\geqslant 10$ 10	50 30	PNP 合金扩散型锗管，用于高频放大及振荡电路

参数 型号	直流参数			交流参数		极限参数			备 注
	I_{CBO} /μA	I_{CEO} /μA	β	f_T /MHz	C_μ /pF	I_{CM} mA	βU_{CEO} /V	P_{CM} /mW	
3AD6A 3AD18C	≤400 ≤1000	≤2500	≥12 ≥15	f_β≥2kHz f_β≥100kHz		2A 15A	18 60	10W	PNP 合 金 扩散型锗管, 用于低频功率 放大
3DG6C 3DG12C	≤0.01 ≤1	≤0.01 ≤10	20～200 20～200	≥250 ≥300	≤3 ≤15	20 300	20 30	100 700	NPN 外 延 平面型硅管, 用于中频放 大、高频放大 及振荡电路
3DD1C 3DD8B	＜15 100	＜50	≥12 10～20	f_α≥200kHz		300 7.5A	≥15 60	1W 100W (加散热板)	NPN 外 延 平面型硅管, 用于低频功率 放大
3DA14C 3DA28D	≤10 ≤200	≤50 ≤1000	≥20 ≥20	≥200 ≥50	≤30 ≤40	1A 1.5A	45 90	5W (加散热板) 1W (不加散热板) 10W (加散热板)	NPN 外 延 平面型硅管, 用于高频功率 放大,振荡等 电路
3CG1E 3CG2C	≤0.5 ≤0.5	≤1 ≤1	35 ＞20	＞80 ＞60	≤10 ＜15	35 60	50 20	350 600	PNP 平 面 型硅管,用于 高频放大和振 荡电路

1.6.8 复合晶体管

把两只或多只三极管的电极通过适当连接成为复合晶体管（简称复合管），作为一个管子来使用，各种不同连接方式的复合管如图 1-33 所示。其中图 1-33（a）和图 1-33（b）是由两只同类型管子组成的，图 1-33（c）和图 1-33（d）是由两只不同类型的管子组成的。通常组成复合管的三极管中，其基极作为复合管的基极的那只管子是小功率管，如 VT1 管；而另一只管子是大功率管，如 VT2 管。

复合管连接方法大致可以总结如下。

（1）复合管的等效管型由第一只管的管型确定。

（2）在组成复合管时，管子的各极电流必须畅通。

复合管的电流放大系数 β 为

$$I_C = I_{C1} + I_{C2} = \beta_1 I_B + \beta_2 I_{E1} = \beta_1 I_B + \beta_2 (1 + \beta_1) I_B$$

$$\frac{I_C}{I_B} = \beta_1 + \beta_2 (1 + \beta_1)$$

所以

$$\beta = \beta_1 + \beta_2 (1 + \beta_1) = \beta_1 + \beta_2 + \beta_1 \beta_2 \qquad (1-21)$$

由于

$$\beta_1 \beta_2 \gg \beta_1 + \beta_2$$

则放大系数 β 近似为

$$\beta \approx \beta_1 \beta_2 \qquad (1-22)$$

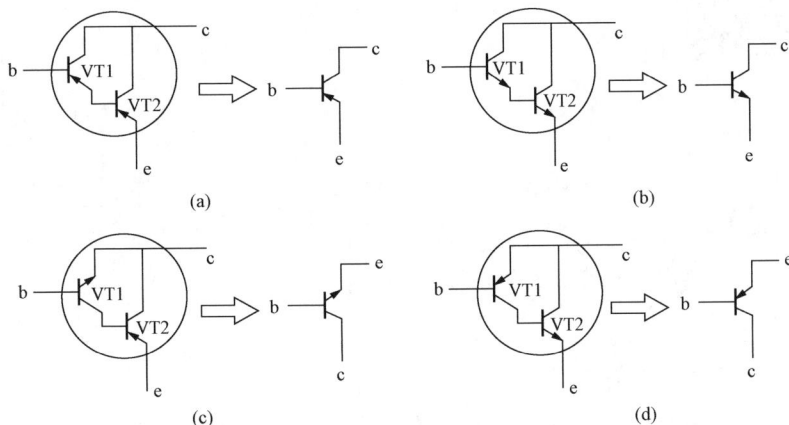

图 1-33 复合管的组成

(a) 两只 PNP 型管子构成的复合管；(b) 两只 NPN 型管子构成的复合管；(c) 两只不同型
管子构成的 NPN 型复合管；(d) 两只不同型管子构成的 PNP 型复合管

【思考与练习】

1. 为什么不能用两个反向连接的二极管来代替一个晶体三极管？

2. 可不可以将晶体三极管的 c、e 极对调使用？

3. 有两个晶体三极管，一个管子的 $\beta=60$，$I_{CBO}=0.5\mu A$；另一管子的 $\beta=150$，$I_{CBO}=2\mu A$，其他参数基本相同，哪一个管子的性能更好一些？

4. 复合管的组成原则是什么？

1.7 场 效 应 管

场效应管（FET）是利用输入回路的电场效应来控制输出回路电流的一种半导体器件，并以此命名。由于它仅靠半导体中的多数载流子导电，又称它为**单极型晶体管**。场效应管不但具备双极型晶体管体积小、重量轻、寿命长等优点，而且输入回路的内阻高达 $10^7 \sim 10^{12}$ Ω，噪声低，热稳定性好，抗辐射能力强，且比后者耗电省，这些优点使之从 20 世纪 60 年代诞生起就广泛应用于各种电子电路中。

场效应管分为结型和绝缘栅型两种不同结构。本节将对它们的工作原理、特性及主要参数一一加以介绍。

1.7.1 结型场效应管

结型场效应管又有 N 沟道和 P 沟道两种类型，图 1-34（a）是 N 沟道管的实际结构图，图 1-34（b）为它们的图形符号。

图 1-35 所示为 N 沟道结型场效应管的结构示意图。在同一块 N 型半导体上制作两个高掺杂的 P 区，并将它们连接在一起，所引出的电极称为**栅极 g**，N 型半导体两端分别引出两个电极，一个称为**漏极 d**，一个称为**源极 s**。P 区和 N 区的交界面形成耗尽层，漏极与源极间的非耗尽层区域称为**导电沟道**。

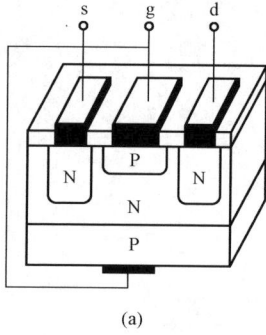

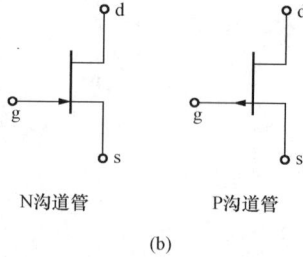

图 1-34　结型场效应管的结构和图形符号
(a) 结构；(b) 图形符号

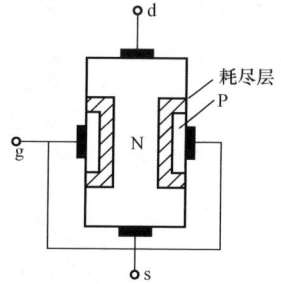

图 1-35　N 沟道结型场
效应管的结构示意图

1. 结型场效应管的工作原理

为使 N 沟道结型场效应管正常工作，应在其栅—源之间加负向电压（即 $u_{GS}<0$），以保证耗尽层承受反向电压，在漏—源之间加正向电压 u_{DS}，以形成漏极电流 i_D。$u_{GS}<0$，既保证了栅—源之间内阻很高的特点，又实现了 u_{GS} 对沟道电流的控制。

下面通过栅—源电压 u_{GS} 和漏—源电压 u_{DS} 对导电沟道的影响，来说明管子的工作原理。

（1）当 $u_{DS}=0$（即 d、s 短路）时，u_{GS} 对导电沟道的控制作用。

当 $u_{DS}=0$ 且 $u_{GS}=0$ 时，耗尽层很窄，导电沟道很宽，如图 1-36 (a) 所示。

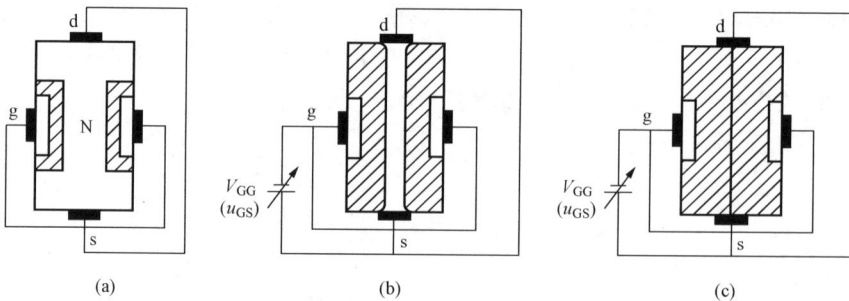

图 1-36　$u_{DS}=0$ 时，u_{GS} 对导电沟道的控制作用
(a) $u_{GS}=0$；(b) $u_{GS(off)}<u_{GS}<0$；(c) $u_{GS}\leqslant u_{GS(off)}$

当 $|u_{GS}|$ 增大时，耗尽层加宽，沟道变窄 [见图 1-36 (b)]，沟道电阻增大。当 $|u_{GS}|$ 增大到一定的数值时，耗尽层闭合，沟道消失 [见图 1-36 (c)]，沟道电阻趋于无穷大，称此时 u_{GS} 的值为夹断电压 $u_{GS(off)}$。

当 u_{GS} 为 $u_{GS(off)}\sim 0$ 中某一确定值时，若 $u_{DS}=0$，则虽然存在由 u_{GS} 所确定的一定宽度的导电沟道，但由于 d—s 间电压为 0，多子不会定向移动，因而漏极电流 i_D 为 0。

（2）若 $u_{DS}>0$，则有电流 i_D 从漏极流向源极，从而使沟道中各点与栅极间的电压不再相等，而是沿沟道从源极到漏极逐渐增大，造成靠近漏极一边的耗尽层比靠近源极一边的宽，如图 1-37 (a) 所示。

因为栅—漏电压 $u_{GD}=u_{GS}-u_{DS}$，所以当 u_{DS} 从零逐渐增大时，u_{GD} 逐渐减小，靠近漏极一边的导电沟道必将随之变窄。但只要栅—漏间不出现夹断区域，沟道电阻仍将基本上决定于栅—源电压 u_{GS}，因此，电流 i_D 将随 u_{DS} 的增大而线性增大，d—s 呈现电阻特性。而且一

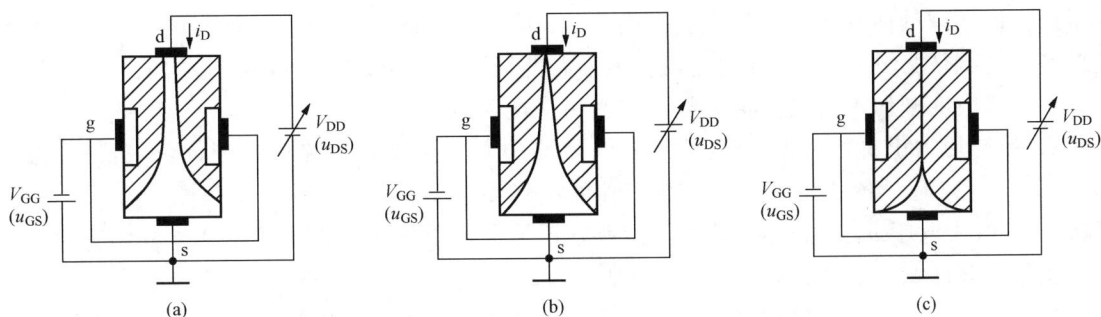

图 1-37　$u_{GS(off)} < u_{GS} < 0$ 且 $u_{DS} > 0$ 的情况

(a) $u_{GD} > u_{GS(off)}$；　(b) $u_{GD} = u_{GS(off)}$；　(c) $u_{GD} < u_{GS(off)}$

且 u_{DS} 的增大使 $u_{GD} = u_{GS(off)}$，则漏极一边的耗尽层就会出现夹断区，如图 1-37（b）所示，称 $u_{GD} = u_{GS(off)}$ 为**预夹断区电压**。

若 u_{DS} 继续增大，则 $u_{GD} < u_{GS(off)}$，耗尽层闭合部分将沿沟道方向延伸，即夹断区加长，如图 1-37（c）所示。这时，一方面自由电子从漏极向源极定向移动所受阻力加大，从而导致 i_D 减小；另一方面，随着 u_{DS} 的增大，使 d—s 间的纵向电场增强，必然导致 i_D 增大。实际上，上述 i_D 的两种变化趋势相抵消，u_{DS} 的增大几乎全部降落在夹断区，用于克服夹断区对 i_D 形成的阻力。因此，从外部看，在 $u_{GD} < u_{GS(off)}$ 的情况下，当 u_{DS} 增大时，i_D 几乎不变，即 i_D 几乎仅仅决定于 u_{GS}，表现出 i_D 的恒流特性。

因此，当 $u_{GD} < u_{GS(off)}$ 时，u_{GS} 对 i_D 的控制作用是：当 U_{DS} 为一常量时，对应于确定的 u_{GS}，就有确定的 i_D。此时，可以通过改变 u_{GS} 来控制 i_D 大小。由于漏极电流受栅—源电压的控制，故称场效应管为**电压控制元件**。与晶体管用 β（$\Delta i_C / \Delta i_B$）来描述动态情况下基极电流对集电极的控制作用相类似，场效应管用 g_m 来描述动态的栅—源电压对漏极电流的控制作用，g_m 称为**低频跨导**，其表达式为

$$g_m = \frac{\Delta i_D}{\Delta u_{GS}} \tag{1-23}$$

由以上分析可知：

1）在 $u_{GD} = u_{GS} - u_{DS} < u_{GS(off)}$ 的情况下，即当 $u_{DS} < u_{GS} - u_{GS(off)}$（即 g—d 间未出现夹断）时，对应于不同的 u_{GS}，d—s 间等效成不同阻值的电阻。

2）当 u_{DS} 使 $u_{GD} = U_{GS(off)}$ 时，d—s 间预夹断。

3）当 u_{DS} 使 $u_{GD} < U_{GS(off)}$ 时，i_D 几乎仅仅决定于 u_{GS}，而与 u_{DS} 无关，此时可以把 i_D 近似看成 u_{GS} 控制的电流源。

2. 结型场效应管的特性曲线

（1）输出特性曲线。**输出特性**曲线描述当栅—源电压 u_{GS} 为常量时，漏极电流 i_D 与漏—源电压 u_{DS} 之间的函数关系，即

$$i_D = f(u_{DS}) \big|_{u_{GS} = 常数} \tag{1-24}$$

对应于一个 u_{GS}，就有一条曲线，因此输出特性为一簇曲线，如图 1-38 所示。由图可见，场效应管有 3 个工作区域：

1）**可变电阻区**（也称非饱和区）。图中的虚线为预夹断轨迹，它是各条曲线上使 $u_{GD} = U_{GS(off)}$ 的点连接而成的。u_{GS} 愈大，预夹断时的 u_{DS} 值愈大。预夹断轨迹的左边区域称为可变

电阻区。该区域的曲线近似为不同斜率的直线。当 u_{GS} 确定时，直线的斜率也唯一地被确定，直线斜率的倒数为 d—s 间的等效电阻。因而在此区域中，可以通过改变 u_{GS} 的大小（即压控的方式）来改变漏源电阻的阻值，故称之为可变电阻区。

2）恒流区（也称饱和区）。图中预夹断轨迹的右边区域为恒流区。当 $u_{DS} > u_{GS} - u_{GS(off)}$（$u_{GD} < U_{GS(off)}$）时，各曲线近似为一组横轴的平行线。当 u_{DS} 增大时，i_D 仅略有增大。因而可将 i_D 近似为电压 u_{GS} 控制的电流源，故称该区域为恒流区。利用场效应管作放大管时，应使其工作在该区域。

3）夹断区。当 $u_{GS} < U_{GS(off)}$ 时，导电沟道被夹断，$i_D \approx 0$，即图 1-38 中靠近横轴的部分，称为夹断区。一般将使 i_D 等于某一个很小的电流（如 $5\mu A$）时的 u_{GS} 定义为夹断电压 $U_{GS(off)}$。

另外，当 u_{DS} 增大到一定程度时，漏极电流会突然增大，管子将被击穿。由于这种击穿是因栅—漏间耗尽层破坏而造成的，因而若栅—漏击穿电压为 $U_{BR(GD)}$，则漏—源击穿电压 $U_{BR(DS)} = u_{GS} - U_{BR(GD)}$，所以当 u_{GS} 增大时，漏—源击穿电压将增大，如图 1-38 所示。

（2）转移特性。转移特性曲线描述当漏—源电压 u_{DS} 为常量时，漏极电流 i_D 与栅—源电压 u_{GS} 之间的函数关系，即

$$i_D = f(u_{GS}) \big|_{u_{DS} = 常数} \tag{1-25}$$

当场效应管工作在恒流区时，由于输出特性曲线可近似为横轴的一组平行线，所以可以用一条转移特性曲线代替恒流区的所有曲线。在输出特性曲线的恒流区中做横轴的垂线，读出垂线与各曲线交点的坐标值，建立 u_{GS}、i_D 坐标系，连接各点所得曲线就是转移特性曲线，如图 1-39 所示，可见转移特性曲线与输出特性曲线有严格的对应关系。

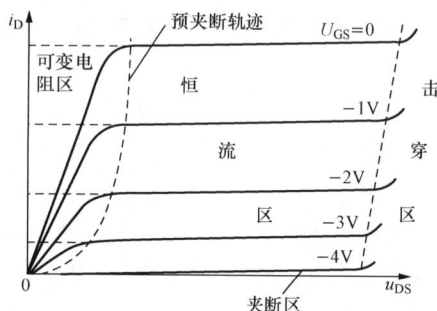

图 1-38　场效应管的输出特性　　　　　图 1-39　场效应管的转移特性曲线

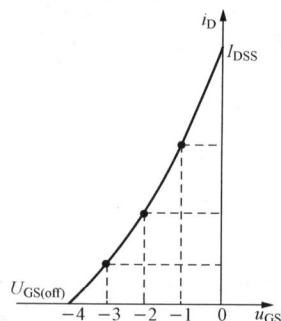

根据半导体物理中对场效应管内部载流子的分析可以得到恒流区中 i_D 的近似表达式为

$$i_D = I_{DSS}\left(1 - \frac{u_{GS}}{U_{GS(off)}}\right)^2 \quad (U_{GS(off)} < u_{GS} < 0) \tag{1-26}$$

当管子工作在可变电阻区时，对不同的 U_{DS}，转移特性曲线将有很大差别。

应当指出，为保证结型场效应管栅—源间的耗尽层加反向电压，对于 N 沟道场效应管，$u_{GS} \le 0$；对于 P 沟道场效应管，$u_{GS} \ge 0$。

1.7.2　绝缘栅型场效应管

绝缘栅型场效应管的栅极与源极、栅极与漏极之间均采用 SiO_2 绝缘层隔离，因此而得名；又因栅极为金属铝，故又称为 MOS 管。它的栅—源间电阻比结型场效应管大得多，可

达 $10^{10}\,\Omega$ 以上，还因为它比结型场效应管温度稳定性好、集成时工艺简单，而广泛用于大规模和超大规模集成电路之中。

与结型场效应管相同，MOS 管也有 N 沟道和 P 沟道两类，但每一类又分为**增强型和耗尽型**两种，因此 MOS 管的 4 种类型为：**N 沟道增强型管、N 沟道耗尽型管、P 沟道增强型管和 P 沟道耗尽型管**。凡栅—源电压 u_{GS} 为零时漏极电流也为零的管子，均属于增强型管；凡栅—源电压 u_{GS} 为零时漏极电流不为零的管子均属于耗尽型管。

1. N 沟道增强型 MOS 管

N 沟道增强型 MOS 管结构示意图如图 1-40（a）所示。它以一块低掺杂的 P 型硅片为衬底，利用扩散工艺制作两块高掺杂的 N^+ 区，并引出两个电极，分别为源极 s 和漏极 d，半导体之上制作一层 SiO_2 绝缘层，再在 SiO_2 之上制作一层金属铝，引出电极，作为栅极 g，通常将衬底与源极接在一起使用。这样，栅极和衬底各相当于一个极板，中间是绝缘层，形成电容。当栅—源电压变化时，将改变衬底靠近绝缘层处感应电荷的多少，从而控制漏极电流的大小。可见，MOS 管与结型场效应管导电机理和对电流控制的原理均不相同。图 1-40（b）为 N 沟道和 P 沟道两种增强型 MOS 管的图形符号。

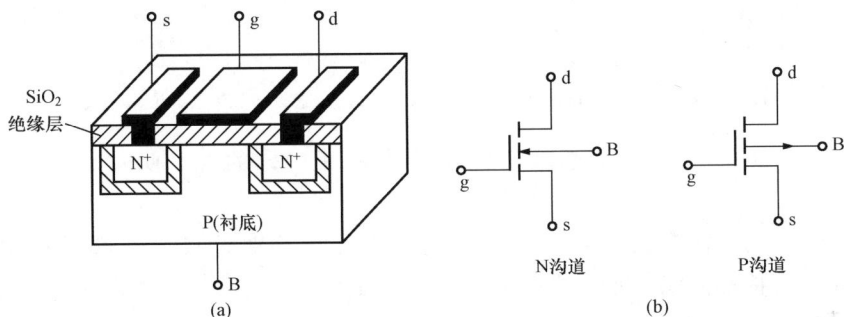

图 1-40　增强型 MOS 管结构示意图及增强型 MOS 管的图形符号
（a）N 沟道结构示意图；（b）两种增强型 MOS 管的图形符号

（1）工作原理。当栅—源之间不加电压时，漏—源之间是两只背向的 PN 结，不存在导电沟道，因此即使漏—源之间加电压，也不会有漏极电流。

当 $u_{DS}=0$ 且 $u_{GS}>0$ 时，由于 SiO_2 的存在，栅极电流为零。但是栅板金属层将聚集正电荷，它们排斥 P 型衬底靠近 SiO_2 一侧的空穴，使之剩下不能移动的负离子，形成耗尽层，如图 1-41（a）所示。当 u_{GS} 增大时，一方面耗尽层增宽，另一方面将衬底的自由电子吸引到耗尽层与绝缘层之间，形成一个 N 型薄层，称为反型层，如图 1-41（b）所示。这个反型层就构成了漏—源之间的导电沟道，使沟道刚刚形成的栅—源电压称为开启电压 $u_{GS(th)}$。u_{GS} 愈大，反型层愈厚，导电沟道电阻愈小。

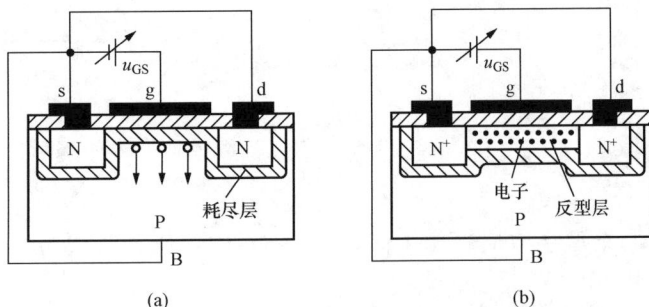

图 1-41　$u_{DS}=0$ 时，u_{GS} 对导电沟道的影响
（a）耗尽层的形成；（b）导电沟道的形成

当 u_{GS} 为大于 $u_{GS(th)}$ 的一个确定值时，若在 d—s 之间加正向电压，则将产生一定的漏极电流。此时，u_{DS} 的变化对导电沟道的影响与结型场效应管相似，即当 u_{DS} 较小时，u_{DS} 的增大使 i_D 线性增大，沟道沿源—漏方向逐渐变窄，如图 1-42 （a）所示。一旦 u_{DS} 增大到使 $u_{GD}=u_{GS(th)}$ （即 $u_{DS}=u_{GS}-U_{GS(th)}$）时，沟道在漏极一侧出现夹断点，称为预夹断，如图 1-42 （b）所示。如果 u_{DS} 继续增大，夹断区随之延长，如图 1-42 （c）所示。而且此时 u_{DS} 的增大部分几乎全部用于克服夹断区对漏极电流的阻力，从外部看，i_D 几乎不因 u_{DS} 的增大而变化，管子进入恒流区，i_D 几乎仅决定于 u_{GS}。

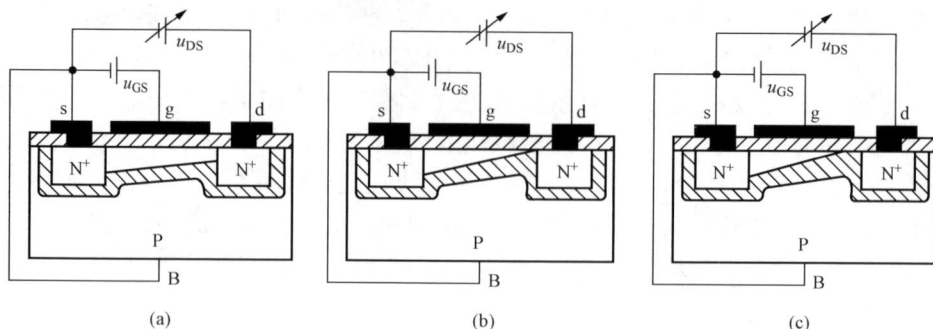

图 1-42　$u_{GS} > U_{GS(th)}$ 时，u_{DS} 对 i_D 的影响

(a) $u_{DS} < u_{GS} - U_{GS(th)}$；(b) $u_{DS} = u_{GS} - U_{GS(th)}$；(c) $u_{DS} > u_{GS} - U_{GS(th)}$

在 $u_{DS} > u_{GS} - U_{GS(th)}$ 时，对应于每一个 u_{GS} 就有一个确定的 i_D。此时，可将 i_D 视为电压 u_{GS} 控制的电流源。

（2）特性曲线与电流方程。图 1-43 （a）、（b）所示分别为 N 沟道增强型 MOS 管的转移特性曲线和输出特性曲线，它们之间的关系如图 1-43 中标注。由图可见与结型场效应管一样，MOS 管也有 3 个工作区域：可变电阻区、恒流区及夹断区。

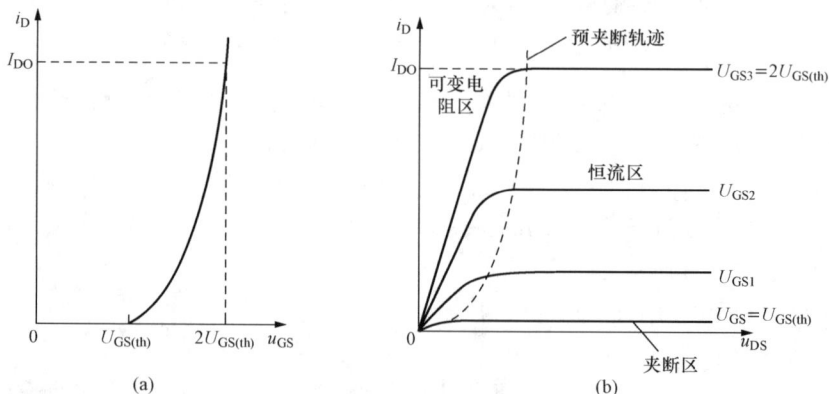

图 1-43　N 沟道增强型 MOS 管的特性曲线

(a) 转移特性；(b) 输出特性

与结型场效应管相类似，i_D 与 u_{GS} 的近似关系式为

$$i_D = I_{DO}\left(\frac{u_{GS}}{U_{GS(th)}} - 1\right)^2 \tag{1-27}$$

其中 I_{DO} 是 $u_{GS} = 2U_{GS(th)}$ 时的 i_D。

2. N 沟道耗尽型 MOS 管

如果在制造 MOS 管时，在 SiO_2 绝缘层中掺入大量正离子，那么即使 $u_{GS}=0$，在正离子作用下 P 型衬底表层也存在反型层，即漏—源之间存在导电沟道，只要在漏—源间加正向电压，就会产生漏极电流，如图 1 - 44 (a) 所示。u_{GS} 为正时，反型层变宽，沟道电阻变小，i_D 增大；反之，u_{GS} 为负时，反型层变窄，沟道电阻变大，i_D 减小。而当 u_{GS} 从零减小到一定值时，反型层消失，漏—源之间导电沟道消失，$i_D=0$。此时的 u_{GS} 称为夹断电压 $U_{GS(off)}$。与 N 沟道结型场效应管相同，N 沟通耗尽型 MOS 管的夹断电压也为负值；但是，前者只能在 $u_{GS}<0$ 的情况下工作，而后者的 u_{GS} 可以在正、负值的一定范围内实现对 i_D 的控制，且仍保持栅—源间有非常大的绝缘电阻。

耗尽型 MOS 管的图形符号如图 1 - 44 (b) 所示。

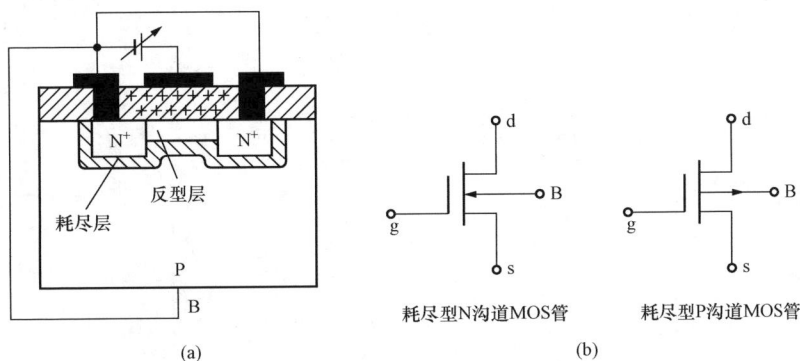

耗尽型N沟道MOS管　　　　耗尽型P沟道MOS管

(a)　　　　　　　　　　(b)

图 1 - 44　N 沟道耗尽型 MOS 管结构示意图及图形符号

(a) 结构示意图；(b) 图形符号

3. P 沟道 MOS 管

与 N 沟道 MOS 管相对应，P 沟道增强型 MOS 管的开启电压 $U_{GS(th)}<0$，当 $u_{GS}<U_{GS(th)}$ 时管子才导通，漏—源之间应加负电源电压；P 沟道耗尽型 MOS 管的夹断电压 $U_{GS(off)}>0$ 可在正、负值的一定范围内实现对 i_D 的控制，漏—源之间也应加负电压。

4. VMOS 管

当 MOS 管工作在恒流区时，管子的耗散功率主要消耗在漏极一端的夹断区上，并且由于漏极所连接的区域（称为漏区）不大，无法散发很多的热量，所以 MOS 管不能承受较大功率。VMOS 管从结构上较好地解决了散热问题，故可制成大功率管。图 1 - 45 所示为 N 沟道增强型 VMOS 管的结构示意图。

VMOS 以高掺杂 N^+ 区为衬底，上面外延低掺杂 N 区，共同作为漏区，引出漏极。在外延层 N 区上又形成一层 P 区，并在 P 区之上制成高掺杂的 N^+ 区。从上面俯视 VMOS 管 P 区与 N^+ 区，可以看到它们均为环状区，所引出的电极为源极。中间是腐蚀而成的 V 形槽，其上生长一层绝缘层，并覆盖上一层金属，作为栅极。VMOS 管因存在 V 形槽而得名。

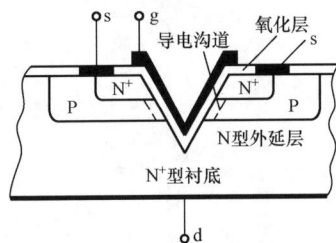

图 1 - 45　N 沟道增强型
VMOS 管结构示意图

在栅—源电压 u_{GS} 大于开启电压 $U_{GS(th)}$ 时，在 P 区靠近

V 型槽氧化层表面所形成的反型层与下边 N 区相接，形成垂直的导电沟道，如图 1-45 所标注。当漏—源间外加正电源时，自由电子将沿沟道从源极流向 N 型外延层、N^+ 区衬底到漏极，形成从漏极到源极的电流 i_D。

VMOS 管的漏区散热面积大，便于安装散热器，耗散功率最大可达千瓦以上；此外，其漏—源击穿电压高，上限工作频率高，而且当漏极电流大于某值（如 500mA）时，i_D 与 u_{GS} 基本呈线性关系。

场效应管的图形符号及特性如表 1-8 所示。

表 1-8   **场效应管的图形符号及特性**

分　类		图形符号	转移特性曲线	输出特性曲线
绝缘栅型场效应管	N 沟道 增强型	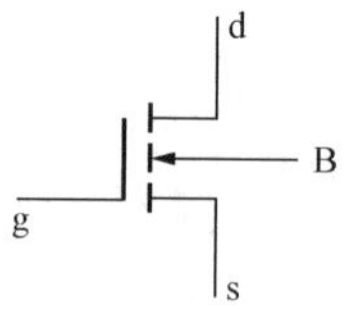	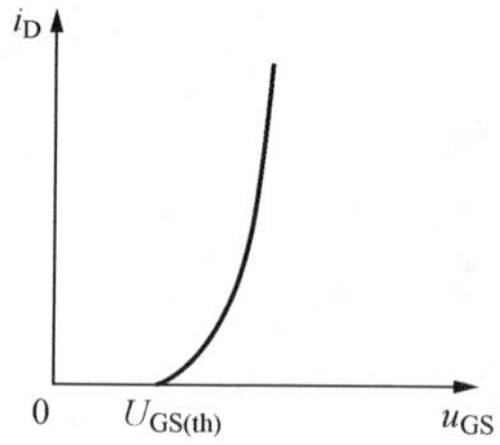	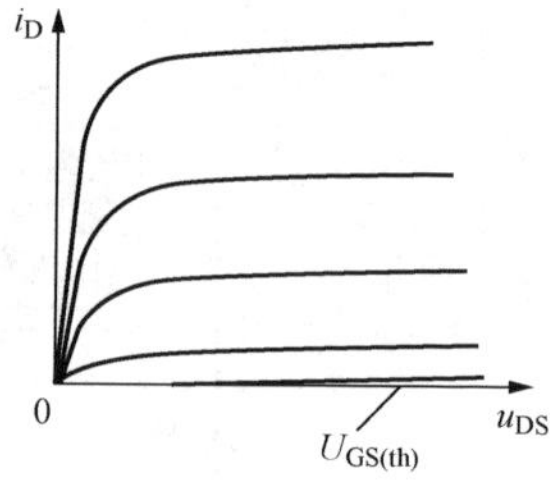
	N 沟道 耗尽型	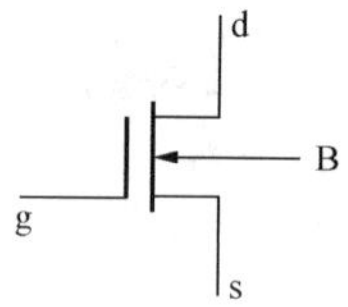	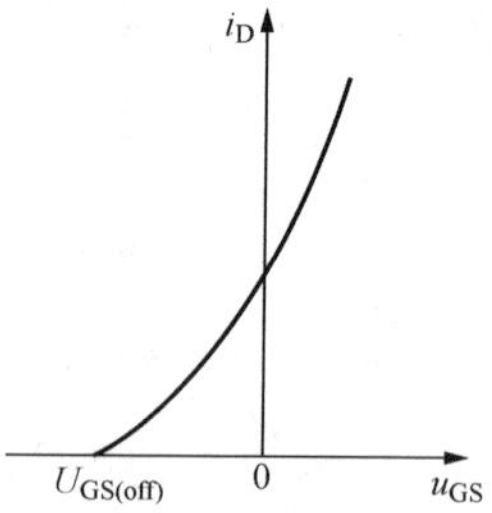	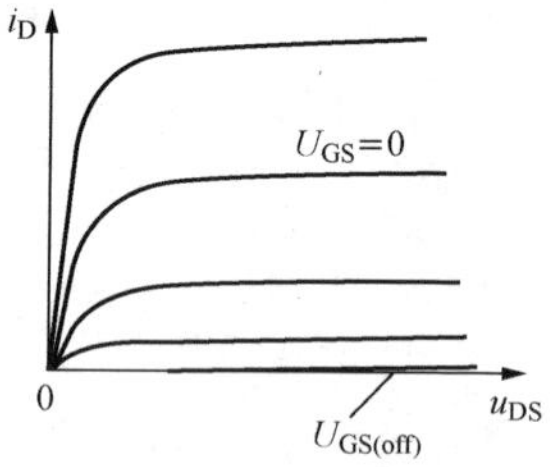
	P 沟道 增强型	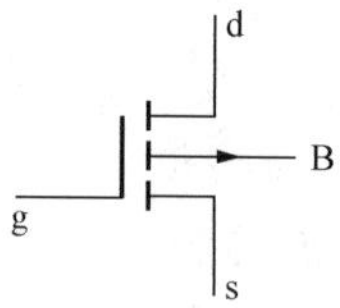	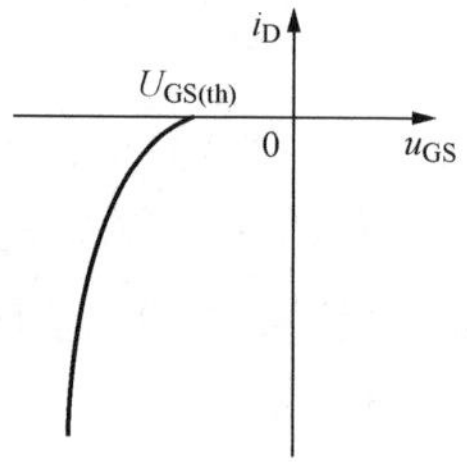	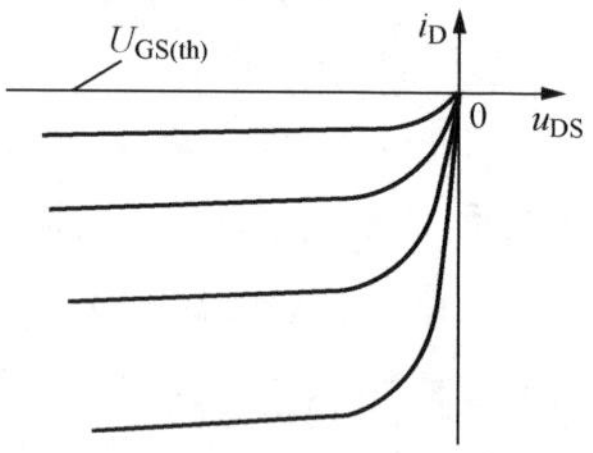
	P 沟道 耗尽型	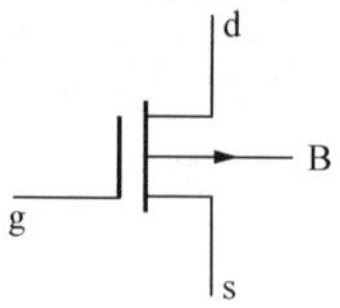	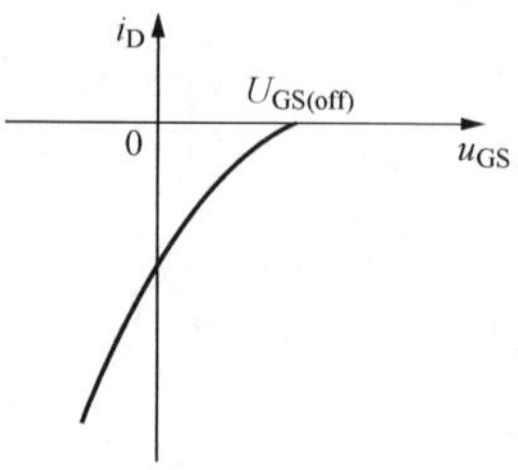	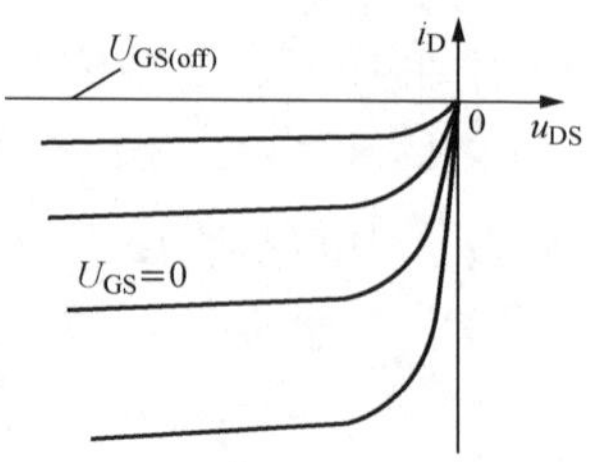

分　类		图形符号	转移特性曲线	输出特性曲线
结型 场效应管	N 沟道			
	P 沟道			

应当指出，如果 MOS 管的衬底不与源极相连接，则衬—源之间电压 U_{BS} 必须保证衬—源间的 PN 结反向偏置，因此，N 沟道管的 U_{BS} 应小于零，而 P 沟道管的 U_{BS} 应大于零。此时导电沟道宽度将受 U_{GS} 和 U_{BS} 双重控制，U_{BS} 使开启电压或夹断电压的数值增大。比较而言，N 沟道管受 U_{BS} 的影响更大些。

1.7.3　场效应管的主要参数

1. 直流参数

(1) **开启电压** $U_{GS(th)}$。$U_{GS(th)}$ 是在 U_{DS} 为一常量时，使 i_D 大于零所需的最小 $|u_{GS}|$ 值。手册中给出的是在 i_D 为规定的微小电流（如 $5\mu A$）时的 u_{GS}。$U_{GS(th)}$ 是增强型 MOS 管的参数。

(2) **夹断电压** $U_{GS(off)}$。与 $U_{GS(th)}$ 相类似，$U_{GS(off)}$ 是在 U_{DS} 为常量情况下，i_D 为规定的微小电流（如 $5\mu A$）时的 u_{GS}，它是结型场效应管和耗尽型 MOS 管的参数。

(3) **饱和漏极电流** I_{DSS}。对于耗尽型管，在 $u_{GS}=0$ 的情况下产生预夹断时的漏极电流定义为 I_{DSS}。

(4) **直流输入电阻** $R_{GS(DC)}$。$R_{GS(DC)}$ 等于栅—源电压与栅极电流之比。结型管 $R_{GS(DC)}$ 大于 $10^7\Omega$，而 MOS 管的 $R_{GS(DC)}$ 大于 $10^9\Omega$，手册中一般只给出栅极电流的大小。

2. 交流参数

(1) **低频跨导** g_m。g_m 数值的大小表示 u_{GS} 对 i_D 控制作用的强弱。当管子工作在恒流区且 u_{DS} 为常量的条件下，i_D 的微小变化量 Δi_D 与引起它变化的 Δu_{GS} 之比，称为低频跨导，即

$$g_m = \frac{\Delta i_D}{\Delta u_{GS}}\bigg|_{U_{DS}=常数} \tag{1-28}$$

g_m 的单位是 S（西门子）或 mS。g_m 是转移特性曲线上某一点的切线的斜率，可通过对式（1-26）或式（1-27）求导而得。g_m 与切点的位置密切相关，由于转移特性曲线的非线性，因而 i_D 愈大，g_m 也愈大。

（2）**极间电容**。场效应管的 3 个极之间均存在极间电容。通常，栅—源电容 C_{gs} 和栅—漏电容 C_{gd} 约为 1～3pF，而漏—源电容 C_{ds} 约为 0.1～1pF。在高频电路中，应考虑极间电容的影响。管子的最高工作频率 f_M 是综合考虑了 3 个电容的影响而确定的工作频率的上限值。

3．极限参数

（1）**最大漏极电流 I_{DM}**。I_{DM} 是管子正常工作时漏极电流的上限值。

（2）**击穿电压**。管子进入恒流区后，使 i_D 骤然增大的 u_{DS} 称为漏—源击穿电压 $U_{BR(DS)}$，u_{DS} 超过此值会使管子烧坏。对于结型场效应管，使栅极与沟道间 PN 结反向击穿的 u_{GS} 为栅—源击穿电压 $U_{(BR)GS}$；对于绝缘栅型场效应管使绝缘层击穿的 u_{GS} 为栅—源击穿电压 $U_{(BR)GS}$。

（3）**最大耗散功率 P_{DM}**。P_{DM} 决定于管子允许的温升。P_{DM} 确定后，便可在管子的输出特性上画出临界最大功耗线；再根据 I_{DM} 和 $U_{(BR)DS}$ 便可得到管子的安全工作区。对于 MOS 管，栅—衬之间的电容容量很小，只要有少量的感应电荷就可产生很高的电压。而由于 $R_{GS(DC)}$ 很大，感应电荷难于释放，以至于感应电荷所产生的高压会使很薄的绝缘层击穿，造成管子的损坏。因此，无论是在存放还是在工作电路中的场效应管，都应为栅—源之间提供直流通路，避免栅极悬空；同时在焊接时，要将电烙铁良好接地。

1.7.4　场效应管与晶体管的比较

场效应管的栅极 g、源极 s、漏极 d 对应于晶体管的基极 b、发射极 e、集电极 c，它们的作用相类似。

（1）场效应管用栅—源电压 u_{GS} 控制漏极电流 i_D，栅极基本不索取电流；而晶体管工作时基极总要索取一定的电流。因此，要求输入电阻高的电路应选用场效应管；而若信号源可以提供一定的电流，则可选用晶体管。从第 2 章将会了解到，利用晶体管组成的放大电路可以得到比场效应管放大电路更大的电压放大倍数。

（2）场效应管只有多子参与导电；晶体管内既有多子又有少子参与导电，而少子数目受温度、辐射等因素影响较大，因而场效应管比晶体管的温度稳定性好，抗辐射能力强。所以在环境条件变化很大的情况下，应选用场效应管。

（3）场效应管的噪声系数很小，所以低噪声放大器的输入级和要求信噪比较高的电路应选用场效应管，当然也可选用特制的低噪声晶体管。

（4）场效应管的漏极与源极可以互换使用，互换后特性变化不大；而晶体管的发射极与集电极互换后特性差异很大，因此只在特殊需要时才互换。

（5）场效应管比晶体管的种类多，特别是耗尽型 MOS 管，栅—源电压 u_{GS} 可正、可负、可零，均能控制漏极电流。因而在组成电路时场效应管比晶体管有更大的灵活性。

（6）场效应管和晶体管均可用于放大电路和开关电路，它们构成了品种繁多的集成电路。但由于场效应管集成工艺更简单，且具有耗电小、工作电源电压范围宽等优点，因此场效应管越来越多地应用于大规模和超大规模集成电路之中。

【思考与练习】

1．场效应管的工作原理和晶体管有什么不同？为什么场效应管具有很高的输入电阻？

2．能不能用万用表来判别结型场效应管的 3 个电极和它的好坏？

3．N 沟道结型场效应管的栅—源电压为什么一定是负电压？绝缘栅型场效应管的栅极为什么不能开路？

本 章 小 结

本章首先介绍了半导体的基础知识，然后阐述了 3 种常用双极型半导体器件［二极管、稳压管和双极型晶体管（BJT）］和单极型半导体［场效应管（FET）］的工作原理、特性曲线和主要参数。现就主要内容归纳如下。

（1）双极型半导体器件的特点是有两种载流子（自由电子和空穴）同时参与导电，场效应管只有一种载流子（自由电子或空穴）参与导电。PN 结是组成半导体器件的基础，PN 结的特点是具有单向导电特性。

（2）半导体二极管是利用 PN 结的单向导电特性制成的。由于半导体二极管的伏安特性是非线性曲线，所以二极管是非线性电子元件。

（3）双极型晶体管是一种电流控制器件（基极电流控制集电极电流），它具有电流放大作用。晶体管有两个 PN 结：发射结和集电结；有 3 种工作状态：放大、截止和饱和。晶体管工作在放大区的基本条件为：发射结加正向偏置电压，集电结加反向偏置电压。当晶体管分别工作在截止和饱和状态时，常称之为晶体管的开关工作状态。晶体管的输入/输出伏安特性曲线均为非线性曲线，所以晶体管是非线性电子元件。

（4）场效应管分为结型和绝缘栅型两种类型，每种类型均分为两种不同的沟道：N 沟道和 P 沟道，而 MOS 管又分为增强型和耗尽型两种形式。

场效应管工作在恒流区时，利用栅—源之间外加电压所产生的电场来改变导电沟道的宽窄，从而控制多子漂移运动所产生的漏极电流 I_D。此时，可将 I_D 看成电压 U_{GS} 控制的电流源，转移特性曲线描述了这种控制关系。输出特性曲线描述了 I_D、U_{GS} 与 U_{DS} 三者之间的关系。和晶体管相类似，场效应管有夹断区（即截止区）、恒流区（即线性区）和可变电阻区 3 个工作区域。

VMOS 管与 MOS 管一样，可以实现 U_{GS} 对 I_D 的控制。而由于它较好地解决了散热问题，所以可用做大功率管。

学完本章后，应能掌握以下几点。

（1）熟悉下列定义、概念及原理：自由电子与空穴、扩散与漂移、复合、空间电荷区、PN 结、耗尽层、导电沟道、二极管的单向导电性、稳压管的稳压作用、晶体管与场效应管的放大作用及 3 个工作区域。

（2）掌握二极管、稳压管、晶体管、场效应管的外特性、主要参数的物理意义。

（3）了解选用器件的原则。

习 题

1.1　选择合适的答案填入空内。

（1）本征半导体中加入＿＿＿＿＿元素可形成 N 型半导体，加入＿＿＿＿＿元素可形成 P 型半导体。

A. 5 价　　　　　　　　　B. 4 价　　　　　　　　　C. 3 价

（2）室温附近，当温度升高时，杂质半导体中＿＿＿＿＿的浓度明显增加。

A. 载流子　　　　　　　　B. 多数载流子　　　　　　C. 少数载流子

（3）硅二极管的正向导通压降比锗二极管_____，反向饱和电流比锗二极管_____。

A. 大　　　　　　　　　B. 小　　　　　　　　　C. 相等

（4）温度升高时，二极管的反向饱和电流将_____。

A. 增大　　　　　　　　B. 不变　　　　　　　　C. 减小

（5）稳压管是利用二极管的_____特性进行稳压的。

A. 正向导通　　　　　　B. 反向截止　　　　　　C. 反向击穿

（6）三极管工作在放大区时，发射结为_____，集电结为_____；三极管工作在饱和区时，发射结为_____，集电结为_____；三极管工作在截止区时，发射结为_____，集电结为_____。

A. 正向偏置　　　　　　B. 反向偏置　　　　　　C. 零偏置

（7）工作在放大状态的晶体管，流过发射结的电流是_____电流，流过集电结的电流是_____电流。

A. 扩散　　　　　　　　B. 漂移

（8）三极管通过改变_____来控制_____；而场效应管通过_____来控制_____，是一种_____控制器件。

A. 基极电流　　　　　　B. 栅—源电压　　　　　　C. 集电极电流

D. 漏极电流　　　　　　E. 电压　　　　　　　　　F. 电流

（9）三极管电流由_____形成，而场效应管的电流由_____形成。因此三极管电流受温度的影响比场效应管_____。

A. 一种载流子　　　　B. 两种载流子　　　　C. 大　　　　D. 小

1.2　三极管的安全工作区受哪些极限参数的限制？使用时，如果超过某项极限参数，试分别说明将会产生什么结果。

1.3　图 1-46 各电路中，$u_i = 12\sin\omega t\,V$，$U_s = 6V$，二极管正向压降可忽略不计，试分别画出输出电压 u_o 的波形。

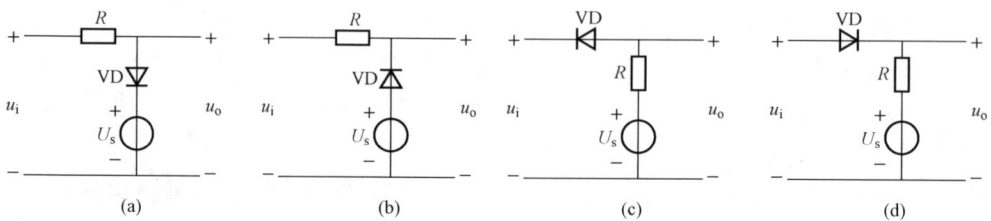

图 1-46　题 1.3 图

1.4　由理想二极管组成的电路如图 1-47 所示，试确定各电路的输出电压。

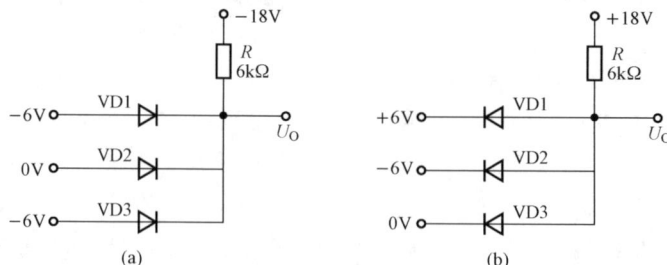

图 1-47　题 1.4 图

1.5　如图 1-48 所示，$u_i = 5\sin\omega t\,\text{V}$，试分别画出输出电压 u_o 的波形。

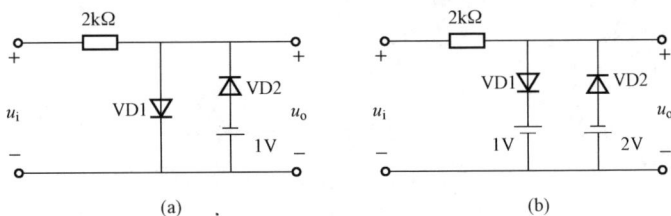

图 1-48　题 1.5 图

1.6　在图 1-49 中，已知 $R = R_L = 100\,\Omega$，输入电压 $U_i = 24\text{V}$，稳压管 VZ 的稳定电压 $U_Z = 8\text{V}$，最大稳定电流 $I_{ZM} = 50\text{mA}$，试求通过稳压管的稳定电流 I_Z 是否超过 I_{ZM}？如果超过，怎么办？

1.7　放大电路中两个三极管的两个电极电流如图 1-50 所示。试回答

(1)　求另一个电极的电流，并在图上标出实际方向。

(2)　判断它们各是 NPN 型管还是 PNP 型管，标出 e、b、c 极。

(3)　估算它们的 β 值。

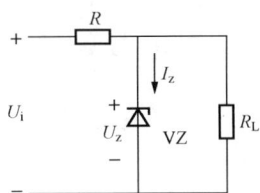

图 1-49　题 1.6 图

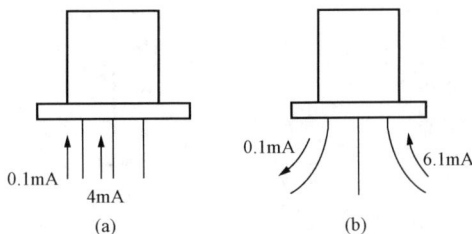

图 1-50　题 1.7 图

1.8　测得某电路中几个三极管的各极电位如图 1-51 所示，试判断各三极管分别工作在截止区、放大区还是饱和区。

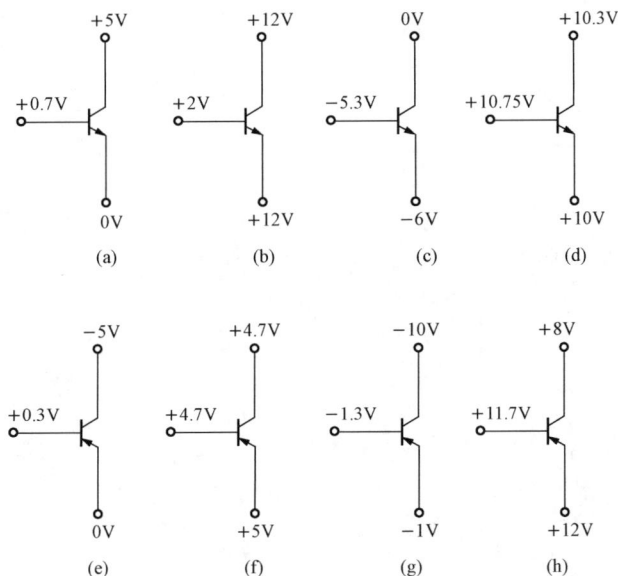

图 1-51　题 1.8 图

1.9 已知场效应管的输出特性曲线如图 1-52 所示，画出它在恒流区的转移特性曲线。

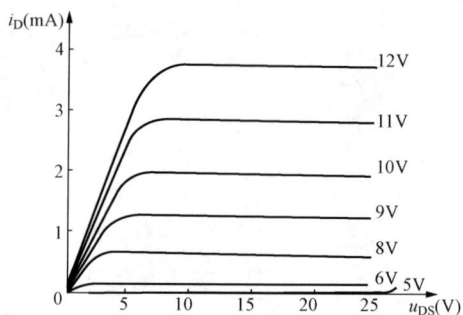

图 1-52 题 1.9 图

1.10 分别判断图 1-53 所示各电路中场效应管是否有可能工作在恒流区。

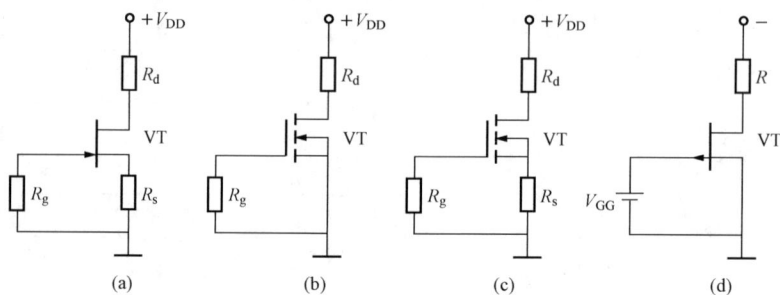

图 1-53 题 1.10 图

第 2 章　基 本 放 大 电 路

实际中常常需要把一些微弱信号放大到便于测量和利用的程度。例如，从收音机天线接收到的无线电信号或者从传感器得到的信号，有时只有微伏或毫伏的数量级，必须经过放大才能驱动扬声器或者进行观察、记录和控制。放大是模拟电路一种重要的功能。基本放大电路是电子技术领域中应用极为广泛的一种电子线路，是大多数模拟集成电路的基本单元。

所谓放大，表面上是将信号的幅度由小增大，但是，放大的实质是能量转换，即由一个能量较小的输入信号控制直流电源，使之转换成交流能量输出，并驱动负载。

2.1　放大的概念和放大电路的主要性能指标

2.1.1　放大的概念

放大现象存在于各种场合。例如，利用放大镜放大微小物体，这是光学中的放大；利用杠杆原理用小力移动重物，这是力学中的放大。利用变压器将低电压变换为高电压，这是电学中的放大。研究它们的共同点，一是都将"原物"的形状或大小按一定比例放大了，二是放大前后能量守恒，例如，杠杆原理中前后端做功相同，理想变压器的一、二次侧功率相同等。

利用扩音机放大声音，是电子学中的放大。其原理框图如图 2-1 所示，话筒（传感器）将微弱的声音转换为电信号，经放大电路放大成足够强的电信号，驱动扬声器（执行机构），使其发出较原来强得多的声音。这种放大与上述

图 2-1　扩音机示意图

放大的相同之处是**放大对象均为变化量**，不同之处在于扬声器所获得的能量（即输出功率）远大于话筒送出的能量（即输入功率）。可见，**放大电路放大的本质是能量的控制和转换**，即是在输入信号的作用下，通过放大电路将直流电源的能量转换成负载所获得的能量，使负载从电源获得的能量大于信号源所提供的能量。因此，**电子电路放大的基本特征是功率放大**，即负载上总获得比输入信号大得多的电压或电流，有时兼而有之。这样，在放大电路中必须存在**能够控制能量的元件，即有源元件**，如晶体管和场效应管。

放大的前提是不失真，即只有在不失真的情况下放大才有意义。晶体管和场效应管是放大电路的核心元件，只有它们工作在合适的区域（晶体管工作在放大区、场效应管工作在恒流区），才能使输出量和输入量始终保持线性关系，即电路不会产生失真。

由于任何稳态信号都可以分解为若干频率正弦信号（谐波）的叠加，所以放大电路常以正弦波作为测试信号。

2.1.2　放大电路的性能指标

图 2-2 所示为放大电路的示意图。任何一个放大电路都可以看成一个二端口网络。其左

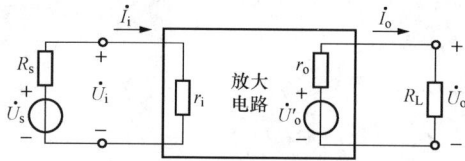

图 2-2　放大电路示意图

边为输入端口，当内阻为 R_s 的正弦波信号源 $\dot{U}_s$ 作用时，放大电路得到输入电压 $\dot{U}_i$，同时产生输入电流 $\dot{I}_i$；其右边为输出端口，输出电压为 $\dot{U}_o$，输出电流为 $\dot{I}_o$，R_L 为负载电阻。

不同放大电路在 $\dot{U}_s$ 和 R_L 相同的条件下，$\dot{I}_i$、$\dot{U}_o$、$\dot{I}_o$ 将不同，这说明不同放大电路从信号源索取的电流不同，且对同样信号的放大能力也不同；同一放大电路在幅值相同、频率不同的 $\dot{U}_s$ 作用下，$\dot{U}_o$ 也将不同，即对不同频率的信号，同一放大电路的放大能力也存在差异。为了反映放大电路各方面的性能，引出如下主要指标。

1. 放大倍数

放大倍数是直接衡量放大电路放大能力的重要指标，其值为输出量 $\dot{X}_o(\dot{U}_o$ 或 $\dot{I}_o)$ 与输入量 $\dot{X}_i(\dot{U}_i$ 或 $\dot{I}_i)$ 之比。对于小功率放大电路，人们常常只关心电路单一指标的放大倍数，如电压放大倍数，而不研究其功率放大能力。

电压放大倍数是输出电压与输入电压之比，即

$$A_{uu} = A_u = \frac{\dot{U}_o}{\dot{U}_i} \qquad (2-1)$$

电流放大倍数是输出电流与输入电流之比，即

$$A_{ii} = A_i = \frac{\dot{I}_o}{\dot{I}_i} \qquad (2-2)$$

电压对电流的放大倍数是输出电压与输入电流之比，即

$$A_{ui} = \frac{\dot{U}_o}{\dot{I}_i} \qquad (2-3)$$

因其量纲为电阻，有些文献也称其为互阻放大倍数。

电流对电压的放大倍数是输出电流与输入电压之比，即

$$A_{iu} = \frac{\dot{I}_o}{\dot{U}_i} \qquad (2-4)$$

因其量纲为电导，有些文献也称其为互导放大倍数。

本章重点研究电压放大倍数 A_u。应当指出，在实测放大倍数时，应用示波器观察输出端的波形，只有在不失真的情况下，测试数据才有意义，其他指标也如此。

当输入信号为缓慢变化量或直流变化量时，输入电压用 Δu_i 表示，输入电流用 Δi_i 表示，输出电压用 Δu_o 表示，输出电流用 Δi_o 表示，则 $A_u = \Delta u_o / \Delta u_i$，$A_i = \Delta i_o / \Delta i_i$，$A_{ui} = \Delta u_o / \Delta u_i$，$A_{iu} = \Delta i_o / \Delta u_i$。

2. 输入电阻

放大电路与信号源相连接就成为信号源的负载，必然从信号源索取电流，电流的大小表明放大电路对信号源的影响程度。**输入电阻** r_i 是从放大电路输入端看进去的等效电阻，定义为输入电压有效值和输入电流有效值之比，即

$$r_i = \frac{\dot{U}_i}{\dot{I}_i} \qquad (2-5)$$

r_i 越大，表明放大电路从信号源索取的电流越小，放大电路所得到的输入电压 U_i 越接近信号源电压 U_s，即信号源内阻上的电压越小，信号电压损失越小。然而，如果信号源内阻 R_s 为一常量，那么为了使输入电流大一些，则应使 r_i 小一些。因此，放大电路输入电阻的大小要视需要而定。

3. 输出电阻

任何放大电路的输出都可以等效成一个有内阻的电压源，从放大电路输出端看进去的等效内阻称为**输出电阻 R_o**，如图 2-2 所示。设 U'_o 为空载时的输出电压有效值，U_o 为带负载后的输出电压有效值，因此

$$\dot{U}_o = \frac{R_L}{r_o + R_L}\dot{U}'_o \tag{2-6}$$

输出电阻

$$r_o = \left(\frac{\dot{U}'_o}{\dot{U}_o} - 1\right)R_L \tag{2-7}$$

r_o 愈小，负载电阻 R_L 变化时，U_o 的变化愈小，称为放大电路的带负载能力愈强。输入电阻与输出电阻是描述电子电路相互连接时所产生的影响而引入的参数。如图 2-3 所示，当两个放大电路相互连接时，放大电路 II 的输入电阻 r_{i2} 是放大电路 I 的负载电阻，而放大电路 I 可看成放大电路 II 的信号源，内阻就是放大电路 I 的输出电阻 r_{o1}。因此，输入电阻和输出电阻均会直接或间接地影响放大电路的放大能力。

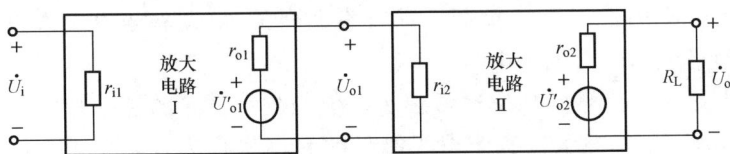

图 2-3 两个放大电路相连接的示意图

4. 通频带

通频带用于衡量放大电路对不同频率信号的放大能力。由于放大电路中电容、电感及半导体器件结电容等电抗元件的存在，在输入信号频率较高或较低时，放大倍数的数值会下降并产生相移。一般情况，放大电路只适用于放大某一个特定频率范围内的信号。图 2-4 所示为某放大电路放大倍数的数值与信号频率的关系曲线，称为幅频特性曲线，图 2-4 中 $\dot{A}_m$ 为中频放大倍数。

在信号频率下降到一定程度时，放大倍数的数值明显下降，使放大倍数的数值等于 $0.707|\dot{A}_m|$ 的频率称为**下限截止频率** f_L。信号频率上升到一定程度，放大倍数数值也将减小，使放大倍数的数值等于 $0.707|\dot{A}_m|$ 的频率称为**上限截止频率** f_H。f 小于 f_L 的部分称为放大电路的低频段，f 大于 f_H 的部分称为放大电路的高频段，而 f_L 与 f_H 之间形成的频带称

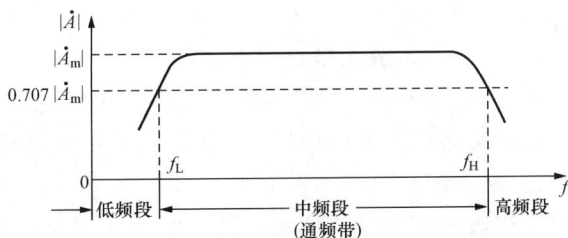

图 2-4 放大电路频率指标

为中频段，也称为放大电路的**通频带** f_{bw}，即

$$f_{bw} = f_H - f_L \tag{2-8}$$

通频带越宽，表明放大电路对不同频率信号的适应能力越强。对于扩音机，其通频带应宽于音频（20Hz～20kHz）范围，才能完全不失真地放大声音信号。实用电路中有时也希望通频带尽可能窄，比如选频放大电路，从理论上讲，希望它只对单一频率的信号放大，以减小干扰和噪声的影响。

5. 非线性失真系数

由于放大器件均具有非线性特性，它们的线性放大范围有一定的限度，当输入信号幅度超过一定值后，输出电压将会产生非线性失真。输出波形中的谐波成分总量与基波成分之比称为非线性失真系数 D。设基波幅值为 A_1，谐波幅值为 A_2、A_3、…，则

$$D = \sqrt{\left(\frac{A_2}{A_1}\right)^2 + \left(\frac{A_3}{A_1}\right)^2 + \cdots} \tag{2-9}$$

6. 最大不失真输出电压

最大不失真输出电压定义为当输入电压再增大就会使输出波形产生非线性失真时的输出电压。实测时，需要定义非线性失真系数的额定值，比如 10%，输出波形的非线性失真系数刚刚达到此额定值时的输出电压即为最大不失真输出电压。一般以有效值 U_{om} 表示，也可以用峰—峰值 U_{OPP} 表示，$U_{OPP} = 2\sqrt{2}U_{om}$。

7. 最大输出功率与效率

在输出信号不失真的情况下，负载上能够获得的最大功率称为**最大输出功率** P_{om}。此时，输出电压达到最大不失真输出电压。

在放大电路中，输入信号的功率通常很小，但经放大电路的控制和转换后，负载从直流电源获得的信号功率 P_{om} 却较大。直流电源能量的利用率称为效率 η，设电源消耗的功率为 P_V，则效率 η 等于最大输出功率 P_{om} 与 P_V 之比，即

$$\eta = \frac{P_{om}}{P_V} \tag{2-10}$$

在测试上述指标参数时，对输入中频段小幅值信号的放大电路，主要测试 A、r_i、r_o；对输入小幅值、频率范围宽信号的放大电路，主要是测试 f_L、f_H、f_{bw}；对输入中频段大幅值信号的放大电路，主要是测试 P_{om}、η、D。

【思考与练习】

什么是放大？放大电路放大信号与放大镜放大物体的意义相同吗？放大的特征是什么？

2.2 共射放大电路的组成及工作原理

2.2.1 基本放大电路的组成

图 2-5 所示是共射基本放大电路（单管电压放大电路），输入端接交流信号源 u_i，输出端接负载电阻 R_L，输出端电压为 u_o。现介绍电路中各元件的作用。

1. 晶体管 VT

晶体管 VT 是电流放大元件。它的作用是按照输入信号的变化规律控制电源所提供的能量，使集电极上获得受输入信号控制并被放大了的集电极电流。集电极电流经集电极电阻

R_C 和负载电阻转换成较大的输出电压信号 u_o。

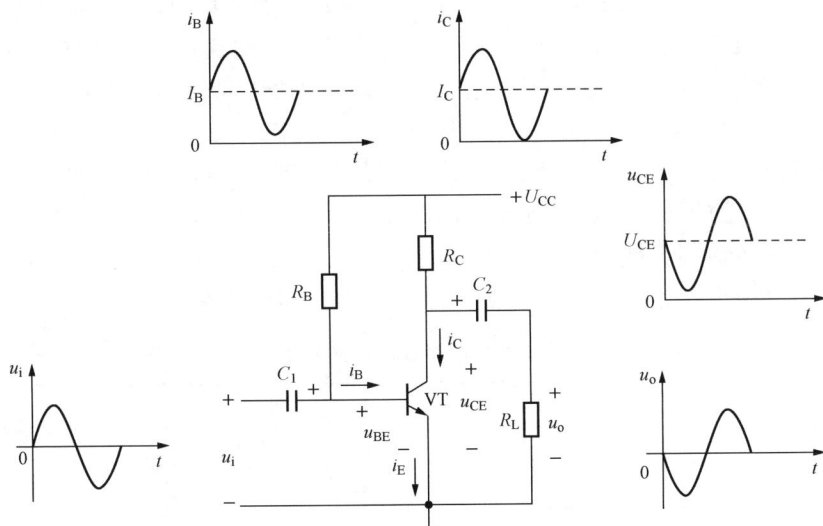

图 2 - 5 共射极基本放大电路

2. 电源 U_{CC}

它的作用有两个：一是保证晶体管 VT 发射结处于正向偏置、集电结处于反向偏置，使晶体管工作在放大状态；二是为放大电路提供能源。U_{CC} 一般为几伏到几十伏。

3. 集电极电阻 R_C

集电极电阻 R_C 的主要作用是将集电极电流的变化转换为电压变化，以实现电压放大。R_C 值一般为几千欧到几十千欧。

4. 基极电阻 R_B

它有两个作用：一是在电源 U_{CC} 一定时，基极电流 I_B 的大小取决于基极电阻 R_B（偏流电阻），即调节 R_B 的大小可提供合适的直流工作状态；二是防止交流信号被短路，而加不到晶体管的发射结上。R_B 值一般为几十千欧到几百千欧。

5. 耦合电容器 C1、C2

它的作用是"隔直通交"。"隔直"作用是利用 C1、C2 隔断放大电路与信号源、放大电路与负载之间的直流关系，以免其直流工作状态相互影响。"通交"作用就是传递交流信号，即沟通信号源、放大电路和负载三者之间的交流通路。为了使电容器上的交流压降尽可能的小，要求其电容量 C1、C2 要足够大，使交流信号频率下的容抗小到可近似为零。C1、C2 一般采用电容量为几微法到几十微法的电解质电容器，因此连接时要注意其极性。

2.2.2 基本放大电路的工作原理

（1）当 $u_i = 0$ 时，称放大电路处于**静态**。在输入回路中电源 U_{CC} 使晶体管 b-e 间电压大于开启电压 U_{on}，并与基极电阻 R_B 共同决定基极电流 I_B；在输出回路中，U_{CC} 和 R_C 共同作用使晶体管的集电结反向偏置，以保证晶体管工作在放大状态，因此集电极电流 $I_C = \beta I_B$；集电极电阻 R_C 上的电流等于 I_C，因而 R_C 上的电压为 $I_C R_C$，从而确定了 c-e 间电压 $U_{CE} = U_{CC} - I_C R_C$。此时放大电路中的电流和电压均为直流量，称为**静态值**，输出 $u_o = 0$。放大电路的静态值如图 2-5 各波形中的虚线所示。

（2）当 $u_i\neq0$ 时，加入放大电路的交变信号 u_i 经耦合电容 C_1 加到晶体管 VT 的 b-e 之间，在输入回路中，必将在静态值的基础上产生一个动态的基极电流 i_b；当然，在输出回路就可得到动态电流 i_c；集电极电阻 R_C 将集电极电流的变化转换成电压的变化，管压降的变化量就是输出动态电压 u_o，从而实现了电压放大。这时放大电路中的电流（i_B、i_C、i_E）和电压（u_{BE}、u_{CE}）都由两部分组成：一个是固定不变的静态分量（I_B、I_C、I_E、U_{BE} 和 U_{CE}），另一个是交流分量（i_b、i_c、i_e、u_{be} 和 u_{ce}），其波形图如图 2-5 所示。在此放大电路中，如果忽略耦合电容 C_2 上的交流压降，则输出电压 $u_o=u_{ce}$，由于 C_2 具有"隔直通交"的作用，所以只有交流分量传输到负载 R_L 上。

由于放大电路中电压、电流种类较多，特列表 2-1 进行说明。

表 2-1   放大电路中各种参数的符号

名　　称	静态值 （直流分量）	动态值（正弦交流分量）			计　算　式
		瞬时值	有效值	相量值	
基极电流	I_B	i_b	I_b	$\dot{I}_b$	$i_B=I_B+i_b$
集电极电流	I_C	i_c	I_c	$\dot{I}_c$	$i_C=I_C+i_c$
发射极电流	I_E	i_e	I_e	$\dot{I}_e$	$i_E=I_E+i_e$
基—射极电压	U_{BE}	u_{be}	U_{be}	$\dot{U}_{be}$	$u_{BE}=U_{BE}+u_{be}$
集—射极电压	U_{CE}	u_{ce}	U_{ce}	$\dot{U}_{ce}$	$u_{CE}=U_{CE}+u_{ce}$
输入电压		u_i	U_i	$\dot{U}_i$	
输出电压		u_o	U_o	$\dot{U}_o$	
电压放大倍数			A_u		$A_u=\dfrac{\dot{U}_o}{\dot{U}_i}$
晶体管 VT 输入电阻			r_{be}		$r_{be}=300+(1+\beta)\dfrac{26}{I_E}$
放大电路 输入电阻			r_i		$r_i=\dfrac{\dot{U}_i}{\dot{I}_i}$
放大电路 输出电阻			r_o		$r_o=\dfrac{\dot{U}_o}{\dot{I}_o}$（不含负载 R_L）

2.2.3　设置静态工作点的必要性

既然放大电路要放大的对象是动态信号，那么为什么要设置静态工作点呢？为了说明这个问题，在图 2-5 中两电容之间的部分，假设将 R_B 电阻和电源断开，如图 2-6 所示，静态时将输入端 A 与 B 短路，必然得出 $I_B=0$、$I_C=0$、$U_{CE}=U_{CC}$ 的结论，因而晶体管处于截止状态。当加输入电压 u_i 时，$u_{BE}=u_i$，若其峰值小于 b-e 间开启电压 U_{on}，则在信号的整个周期内晶体管始终工作在截止状态，因而输出电压毫无变化；即使 u_i 的幅值足够大，晶体管也只可能在信号正半轴大于 U_{on} 的时间间隔内导通，所以输出电压必然严重失真。

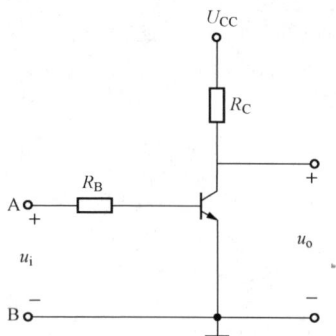

图 2-6　没有设置合适的静态工作点

对于放大电路的最基本要求，一是不失真，二是能够放大。如果输出波形严重失真，放大就毫无意义了。只有在信号的整个周期内晶体管始终工作在放大状态，输出信号才不会失真。因此，设置合适的静态工作点，以保证放大电路不产生失真是非常必要的。

【思考与练习】

1. 构成放大电路时应具备哪些基本条件？

2. 为什么要设置静态工作点？

2.3 共射放大电路的分析

分析放大电路就是在理解放大电路工作原理的基础上求解静态工作点和各项动态参数。本节以共射放大电路为例，针对电子电路中存在着非线性器件（晶体管或场效应管）而且直流量与交流量同时作用的特点，提出分析方法。

2.3.1 静态分析

在图 2-5 放大电路中，当输入信号 $u_i = 0$，放大电路处于静态工作状态时，由于耦合电容 C_1、C_2 具有"隔直"作用，对于直流相当于开路，则由直流电源 U_{CC} 单独作用的电路称为放大电路的直流通路，如图 2-7 所示。

1. 估算法

根据 KVL 定律，在直流通路的基极回路中，可以列出下列方程式

$$U_{CC} = U_{BE} + I_B R_B \qquad (2-11)$$

图 2-7 放大电路的直流通路

则静态基极电流（又称偏置电流）为

$$I_B = \frac{U_{CC} - U_{BE}}{R_B} \approx \frac{U_{CC}}{R_B} \qquad (2-12)$$

由于晶体管处于放大状态时，U_{BE} 变化很小，可视为常数，一般地，

硅管 $U_{BE} = 0.6 \sim 0.8V$，取 $0.7V$；

锗管 $U_{BE} = 0.1 \sim 0.3V$，取 $0.2V$。

根据三极管各极电流关系，可求出集电极电流静态值 I_C

$$I_C = \beta I_B \qquad (2-13)$$

在直流通路的集电极回路中可得到集—射极电压 U_{CE}

$$U_{CE} = U_{CC} - I_C R_C \qquad (2-14)$$

[例 2-1] 在图 2-7 所示电路中，已知 $U_{CC} = 12V$，$R_B = 280k\Omega$，$R_C = 4k\Omega$，晶体管的 β 值为 37.5，$U_{BE} = 0.7V$，求放大电路中的电流和电压的静态值。

解 $$I_B = \frac{U_{CC} - U_{BE}}{R_B} = \frac{12 - 0.7}{280} = \frac{11.3}{280} = 0.04(mA) = 40\mu A$$

$$I_C \approx \overline{\beta} I_B = 37.5 \times 0.04 mA = 1.5 mA$$

$$U_{CE} = U_{CC} - I_C R_C = 12 - 1.5 \times 4 = 12 - 6 = 6(V)$$

2. 图解法

在图 2-7 所示的直流通路中，输入回路中 I_B 和 U_{BE} 同时满足下列方程

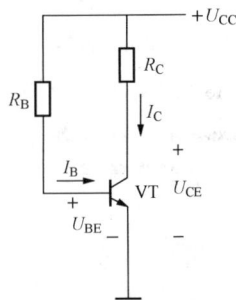

$$\begin{cases} I_B = f(U_{BE}) \\ U_{BE} = U_{CC} - I_B R_B \end{cases}$$

其中 $I_B = f(U_{BE})$ 表示三极管的伏安特性,是由三极管内部结构确定的,故称为输入回路内部方程。$U_{BE} = U_{CC} - I_B R_B$ 是由三极管以外的元器件决定的,故称为输入回路外部方程。

同样,在输出回路中,I_C 和 U_{CE} 同时满足下列方程

$$\begin{cases} I_C = f(U_{CE}) \\ U_{CE} = U_{CC} - I_C R_C \end{cases}$$

显然,方程 $U_{BE} = U_{CC} - I_B R_B$ 和 $U_{CE} = U_{CC} - I_C R_C$ 都表示一条直线。画直线最简便的方法是找出两个特殊的点。

令 $I_B = 0$,则 $U_{BE} = U_{CC}$;令 $U_{BE} = 0$,则 $I_B = U_{CC}/R_B$。

令 $I_C = 0$,则 $U_{CE} = U_{CC}$;令 $U_{CE} = 0$,则 $I_C = U_{CC}/R_C$。

根据以上分析,分别在三极管输入特性曲线和输出特性曲线上画出直流负载线,如图 2-8 所示。其中图 2-8(a)所示为输入回路直流负载线,斜率等于 $-1/R_B$;图 2-8(b)所示为输出回路直流负载线,斜率等于 $-1/R_C$。

通常在实际应用中,输入特性不易测准确,而用近似估算法较为理想,即先估算出 I_B,再从输出特性曲线上定出 Q 点,所以输出回路直流负载线相对重要,直流负载线一般指输出回路直流负载线。

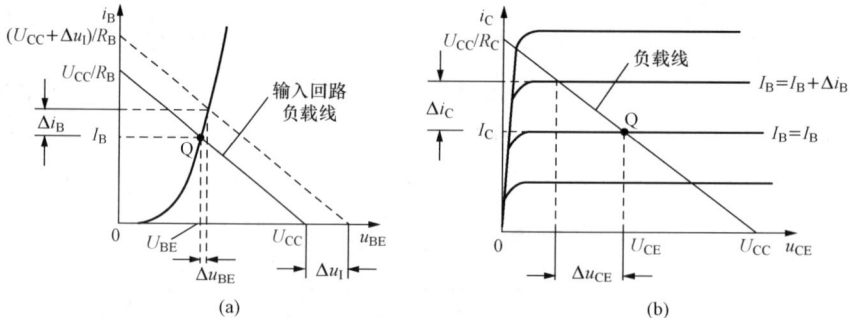

图 2-8 直流负载线和静态工作点的求法
(a) 输入特性;(b) 输出特性

3. 电路参数对静态工作点的影响

(1) R_B 的影响。R_B 增大时,I_B 相应减小,由于 U_{CC}、R_C 不变,直流负载线不变,静态工作点 Q 沿直流负载线向截止区移动,I_C 减小,U_{CE} 增大,如图 2-9(a)所示;反之,R_B 减小时,I_B 相应增大,静态工作点 Q 沿直流负载线向饱和区移动,I_C 增大,U_{CE} 减小。

(2) U_{CC} 的影响。U_{CC} 增大,因为 R_C 不变,负载线斜率不变,所以负载线向右平移。而 I_B 增大,则 Q 点向右上方移动,I_C 增大,U_{CE} 也增大,如图 2-9(b)所示。

(3) R_C 的影响。R_C 增大,根据直流负载线方程 $U_{CE} = U_{CC} - I_C R_C$,直流负载线与横轴的交点 U_{CC} 不变,与纵轴的交点 U_{CC}/R_C 下降,因此直流负载线比原来平坦,静态工作点 Q 沿 I_B 向左移动,I_C 基本不变,U_{CE} 减小,如图 2-9(c)所示;反之,R_C 减小,直流负载线变陡,Q 沿 I_B 向右移动,I_C 基本不变,U_{CE} 增大。

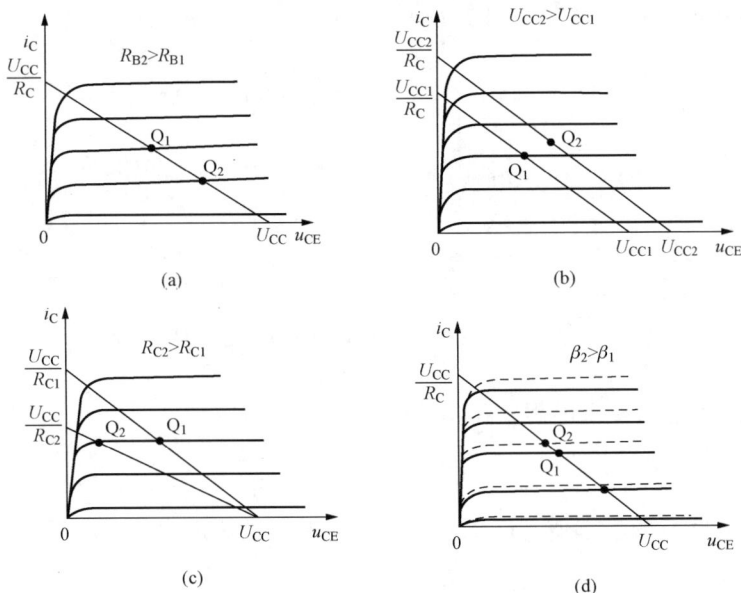

图 2-9　电路参数对静态工作点的影响

（a）R_B 的影响；（b）U_{CC} 的影响；（c）R_C 的影响；（d）β 的影响

（4）β 的影响。β 值变化主要是更换管子或温度变化引起的 β 值增大，伏安特性间距加大，如图 2-9（d）中虚线所示。如果 I_B 不变，则 Q 点向饱和区移动，I_C 增大，U_{CE} 减小。

2.3.2　动态分析

当输入信号 $u_i \neq 0$ 时，放大电路的工作状态称为**动态**，此时放大电路中电压、电流均包含有直流分量和交流分量两个分量。

当输入信号很小时，信号在静态工作点附近一个微小的工作范围内变化，其所对应晶体管特性曲线上的工作段视为直线，晶体管各电压、电流变化量之间的关系呈线性关系。因此，在小信号输入条件下，晶体管可以用一个等效的线性电路来代替，称为晶体管的微变等效电路，而交流分量可采用放大电路的微变等效电路进行分析。

1. 微变等效电路法

（1）晶体管的微变等效电路。下面以共射极接法的晶体管的电路图 2-11（a）为例，从输入回路和输出回路两个方面讨论晶体管的微变等效电路。

1）输入回路的微变等效电路。当输入信号电压很小时，已经确定的静态工作点 Q 附近的工作段可以认为是直线，如图 2-10（a）所示。当 U_{CE} 为常数时，令 ΔU_{BE} 和 ΔI_B 的比值为 r_{be}，即

$$r_{be} = \frac{\Delta U_{BE}}{\Delta I_B} = \frac{u_{be}}{i_{be}} \quad (2-15)$$

r_{be} 是对交流而言的动态电阻，称为晶体管的输入电阻。输入小信号时 r_{be} 是一个常数。由它可以确定电压、电流的交流分量 u_{be}、i_b 之间的关系，即 $u_{be} = r_{be} i_b$。因此，晶体管的输入电

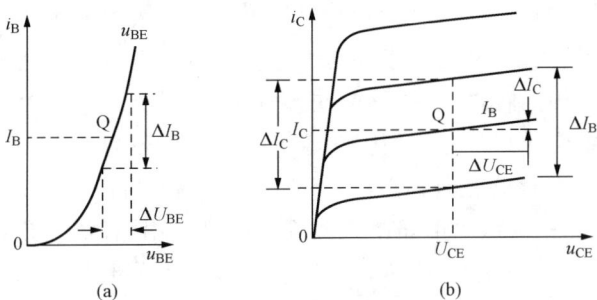

图 2-10　由晶体管的特性曲线求 r_{be}、β 和 r_{ce}

（a）静态工作点 Q；（b）晶体管的输出特性曲线族

路可以用 r_{be} 等效代替，如图 2-11（b）所示。

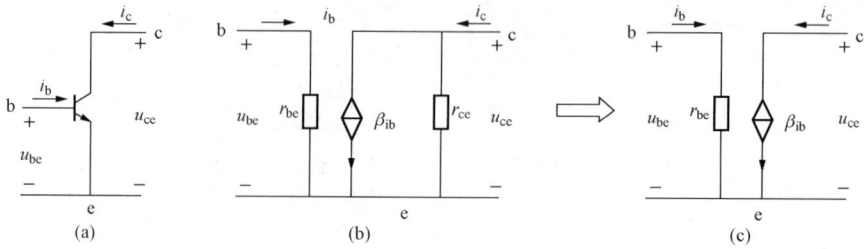

图 2-11　晶体管微变等效电路

低频小功率晶体管的输入电阻常用下式估算

$$r_{be} = 300 + (1+\beta)\frac{26}{I_E} \qquad (2-16)$$

式中：I_E 是发射极电流的静态值，mA；r_{be} 通常为几百欧到几千欧，在手册中常用 h_{ie} 表示；26 单位为 mV。

2）输出回路的微变等效电路。图 2-10（b）是晶体管的输出特性曲线族。在放大区它是一组近似与横轴平行、等距的直线。当 U_{CE} 为常数时，令 ΔI_C 和 ΔI_B 的比值为 β，即

$$\beta = \frac{\Delta I_C}{\Delta I_B} \qquad (2-17)$$

β 为晶体管的交流电流放大系数。在小信号输入情况下，β 是一常数，由它确定 i_c 受 i_b 的控制的关系，即 $i_c = \beta i_b$。因此晶体管的输出电路可以用一个电流控制电流源来代替。β 值通常在 20～200 之间，在手册中常用 h_{fe} 表示。

此外，在图 2-10（b）中还可见到，晶体管的输出特性曲线并不完全与横轴平行，当 β 为常数时，令 ΔU_{CE} 与 ΔI_C 的比值为 r_{ce}，即

$$r_{ce} = \frac{\Delta U_{CE}}{\Delta I_C} = \frac{u_{ce}}{i_c} \qquad (2-18)$$

r_{ce} 称为晶体管的输出电阻。在小信号输入的情况下 r_{ce} 也是一常数，如把晶体管的输出电路看作受控电流源，则 r_{ce} 是该电流源的内阻，所以在等效电路中 r_{ce} 与受控电流源 βi_b 并联，如图 2-11（b）所示。r_{ce} 的阻值很高，约为几十千欧到几百千欧，手册中常用 $1/h_{oe}$ 表示，h_{oe} 称为晶体管的输出电导。由于阻值很高，通常在微变等效电路中都把它忽略不计，如图 2-11（c）所示。

（2）放大电路的微变等效电路。放大电路图 2-12（a）输入端接入小信号交流信号电压 u_i 时，放大电路处于动态工作，其微变等效电路可按以下步骤画出：

1）画出放大电路的交流通路。在放大电路中，耦合电容的电容量 C_1、C_2 比较大，在一定信号频率范围内，交流容抗很小，可忽略其交流压降；直流源内阻很小可以忽略不计；对交流分量来讲，令 $U_{CC}=0$，直流电源可以认为是短路，如图 2-12（b）所示。

2）画放大电路的微变等效电路。用晶体管的微变等效电路代替交流通路图中的晶体管，如图 2-12（c）所示。设输入信号为正弦信号，图中的电流和电压都用相量来表示。

（3）放大电路的主要性能指标 A_u、r_i、r_o。非线性元件晶体管在"微变信号"条件下，用一个线性等效电路代替后所得到的放大电路的微变等效电路，可用解线性电路的方法对电

路的电压放大倍数 A_u、输入电阻 r_i、输出电阻 r_o 进行分析计算。应注意，微变等效电路只能分析电路中的交流分量，不能用其求静态值。

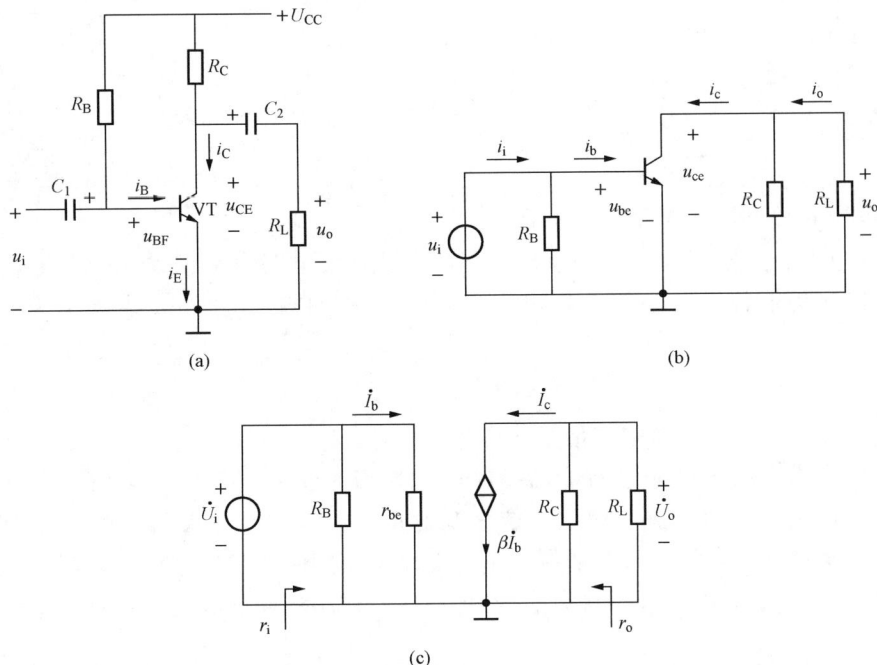

图 2 - 12 放大电路的微变等效电路

（a）放大电路；（b）交流通路；（c）微变等效电路

1）电压放大倍数。电压放大倍数是衡量放大电路放大输入信号能力的基本性能指标，定义为输出电压与输入电压之比，即

$$A_u = \dot{U}_o / \dot{U}_i$$

根据图 2 - 12（c）的等效电路，可推导出下列方程式

$$\dot{U}_i = \dot{I}_b r_{be}$$

$$\dot{U}_o = -\dot{I}_c R'_L = -\beta \dot{I}_b R'_L$$

式中 $$R'_L = R_C /\!/ R_L = R_C R_L / (R_C + R_L)$$

放大电路的电压放大倍数

$$A_u = \frac{\dot{U}_o}{\dot{U}_i} = \frac{-\beta \dot{I}_b R'_L}{\dot{I}_b r_{be}} = -\frac{\beta R'_L}{r_{be}} \tag{2-19}$$

当放大电路输出端开路（未接 R_L）时，放大电路的电压放大倍数

$$A_u = -\frac{\beta R_C}{r_{be}} \tag{2-20}$$

式（2 - 20）中的负号表示输出电压与输入电压的相位相反，其波形如图 2 - 5 所示。

当输入信号源有内阻 R_s 时，微变等效电路如图 2 - 13 所示。由图得

$$\dot{U}_i = \frac{\dot{E}_s}{R_s + r_i} r_i \tag{2-21}$$

式中，$r_i = R_B /\!/ r_{be}$。$\dot{U}_o$ 对 $\dot{E}_s$ 的电压放大倍数称为源电压放大倍数，用 $\dot{A}_{us}$ 表示，可根据式

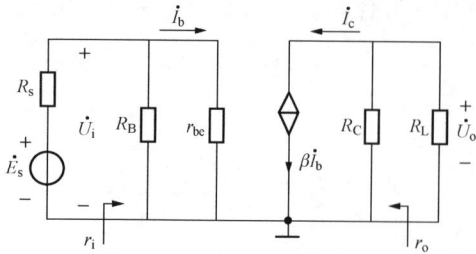

图 2-13　$R_s \neq 0$ 时的微变等效电路

（2-19）和式（2-21）得

$$A_{us} = \frac{\dot{U}_o}{\dot{E}_s} = \frac{\dot{U}_o}{\dot{U}_i} \frac{\dot{U}_i}{\dot{E}_s} = \frac{-\beta R'_L}{r_{be}} \frac{r_i}{R_s + r_i}$$

（2-22）

当 $R_B \gg r_{be}$ 时，$r_i \approx r_{be}$，则式（2-22）可以简化为

$$A_{us} = \frac{-\beta R'_L}{r_{be}} \frac{r_i}{R_s + r_i} \approx -\frac{\beta R'_L}{R_s + r_i}$$

（2-23）

2）输入电阻 r_i。放大电路对信号源（或对前级放大电路）来说是一个负载，它可以用一个等效电阻来等效替代，这个等效电阻就是放大电路的输入电阻 r_i。其定义为

$$r_i = \frac{\dot{U}_i}{\dot{I}_i}$$

（2-24）

r_i 是一个交流动态电阻，是对交流信号而言的。

通常希望放大电路的输入电阻能高一些，这是因为输入电阻较小会引起以下后果：第一，使信号源取用较大的电流，增加了信号源的负担；第二，如果信号源存在内阻 R_s 时，r_i 上的分压就是实际加到放大电路的输入电压 U_i，r_i 较小则使 U_i 也较小；第三，后级放大电路的输入电阻，就是前级放大电路的负载电阻，r_i 较小将使前级放大电路的电压放大倍数降低。

从图 2-12（c）放大电路的微变等效电路可以求得其输入电阻

$$r_i = R_B \mathbin{/\mkern-5mu/} r_{be} \approx r_{be}$$

（2-25）

当 $R_B \gg r_{be}$ 时，$r_i \approx r_{be}$。这说明这一类放大电路的输入电阻是不高的。应该注意：r_i 和 r_{be} 的意义是不同的，不能混淆，r_{be} 是晶体管的输入电阻，r_i 是放大电路的输入电阻。

3）输出电阻 r_o。放大电路对负载 R_L（或后级放大电路）来说，可以看作是一个电压源模型，该电压源模型的内阻定义为放大电路的输出电阻，它是一个交流动态电阻。

如果放大电路的输出电阻 r_o 较大（相当于电压源模型内阻较大），当负载变化时，输出电压变化就较大，也就是放大电路带负载的能力较差。因此，通常希望放大电路的输出电阻低一些。

输出电阻 r_o 的计算方法：输入信号源短路（信号源电动势为零），断开负载 R_L（或后级放大电路），在输出端上外加一个电压源 u，求解出电压 u 与电流 i 的比值为输出电阻 r_o。对于图 2-12（c）电路的输出电阻，可用图 2-14 计算，由于输入信号源短路，则

$$\dot{U}_i = 0$$

则

$$\dot{I}_b = 0$$

$$\beta \dot{I}_b = 0$$

得

$$r_o = \frac{\dot{U}}{\dot{I}} = R_C$$

（2-26）

R_C 一般为几千欧，因此共发射极放大电路的输出电阻较高。

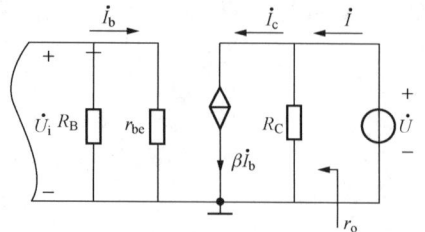

图 2-14　输出电阻的计算

[例 2 - 2] 在图 2 - 5 所示电路中，已知 $U_{CC}=12V$，$R_B=280k\Omega$，$R_C=4k\Omega$，$R_L=4k\Omega$ 晶体管的 β 值为 40，试计算：（1）放大电路的电压放大倍数 A_u、r_i、r_o。

（2）如果输入信号源 $R_s=1k\Omega$，计算源电压放大倍数 A_{us}。

解 （1）设 $U_{BE}=0.7V$，则偏置电流

$$I_B=\frac{U_{CC}-U_{BE}}{R_B}=\frac{12-0.7}{280}=\frac{11.3}{280}=0.04(mA)$$

集电极电流静态值

$$I_C\approx\beta I_B=40\times0.04=1.6(mA)$$
$$I_E=I_B+I_C=0.04+1.6=1.64(mA)$$

晶体管输入电阻

$$r_{be}=300+(1+\beta)\frac{26}{I_E}=300+(1+40)\times\frac{26}{1.64}$$
$$=300+650=950(\Omega)=0.95k\Omega$$

而

$$R_L'=\frac{R_CR_L}{R_C+R_L}=\frac{4\times4}{4+4}=2(k\Omega)$$

放大电路的电压放大倍数

$$A_u=-\frac{\beta R_L'}{r_{be}}=-\frac{40\times2}{0.95}=-84.2$$

输入电阻

$$r_i=R_B\mathbin{/\mkern-5mu/}r_{be}=280\mathbin{/\mkern-5mu/}0.95=\frac{280\times0.95}{280+0.95}$$
$$=0.947(k\Omega)\approx r_{be}$$

输出电阻

$$r_o=R_C=4k\Omega$$

（2）当输入信号源 $R_s=1k\Omega$，输出电压对信号源电动势的电压放大倍数 A_{us}

$$A_{us}\approx-\frac{\beta R_L'}{R_s+r_{be}}=-\frac{40\times2}{1+0.95}=-41$$

2. 动态图解分析法

动态分析是在静态分析的基础上，将交流分量通过作图方式叠加到静态分量上。根据作图所得输出电压峰值与输入电压峰值之比，计算出放大电路的电压放大倍数 A_u，即

$$A_u=\frac{U_{om}}{U_{im}} \tag{2-27}$$

（1）作交流负载线。动态分析电路如图 2 - 12（b）所示。

在图 2 - 8 的基础上作交流负载线，交流负载线的斜率由 R_C 与 R_L 并联电阻 R_L' 决定。在晶体管的输出特性曲线上过静态工作点 Q 作交流负载线，如图 2 - 15（b）所示。

$$R_L'=R_C\mathbin{/\mkern-5mu/}R_L$$

交流负载线的斜率是

$$\tan\alpha_L=-1/R_L'$$

（2）作各电压、电流的变化曲线。根据已知输入的正弦交流信号，作图画出 $i_B=f(t)$ 曲线，得到静态工作点随输入信号变化的轨迹范围 Q'~Q''，如图 2 - 15（a）所示。

根据输入特性曲线上 Q'和 Q''的 I_B 坐标值，在输出特性曲线上得到相对应的输出信号变

化轨迹范围 $Q'\sim Q''$，如图 2-15（b）所示。i_B 变化一周得出 i_C 和 u_{CE} 的一周波形图。输出电压的幅值比输入电压的幅值有所增大。当 i_C 增大时，u_{CE} 减小，i_C 减小时，u_{CE} 增大，因此输出电压相位与输入电压反相。

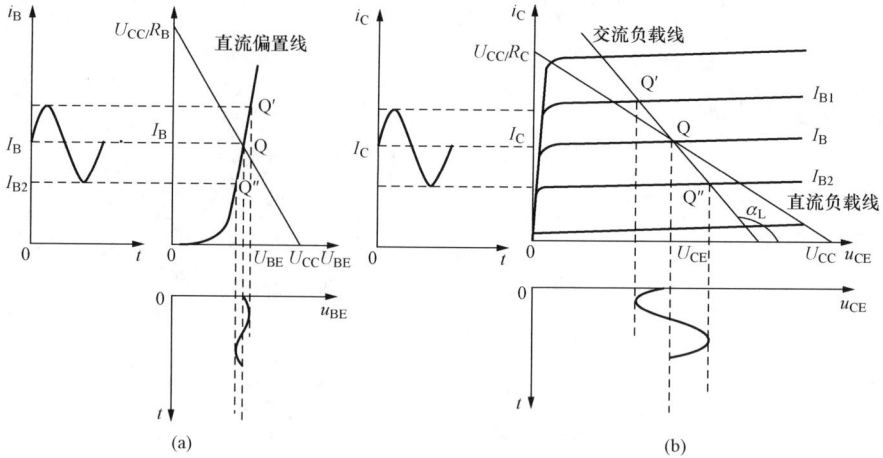

图 2-15　输入正弦信号时基本共射放大电路的动态分析
（a）输入回路图解分析；（b）输出回路图解分析

当放大电路输出端开路时（即 $R_L = \infty$），$R_L' = R_C$ 交流负载线的斜率为 $-1/R_C$，即交、直流负载线重叠为一条负载线。负载电阻 R_L 越小，交流负载线越陡，而输出电压的幅值下降得越多，放大电路的电压放大倍数就越小。

图解法的特点是直观形象地反映晶体管的工作情况，但是必须实测所用管的特性曲线，而且用图解法进行定量分析时误差较大。此外，晶体管特性曲线只能反映信号频率较低时的电压、电流关系，而不反映信号频率较高时，极间电容产生的影响。因此图解法一般多适用于分析输出幅值比较大而工作频率不太高时的情况。在实际应用中，多用于分析 Q 点位置、最大不失真输出电压和失真情况。

2.3.3　静态工作点对放大性能的影响

对电压放大电路有一基本要求，就是输出信号尽可能不失真。所谓失真，是指输出信号的波形不像输入信号的波形。引起失真的原因有多种，其中最基本的一个，就是由于静态工作点不合适或者信号太大，使放大电路的工作范围超出了晶体管特性曲线的线性范围。这种失真通常称为非线性失真。非线性失真又可分为截止失真和饱和失真。

1. 截止失真

在图 2-16 中，静态工作点 Q 的位置太低，在输入正弦电压的负半周靠近峰值的某段时间内，晶体管 b-e 间电压总量 u_{BE} 小于其开启电压 U_{on}，晶体管进入截止区工作，因此基极电流 i_b 将产生底部失真，不难理解集电极电流 i_c 和集电极电阻 R_C 上电压的波形必然随之产生同样的失真，由于输出电压 u_o 与 R_C 上电压的变化相位相反，从而导致 u_o 波形产生顶部失真。这是由于晶体管截止而产生的，故称为**截止失真**。只有选择合适的 U_{CC} 和 R_B 值，才能消除截止失真。

2. 饱和失真

在图 2-17 中，静态工作点 Q 的位置太高，虽然基极动态电流 i_b 为不失真的正弦波，但是由于输入信号正半周靠近峰值的某段时间内晶体管进入饱和区，导致集电极动态电流 i_c 产生顶部失真，集电极电阻 R_C 上的电压波形必然随之产生同样的失真。由于输出电压 u_o 与 R_C 上电压的变化相位相反，从而导致 u_o 波形产生底部失真。这是由于晶体管的饱和而引起的，所以称为**饱和失真**。为了消除饱和失真，就要适当降低 Q 点。为此，可以增大基极电阻 R_B 以减小基极静态电流 I_B，从而减小 I_C；也可以减小集电极电阻 R_C，以改变负载线的斜率，从而增大管压降 U_{CE}；或者更换一只 β 较小的管子，以便在同样的 I_B 情况下减小 I_C。

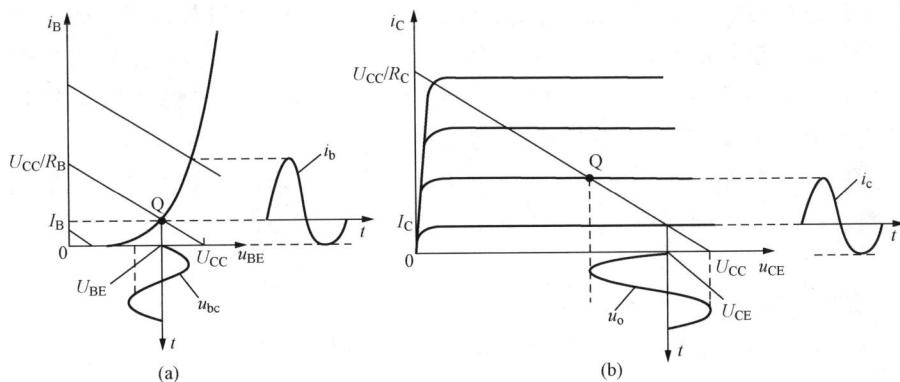

图 2-16　基本共射放大电路的截止失真
（a）输入回路波形分析；（b）输出回路的波形分析

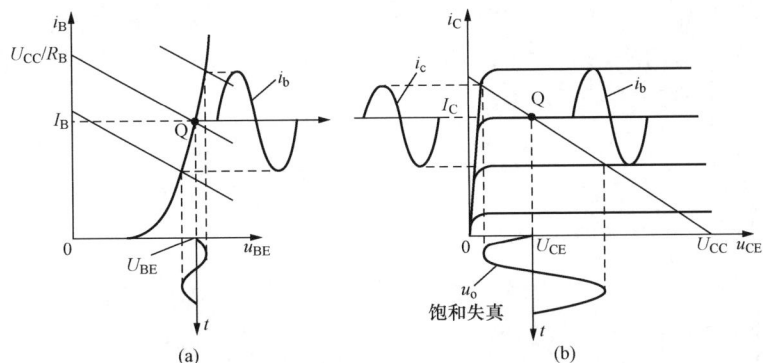

图 2-17　基本共射放大电路的饱和失真
（a）输入回路波形分析；（b）输出回路的波形分析

因此，要使放大电路不产生非线性失真，必须要有一个合适的静态工作点 Q，Q 点应大致选在交流负载线的中点。此外，输入信号 u_i 的幅值不能太大，以避免放大电路的工作范围超出特性曲线的线性范围，在小信号放大电路中，此条件一般都能满足。

应当指出，截止失真和饱和失真都是比较极端的情况。实际上，在输入信号的整个周期内，即使晶体管始终工作在放大区域，也会因为输入特性和输出特性的非线性使输出波形产生失真，只不过当输入信号幅值较小时，这种失真非常小，可忽略不计而已。

【思考与练习】

1. 什么是静态工作点？如何设置静态工作点？如静态工作点设置不当会出现什么问题？怎样调整？

2. 怎样画出放大电路的直流通路和交流通路？

3. 在动态分析中，用微变等效电路分析放大电路的条件是什么？

4. 什么是直流负载线、交流负载线？什么情况下交、直负载线合二为一？

5. 如何从晶体管的特性曲线上求出它的输入电阻 r_{be}、输出电阻 r_{ce} 和电流放大系数 β？

2.4　放大电路静态工作点的稳定

从 2.3 节的分析可以看出，放大电路静态工作点不合适，是引起动态工作点进入非线性区使放大信号失真的重要因素之一。实践证明，即使设置了合适的静态工作点，但在外部因素（如温度变化、晶体管老化、电源电压的波动等）的影响下，也将引起静态工作点的偏移，这种现象叫静态工作点漂移，严重时会使放大电路不能正常工作。

外部因素中，对静态工作点影响最大的是温度变化，因为晶体管对温度非常敏感。下面先讨论温度对静态工作点的影响，然后再研究能够自行稳定静态工作点的电路，即分压式偏置放大电路。

2.4.1　温度对静态工作点的影响

由第 1 章可知，晶体管的 U_{BE}、β、I_{CBO} 这 3 个参数受温度影响比较明显。因此，温度对静态工作点影响也主要是通过影响以上 3 个参数实现的。

1. U_{BE} 变化对静态工作点的影响

温度升高时，由于管子内部载流子运动加剧，对应于同样的 I_B，U_{BE} 将减小，即晶体管的输入特性曲线向左移，如图 2-18（a）所示。由于直流偏置线和直流负载线的位置都不变，因而引起放大电路的静态工作点由 Q 上偏移到 Q'，静态电流 $I_B'>I_B$、$I_C'>I_C$，容易引起饱和失真，如图 2-18（b）所示。

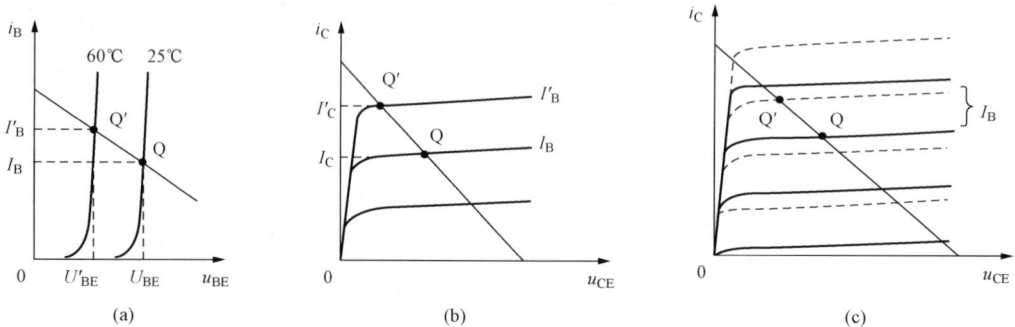

图 2-18　温度对静态工作点的影响

（a）对 U_{BE} 的影响；（b）对 U_{CE} 的影响；（c）对 I_{CBO} 的影响

2. β 变化对静态工作点的影响

温度升高时，β 随之而增大，因此对应于同样的 I_B，I_C 将增大，静态工作点向上偏移，容易引起饱和失真。

3. I_{CBO} 变化对静态工作点的影响

I_{CBO} 是由集电区少数载流子的漂移运动所形成的。温度越高，I_{CBO} 越大，而穿透电流 $I_{CEO}=(1+\beta)I_{CBO}$ 增加的幅度就更大。由于 I_{CEO} 是 I_C 的一部分，所以 I_C 也增大，使晶体管整个特性曲线向上平移，如图 2-18（c）所示。在此情况下，如果负载线和电流 I_B 均未变化，那么静态工作点就从 Q 上移到 Q′而接近饱和区。

综上所述，温度变化对 U_{BE}、β、I_{CBO} 影响使静态工作点漂移，表现出静态电流 I_C 随着温度升高而增大。

2.4.2 分压式偏置电路

如果当温度升高时，静态电流 I_C 自动维持近似不变，静态工作点就可以稳定在原来的设置处。实现这一设想的电路叫**分压式偏置电路**。它是应用广泛的一种偏置电路，如图 2-19 所示。它能自行调节偏置电流 I_B。

1. 稳定静态工作点的原理

在 R_{B1}、R_{B2} 构成的分压电路上，可列出

$$I_1 = I_2 + I_B$$

若使 $I_2 \gg I_B$，通常对硅管取 $I_2 \geqslant (5\sim10) I_B$，对锗管取 $I_2 \geqslant (10\sim20) I_B$，则

$$I_1 \approx I_2 \approx \frac{U_{CC}}{R_{B1} + R_{B2}}$$

基极电位

$$V_B = U_{RB2} = I_2 R_{B2} = \frac{R_{B2} U_{CC}}{R_{B1} + R_{B2}} \quad (2-28)$$

可认为 V_B 与晶体管参数无关，不受温度影响，而取决于分压电阻 R_{B1}、R_{B2}。

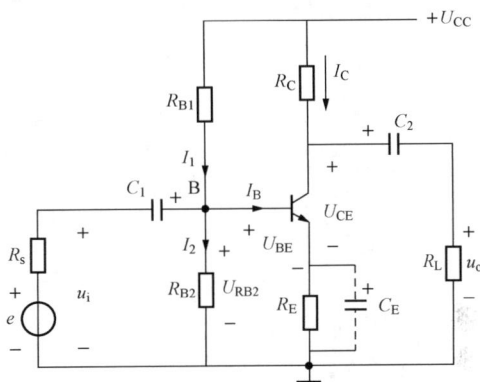

图 2-19 分压式偏置电路

静态工作点的稳定是由 V_B 和 R_E 共同作用实现，其稳定静态工作点的过程如下：

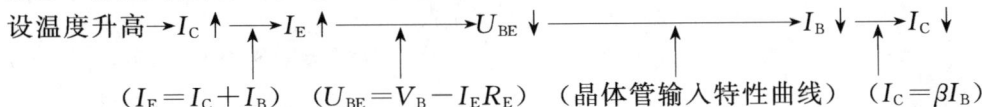

设温度升高→$I_C\uparrow$ → $I_E\uparrow$ → $U_{BE}\downarrow$ → $I_B\downarrow$ → $I_C\downarrow$

$(I_E = I_C + I_B)$　$(U_{BE} = V_B - I_E R_E)$　（晶体管输入特性曲线）　$(I_C = \beta I_B)$

在电路中 R_E 越大，稳定性越好；但 R_E 太大，其功率损耗也大；同时 V_E 增加太大，使 U_{CE} 减小，晶体管的工作范围变窄，容易引起失真，因此 R_E 不宜太大。在小电流工作状态下，R_E 的值为几百欧到几千欧；大电流工作时，R_E 的值为几欧到几十欧。

R_E 的接入，使发射极电流交流分量 i_e 在 R_E 上产生交流压降 u_e，使 u_{be} 减小，这样就会降低放大电路的电压放大倍数。为此可在 R_E 两端并联电容 C_E（图 2-19 虚线所示）。只要 C_E 电容量足够大，对交流可视作短路，对直流分量无影响。C_E 称为发射极交流旁路电容，其电容量一般为几十微法到几百微法。

2. 静态分析

基极电位
$$V_B = \frac{R_{B2}}{R_{B1} + R_{B2}} U_{CC}$$

发射极电流
$$I_E = \frac{V_B - U_{BE}}{R_E} \quad (2-29)$$

集电极电流
$$I_C \approx I_E \quad (2-30)$$

基极电流
$$I_B = \frac{I_C}{\beta} \quad (2-31)$$

集射集电压
$$U_{CE} = U_{CC} - I_C(R_C + R_E) \quad (2-32)$$

3. 动态分析

(1) 输入电阻 r_i。

1) 有发射极交流旁路电容 C_E，微变等效电路如图 2-20（a）所示。其中

$$r_{be} = 300 + (1+\beta)\frac{26}{I_E}$$

$$r_i = R_{B1} /\!/ R_{B2} /\!/ r_{be} \tag{2-33}$$

2) 无发射极交流旁路电容 C_E，微变等效电路如图 2-20（b）所示。其中

$$\dot{I}_e = \dot{I}_b + \beta\dot{I}_b = (1+\beta)\dot{I}_b$$

$$\dot{U}_i = [r_{be} + R_E(1+\beta)]\dot{I}_b$$

$$r_i' = \frac{\dot{U}_i}{\dot{I}_i}$$

$$= R_{B1} /\!/ R_{B2} /\!/ \left(\frac{\dot{U}_i}{\dot{I}_b}\right) \tag{2-34}$$

$$= R_{B1} /\!/ R_{B2} /\!/ [r_{be} + R_E(1+\beta)]$$

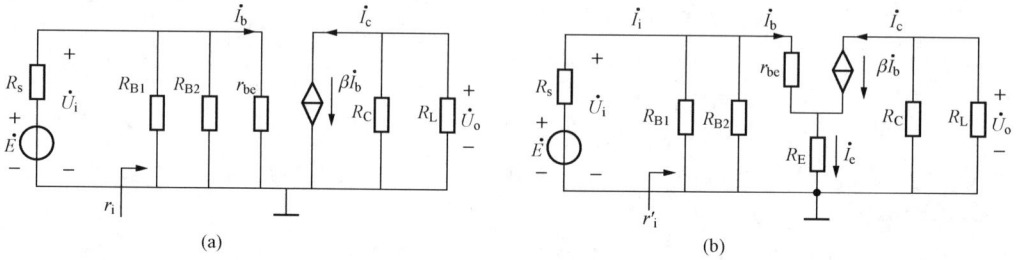

图 2-20　求 r_i 的微变等效电路

（a）有发射极交流旁路电容 C_E 的微变等效电路；（b）无发射极交流旁路电容 C_E 的微变等效电路

（2）输出电阻 r_o。

用开短路法求输出电阻 r_o，电路如图 2-21 所示。

由图 2-21（a）求开路电压 $\dot{U}_L$　　$\dot{U}_L = -\beta R_C \dot{I}_b$

由图 2-21（b）求短路电流 $\dot{I}_s$　　　$\dot{I}_s = -\beta\dot{I}_b$

输出电阻 r_o　　　　　　　　$r_o = \dfrac{\dot{U}_L}{\dot{I}_s} = R_C \tag{2-35}$

（3）电压放大倍数 A_u。

1) 有电容 C_E，如图 2-20（a）所示。

若 $R_s = 0$，$\dot{U}_i = \dot{E}$，得

$$A_u = \frac{\dot{U}_o}{\dot{U}_i} = -\frac{\beta(R_C /\!/ R_L)}{r_{be}} \tag{2-36}$$

若 $R_s \neq 0$，$\dot{U}_i = \dfrac{r_i}{R_s + r_i}\dot{E}$，得

$$A_{us} = \frac{\dot{U}_o}{\dot{E}} = \frac{\dot{U}_o}{\dot{U}_i}\frac{\dot{U}_i}{\dot{E}} = -\frac{\beta(R_C /\!/ R_L)}{r_{be}}\frac{r_i}{R_s + r_i} \tag{2-37}$$

2) 无电容 C_E，如图 2-20（b）所示。

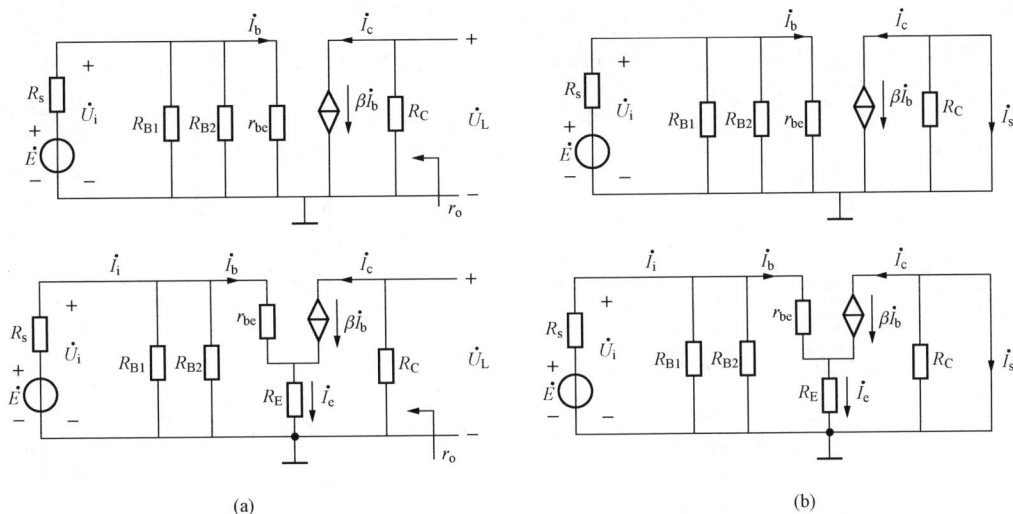

图 2-21 求 r_o 的微变等效电路

(a) 求开路电压 $\dot{U}_L$;(b) 求短路电流 $\dot{I}_s$

若 $R_s=0, \dot{U}_i=\dot{E}$,得

$$A_u = \frac{\dot{U}_o}{\dot{U}_i} = -\frac{\beta(R_C /\!/ R_L)}{r_{be}+(1+\beta)R_E} \tag{2-38}$$

若 $R_s \neq 0, \dot{U}_i = \dfrac{r'_i}{R_s+r'_i}\dot{E}$,得

$$A_{us} = \frac{\dot{U}_o}{\dot{E}} = \frac{\dot{U}_o}{\dot{U}_i}\frac{\dot{U}_i}{\dot{E}} = -\frac{\beta(R_C /\!/ R_L)}{r_{be}+(1+\beta)R_E}\frac{r'_i}{R_s+r'_i} \tag{2-39}$$

[例 2-3] 在图 2-22 电路中,已知 $U_{BE}=0.7V$, $R_{B1}=75k\Omega$, $R_{B2}=5k\Omega$, $R_C=3.9k\Omega$, $R_E=100\Omega$, $R_{E1}=1k\Omega$, $U_{CC}=12V$, $\beta=40$。试求:

(1) 静态工作点;

(2) 画出微变等效电路;

(3) 输入电阻、输出电阻;

(4) 电压放大倍数。

解 (1) 静态工作点,直流通路如图 2-23 所示。其中

$$U_{CC} = (R_C+R_E+R_{E1})I_E+(R_{B1}+R_{B2})I_B+U_{BE}$$

$$= (R_C+R_E+R_{E1})(1+\beta)I_B+(R_{B1}+R_{B2})I_B+U_{BE}$$

$$= [(R_C+R_E+R_{E1})(1+\beta)+(R_{B1}+R_{B2})]I_B+U_{BE}$$

$$I_B = \frac{U_{CC}-U_{BE}}{(R_C+R_E+R_{E1})(1+\beta)+R_{B1}+R_{B2}}$$

$$= \frac{12-0.7}{(3.9+0.1+1)\times(1+40)+75+5}\times 10^{-3}$$

$$= 40(\mu A)$$

$$I_C = \beta I_B = 1.6mA$$

$$U_{CE} = U_{CC} - (R_C + R_E + R_{E1})(1 + \beta)I_B$$
$$= 12 - (3.9 + 0.1 + 1) \times 41 \times 0.04 = 4(V)$$

$$r_{be} = 300 + (1 + \beta)\frac{26}{I_E}$$

$$= 300 + (1 + 41)\frac{26}{1.6}$$

$$= 0.97(k\Omega)$$

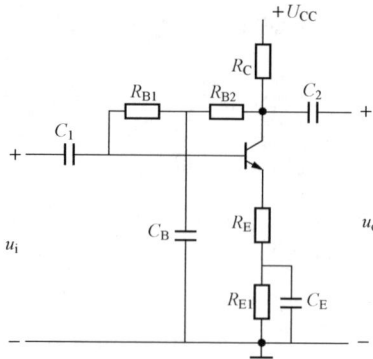

图 2-22 [例 2-3] 图

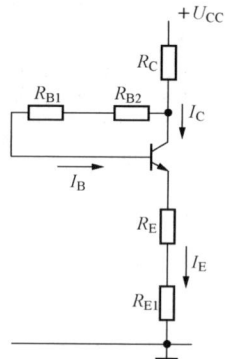

图 2-23 图 2-22 直流通路

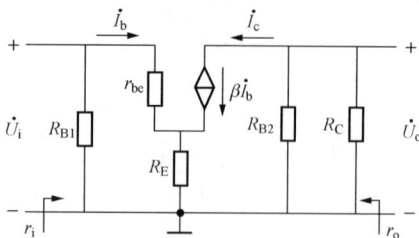

图 2-24 微变等效电路

（2）微变等效电路如图 2-24 所示。

（3）输入电阻 r_i、输出电阻 r_o 分别为

$$r_i = R_{B1} \; // \; [r_{be} + (1 + \beta)R_E] = 4.8k\Omega$$
$$r_o = R_{B2} \; // \; R_C = 2.19k\Omega$$

（4）电压放大倍数 A_u 为

$$A_u = \frac{-\beta(R_{B2} \; // \; R_C)}{r_{be} + (1 + \beta)R_E} = -17.3$$

【思考与练习】

1. 分压式偏置放大电路是怎样稳定静态工作点的？

2. 在图 2-19 所示放大电路中，已知 $U_{CC} = 15V$，$R_C = 3k\Omega$，$R_E = 2k\Omega$，$I_C = 1.55mA$，$\beta = 50$，试估算 R_{B1} 和 R_{B2}。

2.5 晶体管单管放大电路的三种基本接法

从共射放大电路的分析中可以体会到，当晶体管在输入信号整个周期内均工作在放大状态时，不但维持着输出电压与输入电压的线性关系，而且通过基极电流 i_B 对集电极电流 i_C 的控制作用，实现了能量的转换，使负载电阻从直流电源 U_{CC} 获得比信号源提供的大得多的输出信号功率。共射放大电路既实现了电流放大，又实现了电压放大。实际上，一个放大电路仅能放大电流或仅能放大电压，都能实现功率的放大。共集放大电路以集电极为公共端，通过 i_B 对 i_E 的控制作用实现功率放大；而共基放大电路以基极为公共端，通过 i_E 对 i_C 的控制作用实现功率放大。共射、共集、共基是单管放大电路的三种基本接法。

2.5.1 共集放大电路

放大电路的负载接在晶体管的发射极上,由发射极输出放大电路信号,称为射极输出器,如图 2-25 所示。对交流信号而言,由于这种电路的输入端和输出端是以集电极作为公共端的,所以又叫共集电极放大电路。

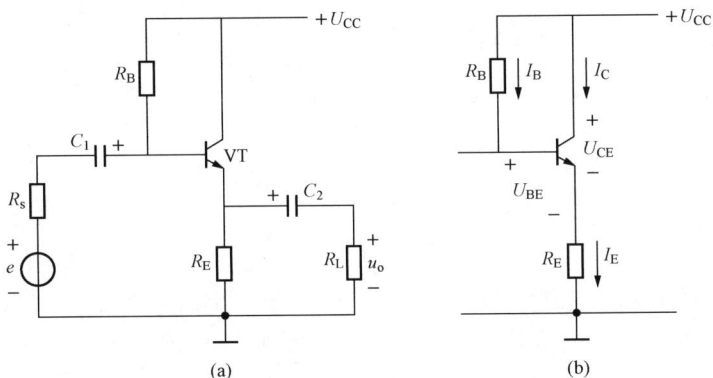

图 2-25 射极输出器放大电路

(a) 射极输出器;(b) 直流通路

1. 静态分析

由图 2-25(b)直流通路列方程可计算静态工作点,即

$$U_{CC} = R_B I_B + U_{BE} + R_E I_E = R_B I_B + U_{BE} + (1 + \beta) R_E I_B$$

$$I_B = \frac{U_{CC} - U_{BE}}{R_B + (1 + \beta) R_E} \tag{2-40}$$

当 $U_{CC} \gg U_{BE}$ 时

$$I_B \approx \frac{U_{CC}}{R_B + (1 + \beta) R_E}$$

$$I_C = \beta I_B$$

$$U_{CE} = U_{CC} - R_E I_E \approx U_{CC} - R_E I_C \tag{2-41}$$

2. 动态分析

由图 2-26 进行动态分析。

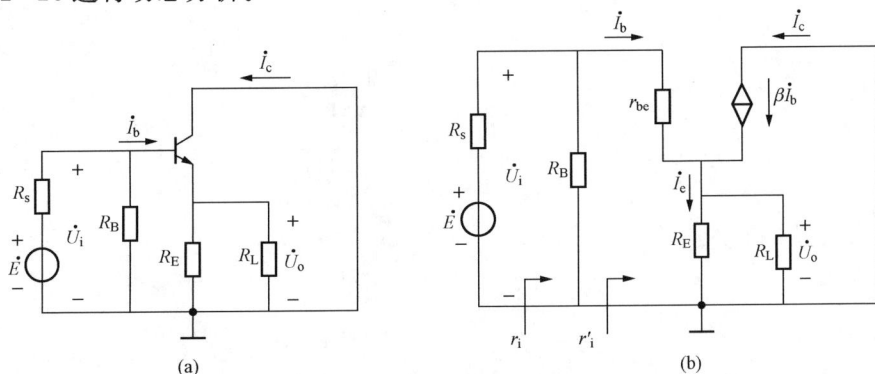

图 2-26 图 2-25 放大电路的微变等效电路

(a) 交流通路;(b) 微变等效电路

（1）电压放大倍数。在图 2 - 26（b）中

$$\dot{U}_{\mathrm{o}} = \dot{I}_{\mathrm{e}} R'_{\mathrm{L}} = (1+\beta) \dot{I}_{\mathrm{b}} R'_{\mathrm{L}}$$

式中
$$R'_{\mathrm{L}} = R_{\mathrm{E}} \mathbin{/\!/} R_{\mathrm{L}}$$

$$\dot{U}_{\mathrm{i}} = \dot{I}_{\mathrm{b}} r_{\mathrm{be}} + \dot{I}_{\mathrm{e}} R'_{\mathrm{L}} = \dot{I}_{\mathrm{b}} r_{\mathrm{be}} + (1+\beta) \dot{I}_{\mathrm{b}} R'_{\mathrm{L}}$$

$$= \dot{I}_{\mathrm{b}} [r_{\mathrm{be}} + (1+\beta) R'_{\mathrm{L}}]$$

$$A_u = \frac{\dot{U}_{\mathrm{o}}}{\dot{U}_{\mathrm{i}}} = \frac{(1+\beta) R'_{\mathrm{L}}}{r_{\mathrm{be}} + (1+\beta) R'_{\mathrm{L}}} \qquad\qquad (2 - 42)$$

通常 $(1+\beta) R'_{\mathrm{L}} \gg r_{\mathrm{be}}$ 所以

$$A_u = \frac{\dot{U}_{\mathrm{o}}}{\dot{U}_{\mathrm{i}}} \approx 1 \qquad\qquad (2 - 43)$$

电压放大倍数近似为 1，但小于 1，输出电压与输入电压同相，具有跟随作用，所以又称为电压跟随器。 虽然电压跟随器不具有电压放大作用，但因发射极电流 I_{e} 大于基极电流 I_{b}，所以仍具有一定的电流放大和功率放大作用。且当 $\dot{U}_{\mathrm{i}}$ 大小一定时，不论负载大小如何变化，$\dot{U}_{\mathrm{o}}$ 基本保持不变，这说明射极输出器具有恒压特性。

（2）输入电阻。从图 2 - 26（b）射极输出器微变等效电路可以推出

$$r'_{\mathrm{i}} = \frac{\dot{U}_{\mathrm{i}}}{\dot{I}_{\mathrm{b}}} = r_{\mathrm{be}} + (1+\beta)(R_{\mathrm{E}} \mathbin{/\!/} R_{\mathrm{L}})$$

所以

$$r_{\mathrm{i}} = \frac{\dot{U}_{\mathrm{i}}}{\dot{I}_{\mathrm{i}}} = R_{\mathrm{B}} \mathbin{/\!/} [r_{\mathrm{be}} + (1+\beta)(R_{\mathrm{E}} \mathbin{/\!/} R_{\mathrm{L}})] \qquad\qquad (2 - 44)$$

通常 $r_{\mathrm{be}} \ll (1+\beta)(R_{\mathrm{E}} \mathbin{/\!/} R_{\mathrm{L}})$，而 R_{B} 的值很大（几十千欧至几百千欧），则射极输出器的输入电阻 $r_{\mathrm{i}} \gg r_{\mathrm{be}}$，即射极输出器的**输入电阻高**。

（3）输出电阻。电路如图 2 - 27 所示，用加压求流法求输出电阻。将图 2 - 26（b）中的信号源电动势 $\dot{E}_{\mathrm{s}}$ 短路（除源），将输出端的负载电阻 R_{L} 移开而接上一外加交流电源 $\dot{U}$。

图中 $R'_{\mathrm{s}} = R_{\mathrm{s}} \mathbin{/\!/} R_{\mathrm{B}}$，外加电源 $\dot{U}$ 产生的电流 $\dot{I}$ 为：

$$\dot{I} = \dot{I}_{\mathrm{e}} - \dot{I}_{\mathrm{b}} - \dot{I}_{\mathrm{c}} = \dot{I}_{\mathrm{e}} - (1+\beta) \dot{I}_{\mathrm{b}}$$

$$= \frac{\dot{U}}{R_{\mathrm{E}}} - (1+\beta) \frac{-\dot{U}}{r_{\mathrm{be}} + R'_{\mathrm{s}}} = \left[\frac{1}{R_{\mathrm{E}}} + \frac{1+\beta}{r_{\mathrm{be}} + R'_{\mathrm{s}}} \right] \dot{U}$$

$$r_{\mathrm{o}} = \frac{\dot{U}}{\dot{I}} = \frac{1}{\dfrac{1}{R_{\mathrm{E}}} + \dfrac{1+\beta}{r_{\mathrm{be}} + R'_{\mathrm{s}}}} = \frac{R_{\mathrm{E}}(r_{\mathrm{be}} + R'_{\mathrm{s}})}{(r_{\mathrm{be}} + R'_{\mathrm{s}}) + R_{\mathrm{E}}(1+\beta)} \qquad (2 - 45)$$

由于 $(1+\beta) R_{\mathrm{E}} \gg (r_{\mathrm{be}} + R'_{\mathrm{s}})$，则输出电阻为

$$r_{\mathrm{o}} \approx \frac{r_{\mathrm{be}} + R'_{\mathrm{s}}}{1+\beta} \qquad\qquad (2 - 46)$$

由于 r_{be} 和 R'_{s} 值都比较小，而 $\beta \gg 1$，因此射极输出器的**输出电阻低**，通常几十欧到几百欧。

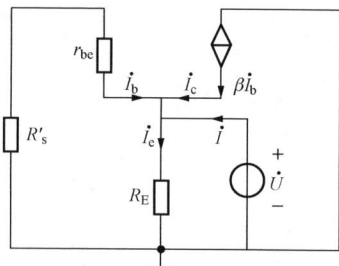
图 2 - 27　加压求流法求输出电阻

因为共集电极放大电路输入电阻大、输出电阻小，因而从信号源索取的电流小而且带负载能力强，所以常用于多级放大电路的输入极和输出极。

[例 2 - 4] 在图 2 - 25 射极输出器电路中，已知：$U_{CC}=20\text{V}$，$\beta=50$，$R_B=39\text{k}\Omega$，$R_s=0$，$R_E=300\Omega$，$R_L=12\text{k}\Omega$，求 r_i、r_o 和 A_u。

解 根据图 2 - 25 求发射极静态电流值

$$I_E=\frac{U_{CC}(1+\beta)}{R_B+(1+\beta)R_E}=\frac{20\times51}{39+51\times0.3}=18.8(\text{mA})$$

晶体管输入电阻

$$r_{be}=300+(1+\beta)\frac{26\text{mV}}{I_E\text{mA}}=300+\frac{51\times26}{18.8}=370.5(\Omega)$$

$$R'_L=\frac{R_ER_L}{R_E+R_L}=\frac{0.3\times1.2}{0.3+1.2}=0.24(\text{k}\Omega)$$

$$r_i=R_B\mathbin{/\mkern-5mu/}[r_{be}+(1+\beta)R'_L]=39\mathbin{/\mkern-5mu/}12.6=9.52(\text{k}\Omega)$$

$$r_o=\frac{r_{be}+R'_s}{1+\beta}=\frac{r_{be}}{1+\beta}=\frac{370.5}{51}=7.27(\Omega)$$

$$A_u=\frac{\dot{U}_o}{\dot{U}_i}=\frac{\dot{I}_eR'_L}{\dot{I}_b[r_{be}+(1+\beta)R'_L]}=\frac{\dot{I}_b(1+\beta)R'_L}{\dot{I}_b[r_{be}+(1+\beta)R'_L]}$$

$$=\frac{51\times0.24}{0.37+51\times0.24}=\frac{12.24}{12.61}=0.971$$

2.5.2 共基放大电路

图 2 - 28 为共基放大电路的原理图，R_C 为集电极电阻，R_{B1} 和 R_{B2} 为基极偏置电阻，用来保证晶体管有合适的 Q 点。由交流通路可见，输入电压 $\dot{U}_i$ 加在发射极和基极之间，而输出电压 $\dot{U}_o$ 从集电极和基极两端取出，故基极是输入、输出电路的共同端点。

1. 静态分析

直流通路如图 2 - 29 所示，此电路和 2.4.1 节讨论的分压式偏置的直流通路相同，静态工作点 Q 的求法与它一致，故不赘述。

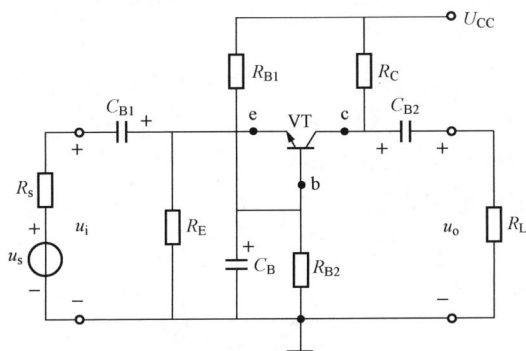

图 2 - 28 共基放大电路

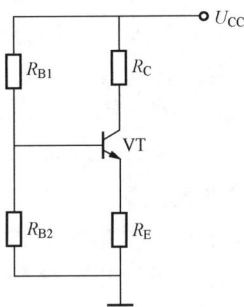

图 2 - 29 直流通路

2. 动态分析

交流通路如图 2 - 30 所示，图 2 - 31 为微变等效电路。

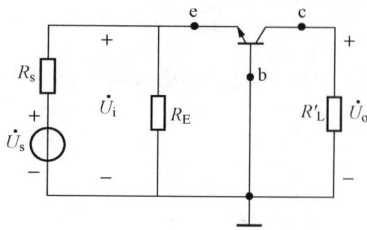

图 2 - 30　交流通路

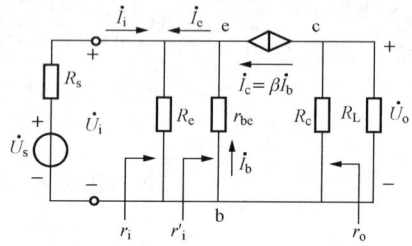

图 2 - 31　微变等效电路

（1）电压放大倍数。由图 2 - 31 可知

$$\dot{U}_o = -\dot{I}_c R'_L \qquad (R'_L = R_C \parallel R_L)$$

$$\dot{A}_u = \frac{\dot{U}_o}{\dot{U}_i} = \frac{-\dot{I}_c R'_L}{-\dot{I}_B r_{be}} = \frac{\beta R'_L}{r_{be}} \qquad (2-47)$$

可知，共基极电路与共发射极电路的电压放大倍数在数值上相同，只差了一个负号。共基极电路输入电压与输出电压同相。

（2）输入电阻。从图 2 - 31 的微变等效电路可推得

$$r'_i = \frac{\dot{U}_i}{-\dot{I}_e} = \frac{-\dot{I}_b r_{be}}{-(1+\beta)\dot{I}_b} = \frac{r_{be}}{1+\beta}$$

$$r'_i = R_e \parallel r'_i \approx r'_i \qquad (2-48)$$

由此可见，与共射极电路相比，共基极电路的输入电阻减小为 $1/(1+\beta)$，因而共基极电路的输入电阻很低，一般为几欧至几十欧。

（3）输出电阻。

$$r_o = R_C \qquad (2-49)$$

以上对共基极电路的电压放大倍数、输入电阻、输出电阻进行了计算。但应注意，在共基极电路中电流放大系数 $\alpha = \dot{I}_c/\dot{I}_e$ 接近于 1，但小于 1。从这个角度来看，共基极电路又称为**电流跟随器**。

综上所述，晶体管单管放大电路的 3 种基本接法的特点归纳如下：

（1）共射电路既能放大电流又能放大电压，输入电阻在 3 种电路中居中，输出电阻较大，频带较窄，常作为低频电压放大电路的单元电路。

（2）共集电极电路只能放大电流不能放大电压，是 3 种接法中输入电阻最大、输出电阻最小的电路，并具有电压跟随的特点，常用于电压放大电路的输入级和输出级。

（3）共基极电路只能放大电压不能放大电流，输入电阻小，电压放大倍数和输出电阻与共射电路相当，频率特性是 3 种接法中最好的电路，常用于宽频带放大电路。

【思考与练习】

1. 为什么说共集电极放大电路是射极输出器？
2. 简述射极输出器的特点及用途。

2.6　场效应管放大电路

场效应管通过栅—源之间的电压 u_{GS} 来控制漏极电流 i_D，因此，它和晶体管一样可以实

现能量的控制，构成放大电路。由于栅—源之间电阻可达 $10^7 \sim 10^{12}\,\Omega$，所以常作为高输入阻抗放大器的输入级。

2.6.1 场效应管放大电路的 3 种接法

场效应管的 3 个电极源极、栅极和漏极与晶体管的 3 个极发射极、基极和集电极相对应，因此在组成放大电路时也有 3 种接法，即共源放大电路、共漏放大电路和共栅放大电路。以 N 沟道结型场效应管为例，3 种接法的交流通路如图 2-32 所示，由于共栅电路很少使用，本书只对共源和共漏两种电路进行分析。

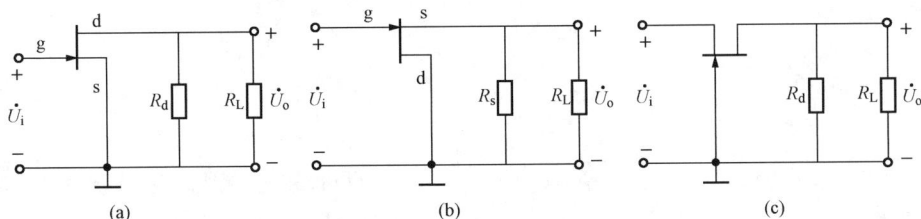

图 2-32 场效应管放大电路的 3 种接法

(a) 共源电路；(b) 共漏电路；(c) 共栅电路

2.6.2 分压偏置放大电路的分析

1. 静态分析

与晶体管放大电路一样，为了使电路正常放大，必须设置合适的静态工作点，以保证在信号的整个周期内场效应管均工作在恒流区。下面以分压式偏置电路为例，说明静态工作点 Q 的设置。

图 2-33 所示为分压式偏置放大电路，该图采用的是 N 沟道耗尽型 MOS 管。在输入回路中，为了不使分压电阻 R_{g1}、R_{g2} 对放大电路输入电阻影响太大，故通过 R_{g3} 与栅极相连，由于栅极电流为 0，所以电阻 R_{g3} 上的电流为 0，栅极电位为

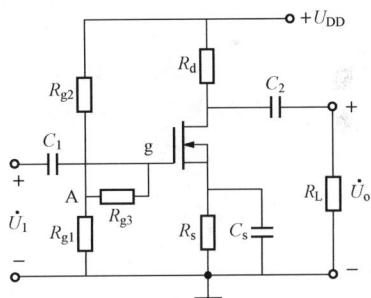

图 2-33 分压式偏置放大电路

$$V_G = V_A = \frac{R_{g1}}{R_{g1} + R_{g2}} U_{DD} \qquad (2-50)$$

源极电位 $V_S = I_D R_s$，因此，栅—源电压为

$$U_{GS} = V_G - V_S = \frac{R_{g1}}{R_{g1} + R_{g2}} U_{DD} - I_D R_s \qquad (2-51)$$

场效应管的 I_D 与 U_{GS} 之间的关系可用式 (1-26) 近似表示，即

$$I_D = I_{DSS}\left(\frac{u_{GS}}{U_{GS(off)}} - 1\right)^2 \qquad (2-52)$$

I_{DSS} 为饱和漏极电流，$U_{GS(off)}$ 为夹断电压，可由手册查出。联立求解式 (2-51)、式 (2-52) 即可得到静态时的 I_D 和 U_{GS}。

由漏极回路写出方程得管压降 U_{DS}

$$U_{DS} = U_{DD} - I_D(R_d + R_s) \qquad (2-53)$$

2. 动态分析

(1) 场效应管的低频小信号模型。与分析晶体管的 h 参数等效模型相同，将场效应管也

看成一个两端口网络，栅极与源极之间看成输入端口，漏极与源极之间看成输出端口。以 N 沟道耗尽 MOS 管为例，可以认为栅极电流为零，栅—源之间只有电压存在。而漏极电流 i_D 是栅—源电压 u_{GS} 和漏—源电压 u_{DS} 的函数

$$i_D = f(u_{GS}, u_{DS}) \qquad (2-54)$$

研究动态信号作用时用全微分表示

$$di_D = \frac{\partial i_D}{\partial u_{GS}}\bigg|_{U_{DS}} du_{GS} + \frac{\partial i_D}{\partial u_{DS}}\bigg|_{U_{GS}} du_{DS} \qquad (2-55)$$

令式中

$$\frac{\partial i_D}{\partial u_{GS}}\bigg|_{U_{DS}} = g_m \qquad (2-56)$$

$$\frac{\partial i_D}{\partial u_{DS}}\bigg|_{U_{GS}} = \frac{1}{r_{ds}} \qquad (2-57)$$

当信号幅值较小时，管子的电流、电压只在 Q 点附近变化，因此可以认为在 Q 点附近的特性是线性的，g_m 与 r_{ds} 近似为常数。用有效值 I_d、U_{gs} 和 U_{ds} 取代变化量 di_D、du_{GS} 和 du_{DS}，式（2-55）可写成

$$I_d = g_m U_{gs} + \frac{1}{r_{ds}} \cdot U_{ds} \qquad (2-58)$$

根据此式可构造出场效应管的低频小信号作用下的等效模型，如图2-34（b）所示。输

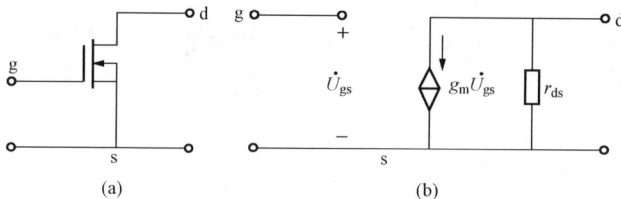

图 2-34　MOS 管的低频小信号等效模型
(a) N 沟道耗尽型 MOS 管；(b) 交流等效模型

入回路栅—源之间相当于开路；输出回路与晶体管的微变等效模型相似，有一个电压 U_{gs} 控制的电流源 I_d 和一个并联电阻 r_{ds}。r_{ds} 在几十千欧到几百千欧之间，如果外电路电阻较小时，也可忽略 r_{ds} 中的电流，将输出回路只等效成一个受控电流源。

可以从场效应管的转移特性曲线和输出特性曲线上求出 g_m 和 r_{ds}，g_m 也可通过式（2-52）求导而得，

$$g_m = \frac{\partial I_D}{\partial U_{GS}} = -\frac{2 I_{DSS}}{U_{GS(off)}}\left(1 - \frac{U_{GS}}{U_{GS(off)}}\right) \qquad (2-59)$$

若已知 I_{DSS}、$U_{GS(off)}$ 值，只需将工作点的 I_D 和 U_{GS} 值代入式（2-59），即可求得 g_m 值。

（2）分压偏置放大电路的动态分析。分压偏置放大电路的微变等效电路如图 2-35 所示。

电压放大倍数 A_u

$$A_u = \frac{\dot{U}_o}{\dot{U}_i} = \frac{-g_m \dot{U}_{gs} R'_L}{\dot{U}_{gs}} = -g_m R'_L \quad (2-60)$$

式中 $R'_L = R_d /\!/ R_L$。

输入电阻 r_i

$$r_i = R_{g3} + R_{g1} /\!/ R_{g2} \qquad (2-61)$$

由于 R_{g1}、R_{g2} 主要用来确定静态工作点，所以输入电阻主要由输入 R_{g3} 确定。一般 R_{g3} 值都较高，常为几百千欧至几兆欧，甚至几十兆欧。

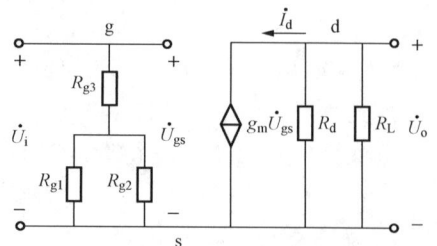

图 2-35　分压偏置电路微变等效电路

输出电阻 r_o

$$r_o = R_d \qquad (2-62)$$

[**例 2 - 5**] 图 2 - 33 所示电路，已知 $R_{g1} = 50\text{k}\Omega$，$R_{g2} = 150\text{k}\Omega$，$R_{g3} = 1\text{M}\Omega$，$R_d = R_s = 10\text{k}\Omega$，$R_L = 1\text{M}\Omega$，$U_{DD} = 20\text{V}$，场效应管的夹断电压 $U_{GS(off)} = -5\text{V}$，$I_{DSS} = 1\text{mA}$。试完成：

(1) 用解析法确定静态工作点 U_{GS}、U_{DS}、I_D 及跨导 g_m；

(2) 计算 A_u、r_i、r_o。

解 (1) 由式 (2 - 51) 可得

$$U_{GS} = \frac{50}{50 + 150} \times 20 - 10 I_D = 5 - 10 I_D$$

$$I_D = 1 \left(1 + \frac{U_{GS}}{5} \right)^2$$

将 U_{GS} 代入 I_D 式得

$$I_D = \left(1 + \frac{5 - 10 I_D}{5} \right)^2$$

$$4 I_D^2 - 9 I_D + 4 = 0$$

解得

$$I_D = 0.61\text{mA}$$

$$U_{GS} = 5 - 0.61 \times 10 = -1.1(\text{V})$$

$$U_{DS} = V_{DD} - I_D(R_d + R_s) = 20 - 0.6 \times (10 + 10) = 8(\text{V})$$

$$g_m = \frac{2 \times 1}{5} \left(1 - \frac{1.1}{5} \right) = 0.312(\text{mA/V})$$

(2)

$$A_u = -g_m R_L' = -0.312 \times \frac{10 \times 1000}{10 + 1000} \approx -3.12$$

$$r_i = R_{g3} + R_{g1} \mathbin{/\!/} R_{g2} = 1000 + \frac{50 \times 150}{50 + 150} \approx 1.04(\text{M}\Omega)$$

$$r_o = R_d = 10\text{k}\Omega$$

2.6.3 共漏放大器 (源极输出器)

电路如图 2 - 36 (a) 所示，它适用于结型场效应管或耗尽型场效应管。

1. 静态分析

因为栅极电流为 0，所以电阻 R_g 上的电流为 0，所以栅极电位为 0。

$$V_G = 0$$

$$V_S = I_D R_s$$

$$U_{GS} = V_G - V_S = -I_D R_s \qquad (2-63)$$

与式 (2 - 52) 联立求解可得 I_D 和 U_{GS}。

$$U_{DS} = U_{DD} - I_D R_s \qquad (2-64)$$

2. 动态分析

微变等效电路如图 2 - 36 (b) 所示。

(1) 电压放大倍数

$$A_u = \frac{\dot{U}_o}{\dot{U}_i} = \frac{g_m \dot{U}_{gs} R_L'}{\dot{U}_{gs} + g_m \dot{U}_{gs} R_L'} = \frac{g_m R_L'}{1 + g_m R_L'} \qquad (2-65)$$

式中 $R_L' = R_s \mathbin{/\!/} R_L$。

(a)

(b)

(c)

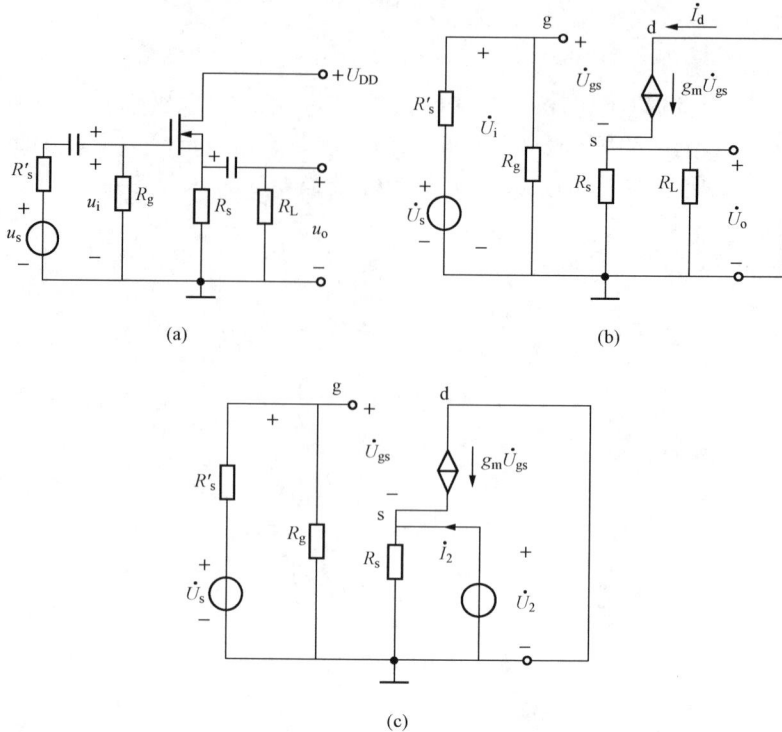

图 2 - 36　漏极输出器

（a）电路；（b）等效电路；（c）输出电阻的计算

（2）输入电阻 r_i

$$r_i = R_g \tag{2 - 66}$$

（3）输出电阻 r_o

在求输出电阻时，令 $U_s = 0$，并在输出端加一信号 U_2，如图 2 - 36 （c）所示，这时从输出端流入的电流为

$$\dot{I}_2 = \frac{\dot{U}_2}{R_s} - g_m \dot{U}_{gs}$$

而

$$\dot{U}_{gs} = -\dot{U}_2，所以$$

$$\dot{I}_2 = \frac{\dot{U}_2}{R_s} + g_m \dot{U}_2 = \left(g_m + \frac{1}{R_s} \right) \dot{U}_2$$

故

$$r_o = \frac{\dot{U}_2}{\dot{I}_2} = \frac{1}{g_m + \dfrac{1}{R_s}} = \frac{1}{g_m} \mathbin{/\mkern-5mu/} R_s \tag{2 - 67}$$

2.6.4　场效应管放大电路的特点

场效管（单极型管）与晶体管（双极型管）相比，最突出的优点是可以组成两输入电阻的放大电路，此外，由于它还有噪声低、温度稳定性好、抗辐射能力强等优于晶体管的特点，而且便于集成化，所以被广泛地应用于各种电子电路中。

应当指出场效管的放大能力比晶体管差，共源放大电路的电压放大倍数的数值只有几到十几，而共射放大电路电压放大倍数的数值可达百倍以上。另外。由于场效应管栅源之间的等效电容只有几皮法到几十皮法，而栅源电阻又很大，若有感应电荷则不易释放，从而形成高电压（$U=Q/C$），以至于将栅源间的绝缘层击穿，造成管子永久性损坏。因此，使用时应注意保护。目前很多场效应管在制作时已在栅源之间并联了一个二极管以限制栅—源电压的幅值，防止击穿。

本 章 小 结

本章是学习后面各章的基础，因此是学习的重点之一，主要内容如下。

1. 放大的概念

在电子电路中，放大的对象是变化量，常用的测试信号是正弦波。放大的本质是在输入信号的作用下，通过有源元件（晶体管或场效应管）对直流电源的能量进行控制和转换，使负载从电源中获得的输出信号能量比信号源向放大电路提供的能量大得多，因此放大的特征是功率放大，表现为输出电压大于输入电压，输出电流大于输入电流，或者二者兼有。放大的前提是不失真，换言之，如果电路输出波形产生失真便谈不上放大。

2. 放大电路的组成原则

（1）放大电路的核心元件是有源元件，即晶体管或场效应管。

（2）正确的直流电源电压数值、极性与其他电路参数应保证晶体管工作在放大区、场效应管工作在恒流区，即建立起合适的静态工作点，保证电路不失真。

（3）输入信号应能够有效地作用于有源元件的输入回路，即晶体管的 b—e 回路，场效应管的 g—s 回路；输出信号能够作用于负载之上。

3. 晶体管和场效应管基本放大电路分析

晶体管基本放大电路有共射、共集、共基 3 种接法。场效应管放大电路有共源接法、共漏接法与晶体管的共射、共集接法相对应。各种放大电路的分析方法都是相同的，有静态分析和动态分析两种。

（1）静态分析就是求解静态工作点 Q，在输入信号为零时，晶体管和场效应管各电极间的电流与电压就是 Q 点。可用估算法或图解法求解。

（2）动态分析就是求解各动态参数和分析输出波形，利用微变等效电路计算 A_u、r_i、r_o，利用图解法分析失真情况。

学完本章希望能够达到以下要求。

（1）掌握以下基本概念和定义：放大、静态工作点、饱和失真与截止失真、直流通路与交流通路、直流负载线与交负载线、微变等效模型、放大倍数、输入电阻和输出电阻、静态工作点的稳定。

（2）掌握放大电路的组成原则和各种基本放大电路的工作原理及特点。

（3）掌握放大电路的分析方法，能够正确估算基本放大电路的静态工作点和动态参数 A_u、r_i 和 r_o，正确分析电路的输出波形和产生截止失真、饱和失真的原因。

（4）了解稳定静态工作点的必要性及稳定方法。

习 题

2.1 按要求填写表 2-2。

表 2 - 2　　　　　　　　　　　　　　晶体管 3 种基本放大电路比较

电路名称	连接方式（e、c、b）			性能比较（大、中、小）				
	公共极	输入极	输出极	$|\dot{A}_u|$	$\dot{A}_i$	R_i	R_o	其他
共射电路								
共集电路								
共基电路								

2.2　放大电路的组成原则有哪些？利用这些原则分析图 2 - 37 中各电路能否正常放大，并说明理由。

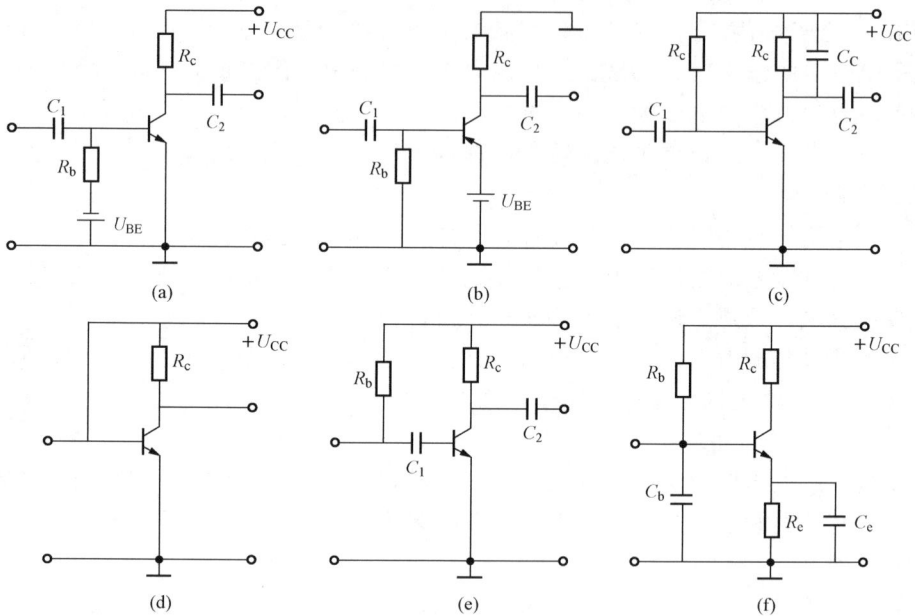

图 2 - 37　题 2.2 图

2.3　分别画出图 2 - 38 中各电路的直流通路、交流通路和微变等效电路。

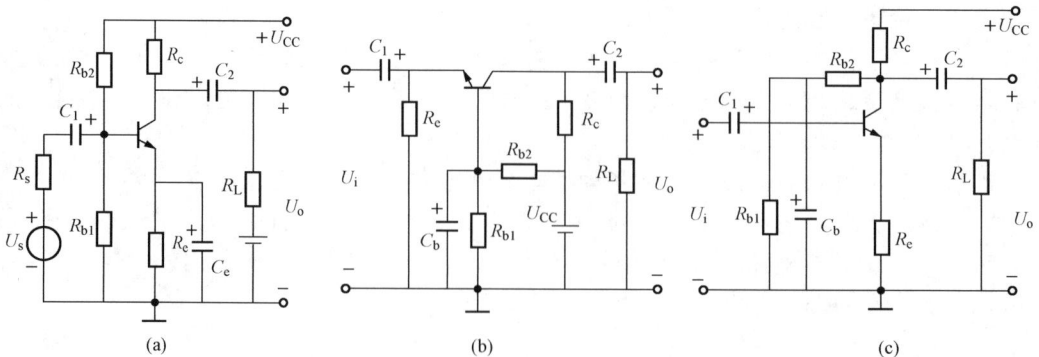

图 2 - 38　题 2.3 图

2.4　试求图 2 - 39 各电路中的静态工作点（设图中所有三极管都是硅管，$U_{BE}=0.7V$）。

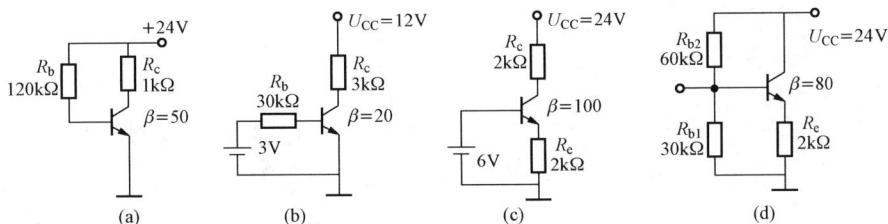

图 2 - 39 题 2.4 图

2.5 在调试放大电路的过程中，对于图 2 - 40（a）所示放大电路，曾出现过如图 2 - 40（b）、图 2 - 40（c）和图 2 - 40（d）所示的 3 种不正常的输出波形。如果输入是正弦波，试判断 3 种情况分别产生了什么失真，应如何调整参数电路才能消除失真？

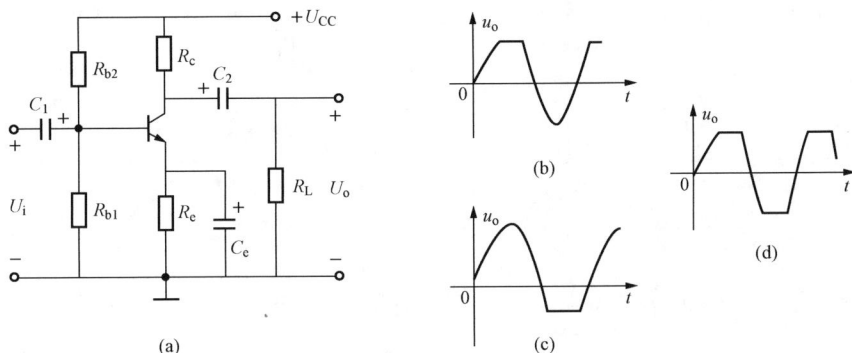

图 2 - 40 题 2.5 图

2.6 电路如图 2 - 41 所示，设耦合电容和旁路电容的容量均足够大，对交流信号可视为短路。

（1）求 A_u、r_i、r_o；

（2）求 A_{us}；

（3）如果将电阻 R_{b2} 逐渐减小，将会出现什么性质的非线性失真？

2.7 电路如图 2 - 42 所示，画出放大电路的微变等效电路，写出电压放大倍数 $A_{u1} = \dfrac{U_{o1}}{U_i}$、$A_{u2} = \dfrac{U_{o2}}{U_i}$ 的表达式。

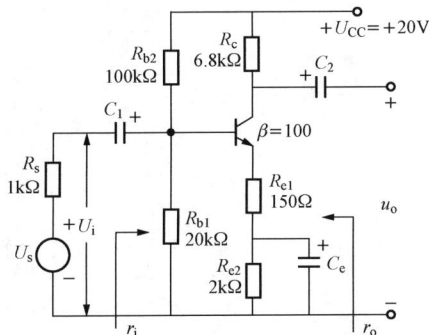

图 2 - 41 题 2.6 图

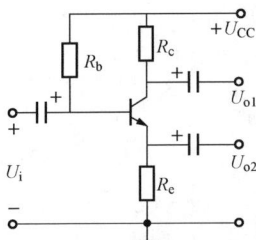

图 2 - 42 题 2.7 图

2.8 电路如图 2-43 所示，晶体管的 $\beta=60$，$r_{be}=100\Omega$。

（1）求解静态工作点；

（2）求 A_u、r_i、r_o；

（3）设 $U_s=10mV$（有效值），问 U_i、U_o 为多少？若 C_3 开路，则 U_i、U_o 为多少？

2.9 电路如图 2-44 所示，晶体管的 $\beta=80$，$r_{be}=1000\Omega$。

（1）求解静态工作点；

（2）分别求出 $R_L=\infty$ 和 $R_L=3k\Omega$ 时的 A_u、r_i、r_o。

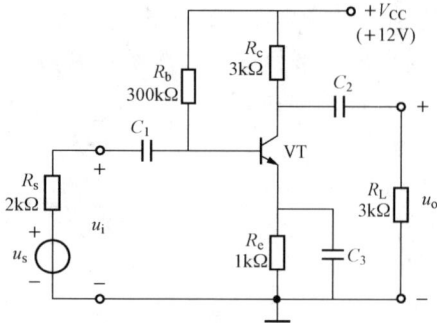

图 2-43 题 2.8 图

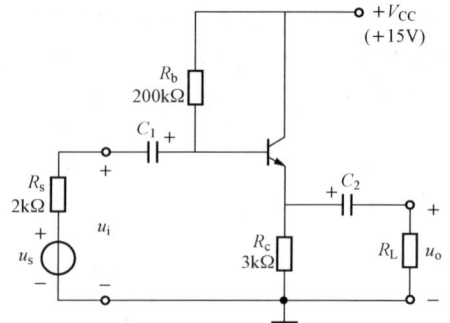

图 2-44 题 2.9 图

2.10 改正图 2-45 所示各电路中的错误，使它们可能放大正弦波电压，要求保留电路的共源接法。

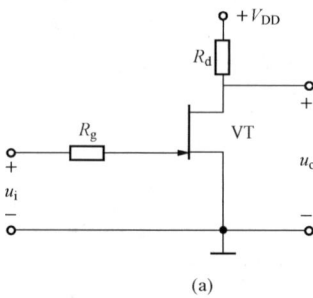

(a)

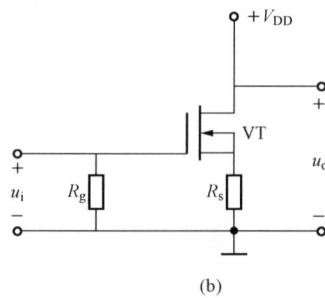

(b)

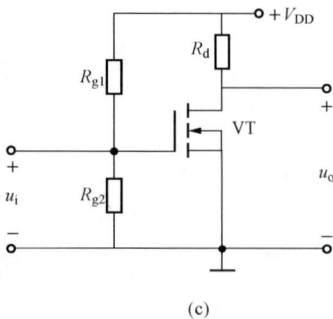

(c)

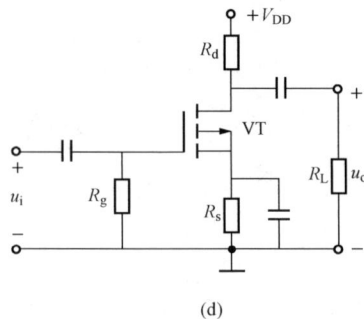

(d)

图 2-45 题 2.10 图

2.11 源极跟随器电路如图 2-46 所示，设场效应管参数 $U_{GS(off)}=-2V$，$I_{DSS}=1mA$。

（1）用解析法确定静态工作点及工作点的跨导；

（2）计算电压放大倍数、输入电阻、输出电阻。

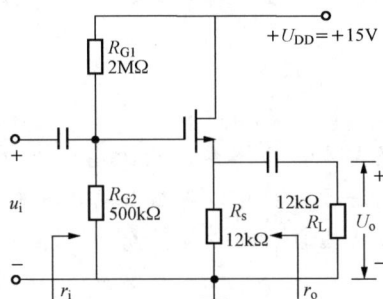

图 2-46 题 2.11 图

第3章　多级放大电路

在实际应用中，单级放大电路的输出往往不能满足负载要求。为了推动负载工作，经常要将若干个放大电路串接起来组成多级放大电路。图 3-1 为多级放大电路的组成框图，其中前置级主要用作电压放大，可以将微弱的输入电压放大到足够的幅度，末前级和输出级用作功率放大，以输出负载所需要的功率，推动负载工作。

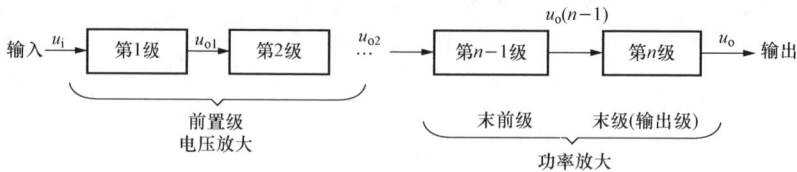

图 3-1　多级放大电路的组成框图

3.1　多级放大电路的耦合方式

在多级放大电路中，每两个单级放大电路之间的连接方式叫耦合。实现耦合的电路称为级间耦合电路，其任务是将前级信号传送到后级。对级间耦合电路的基本要求是：

（1）级间耦合电路对前、后级放大电路静态工作点不产生影响。

（2）级间耦合电路不会引起信号失真。

（3）尽量减少信号电压在耦合电路上的压降。

多级放大电路中的级间耦合通常有 3 种耦合方式：阻容耦合、直接耦合和变压器耦合。

3.1.1　阻容耦合

阻容耦合在多级放大电路中，用电阻、电容耦合的称为阻容耦合。阻容耦合交流放大电路是低频放大电路中应用得最多、最常见的电路。图 3-2 为两级阻容耦合放大电路，两级之间通过耦合电容 C_2 和第二级放大电路的输入电阻 r_{i2} 的连接，构成阻容耦合放大电路。

阻容耦合的优点在于：由于前、后级是通过电容相连的，所以各级的静态工作点是相互独立的，不互相影响，这给放大电路的分析、设计和调试带来了很大的方便。而且，只要将电容选得足够大，就可使前级输出信号在一定频率范围内，几乎不衰减地传送到下一级。所以阻容耦合方式在分立元件组成的放大电路中得到广泛的应用。

但它也存在不足之处。它不适用于传送缓慢变化的信号，因为电容的容抗很大，使信号衰减很大。至于直流信号的变化，则根本不能传送。

其次是大容量电容在集成电路中难于制造，所以，阻容耦合在线性集成电路中无法被采用。

3.1.2　直接耦合

为了避免电容对缓慢变化信号带来不良的影响，去掉电容，将前级输出直接连接至下一级，级间不需要耦合元件，称之为直接耦合。图 3-3 是直接耦合放大电路。

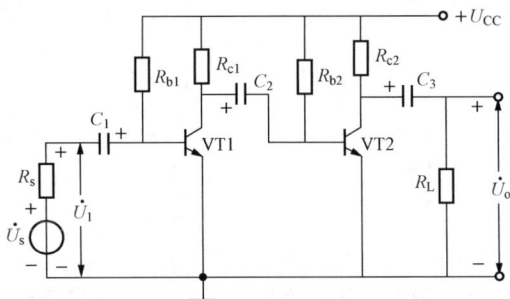

图 3-2 两级阻容耦合放大电路 图 3-3 直接耦合放大电路

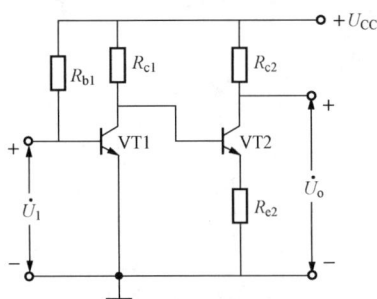

其突出优点是具有良好的低频特性，不仅能传送交流信号，还能传送直流信号；并且由于电路中没有大容量电容，所以易于将全部电路集成在一片硅片上，构成集成放大电路。由于电子工业的飞速发展，使集成放大电路的性能越来越好，种类越来越多，价格也越来越低，所以直接耦合放大电路的使用越来越广泛。它多用于直流放大电路和线性集成电路中。

其缺点是采用直接耦合方式使各级之间的直流通路相连，因而静态工作点相互影响，这样就给电路的分析、设计和调试带来一定的困难。

3.1.3 变压器耦合

将放大电路前级的输出端通过变压器接到后级的输入端或负载电阻上，称为变压器耦合。如图 3-4 所示。变压器通过磁路的耦合，把一次侧的交流信号传送到二次侧，而直流电流、电压通不过变压器，所以和阻容耦合电路一样，它的各级放大电路的静态工作点相互独立，便于分析、设计和调试。但其体积大，重量大，不能实现集成化，频率特性也较差。与

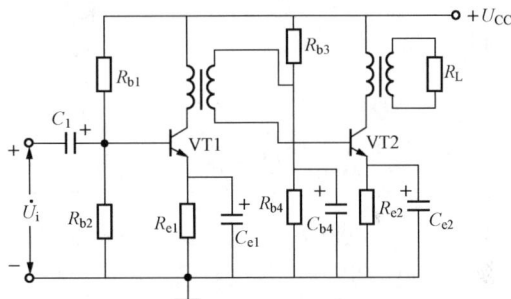

图 3-4 变压器耦合放大电路

前两种耦合方式相比，其最大优点是可以实现阻抗变换，主要用于功率放大电路。

【思考与练习】

多级放大器有哪几种耦合方式，各有什么优缺点？

3.2 多级放大电路的动态分析

一个 n 级放大电路的交流等效电路可用图 3-5 所示框图表示。由图 3-5 可知，放大电路中前级的输出电压就是后级的输入电压，即 $\dot{U}_{o1} = \dot{U}_{i2}$、$\dot{U}_{o2} = \dot{U}_{i3}$、…、$\dot{U}_{o(n-1)} = \dot{U}_{in}$，所以，多级放大电路的电压放大倍数为

$$\dot{A}_u = \frac{\dot{U}_o}{\dot{U}_i} = \frac{\dot{U}_{o1}}{\dot{U}_i} \cdot \frac{\dot{U}_{o2}}{\dot{U}_{i2}} \cdot \cdots \cdot \frac{\dot{U}_o}{\dot{U}_{in}} = \dot{A}_{u1} \cdot \dot{A}_{u2} \cdot \cdots \cdot \dot{A}_{un}$$

即
$$\dot{A}_u = \prod_{j=1}^{n} \dot{A}_{uj} \tag{3-1}$$

式（3-1）表明，**多级放大电路的电压放大倍数等于组成它的各级放大电路电压放大倍数之积**。对于第一级到第 $n-1$ 级，每一级的放大倍数均应该是以后级输入电阻作为负载时的放大倍数。

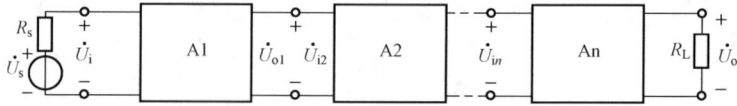

图 3-5　多级放大电路框图

根据放大电路输入电阻的定义，**多级放大电路的输入电阻就是其第一级的输入电阻**，即

$$r_i = r_{i1} \tag{3-2}$$

根据放大电路输出电阻的定义，多级放大电路的输出电阻等于最后一级的输出电阻，即

$$r_o = r_{on} \tag{3-3}$$

[例 3-1]　图 3-6 所示阻容耦合放大电路中，已知 $R_{B1} = 82\text{k}\Omega$，$R_{B2} = 43\text{k}\Omega$，$R_B = 470\text{k}\Omega$，$R_C = 10\text{k}\Omega$，$R_{E1} = 510\text{k}\Omega$，$R_{E2} = 7.5\text{k}\Omega$，$R_{E3} = 3\text{k}\Omega$，$R_L = R_S = 1\text{k}\Omega$，$\beta_1 = \beta_2 = 50$，$U_{CC} = 24\text{V}$。试完成：

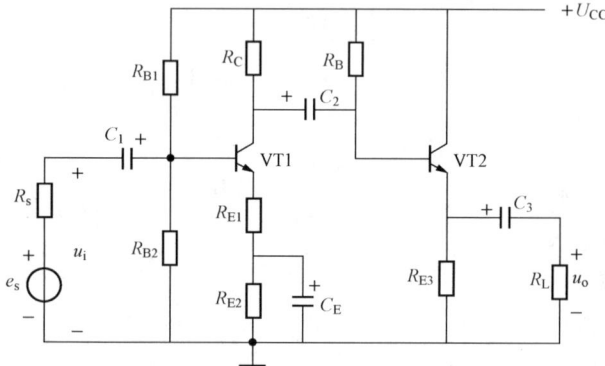

图 3-6　[例 3-1] 的电路图

（1）计算放大电路的静态值（设 $U_{BE} = 0.6\text{V}$）；

（2）画出放大电路的微变等效电路图；

（3）求输入电阻 r_i 和输出电阻 r_o；

（4）求电压放大倍数 A_u、A_{us}。

解　（1）计算放大电路的静态值。第一级的静态值 I_{B1}、I_{C1}、U_{CE1}

$$V_{B1} = \frac{R_{B2}}{R_{B1} + R_{B2}} U_{CC} = \frac{43}{82 + 43} \times 24 = 8.256(\text{V})$$

$$I_{E1} = \frac{V_{B1} - U_{BE1}}{R_{E1} + R_{E2}} = \frac{8.256 - 0.6}{510 + 7500} = 1.1(\text{mA})$$

$$I_{C1} \approx I_{E1}$$

$$I_{B1} = I_{C1}/\beta_1 = 22\mu\text{A}$$

$$U_{CE1} = U_{CC} - (R_{C1} + R_{E1} + R_{E2})I_{E1}$$

$$= 24 - (10 + 0.51 + 7.5)1.1 = 4.189(\text{V})$$

晶体管 VT1 的输入电阻

$$r_{be1} = 300 + (\beta_1 + 1)\frac{26\text{mV}}{I_{E1}} = 300 + 51 \times \frac{26}{1.1} = 1.505(\text{k}\Omega)$$

第二级静态值 I_{B2}、I_{C2}、U_{CE2}

$$I_{B2} = \frac{U_{CC} - U_{BE}}{R_B + (1 + \beta_2)R_{E3}} = \frac{24 - 0.6}{470 + 51 \times 3} = 37.56(\mu\text{A})$$

$$I_{C2} = \beta_2 I_{B2} = 1.878\text{mA}$$

$$U_{CE2} = U_{CC} - R_{E3}I_{E2} = 4.84\text{V}$$

晶体管 VT2 的输入电阻

$$r_{be2} = 300 + (1+\beta_2)\frac{26}{I_E} = 300 + \frac{51 \times 26}{1.916} = 992(\Omega)$$

（2）画出微变等效电路，如图 3-7 所示。

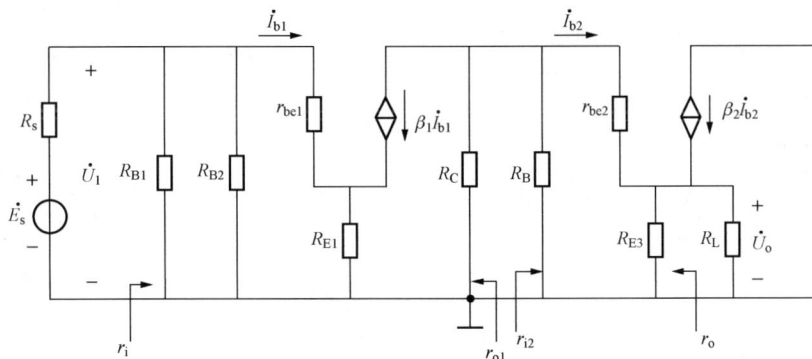

图 3-7 微变等效电路

（3）求输入电阻 r_i 和输出电阻 r_o。

$$r_i = R_{B1} /\!/ R_{B2} /\!/ [r_{be1} + (1+\beta_1)R_{E1}]$$
$$= 82k\Omega /\!/ 43k\Omega /\!/ (1.505 + 51 \times 0.51k\Omega) = 14k\Omega$$

$$r_o = \frac{r_{be2} + r_{o1} /\!/ R_B}{1+\beta_2} = 0.2k\Omega$$

$$r_{o1} = R_C = 10k\Omega$$

（4）求电压放大倍数 A_u、A_{us}。

当 $R_s = 0$ 时，电压放大倍数 A_u

$$r_{i2} = R_B /\!/ [r_{be2} + (1+\beta_2)(R_{E3} /\!/ R_L)]$$
$$= 470k\Omega /\!/ (992 + 51 \times 750) = 36.22k\Omega$$

$$A_{u1} = -\beta_1 \frac{R_{C1} /\!/ r_{i2}}{r_{be1} + (1+\beta_1)R_{E1}} = -50 \times \frac{10 /\!/ 36.22}{1.505 + 51 \times 0.51} = 14.24$$

$$A_{u2} = \frac{(1+\beta_2)(R_{E3} /\!/ R_L)}{r_{be2} + (1+\beta_2)(R_{E3} /\!/ R_L)} = \frac{51 \times (3 /\!/ 1)}{0.992 + 51 \times (3 /\!/ 1)} = 0.975$$

$$A_u = A_{u1}A_{u2} = -14$$

当 $R_s = 1k\Omega$ 时，电压放大倍数 A_{us}

$$A_{us} = A_u \frac{r_i}{R_s + r_i} = -13$$

[例 3-2]　阻容耦合放大电路如图 3-8 所示，已知 $U_{BE1} = U_{BE2} = 0.7V$，$\beta_1 = \beta_2 = 100$，$R_B = 551k\Omega$，$R_{B1} = 10k\Omega$，$R_{B2} = 4.9k\Omega$，$R_{C1} = 1.5k\Omega$，$R_{C2} = 1k\Omega$，$R_{E1} = 2k\Omega$，$R_{E2} = 1.3k\Omega$，$R_L = 10k\Omega$，$R_s = 0.1k\Omega$，$U_{CC} = +12V$。

（1）计算放大电路的静态工作点；

（2）画出放大电路的微变等效电路图；

（3）求输入电阻 r_i 和输出电阻 r_o；

（4）求电压放大倍数 A_u、A_{us}。

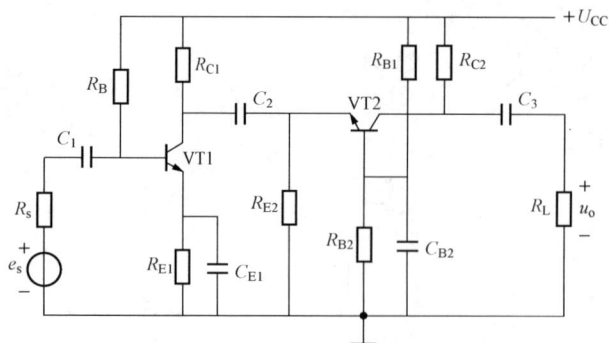

图 3-8 ［例 3-2］的电路图

解 （1）计算放大电路的静态工作点。

第一级的静态值 I_{B1}、I_{C1}、U_{CE1}

$$I_{B1} = \frac{U_{CC} - U_{BE1}}{R_B + (1 + \beta_1)R_{E1}} = 15\mu A$$

$$I_{E1} \approx I_{C1} = \beta_1 I_{B1} = 1.5mA$$

$$U_{CE1} \approx U_{CC} - (R_{C1} + R_{E1})I_{E1} = 6.75V$$

晶体管 VT1 的输入电阻

$$r_{be1} = 300 + (1 + \beta_1)\frac{26mV}{I_{E1}} = 1.85k\Omega$$

第二级静态值 I_{B2}、I_{C2}、U_{CE2}

$$V_{B2} = \frac{R_{B2}}{R_{B1} + R_{B2}}U_{CC} = 3.95V$$

$$I_{E2} = \frac{V_{B2} - U_{BE2}}{R_{E2}} = 2.5mA$$

$$I_{C2} \approx I_{E2}$$

$$I_{B2} = I_{C2}/\beta_2 \approx 25\mu A$$

$$U_{CE2} \approx U_{CC} - (R_{C2} + R_{E2})I_{E2} = 6.25V$$

晶体管 VT2 的输入电阻

$$r_{be2} = 300 + (1 + \beta_2)\frac{26mV}{I_{E2}mA} = 1.15k\Omega$$

（2）画出微变等效电路，如图 3-9 所示。

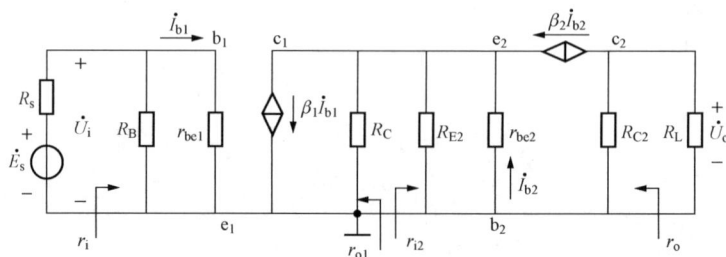

图 3-9 放大电路的微变等效电路

（3）求输入电阻 r_i、输出电阻 r_o

$$r_i = R_B \ // \ r_{be1} = 1.84k\Omega$$

$$r_o = R_{C2} = 1k\Omega$$

（4）计算电压放大倍数 A_u、A_{us}。

当 $R_s = 0$ 时，电压放大倍数 A_u

$$r_{i2} = R_{E2} \ // \ \frac{r_{be2}}{1 + \beta_2} = 11.4\Omega$$

$$A_{u1} = -\beta_1 \frac{R_{C1} \ // \ r_{i2}}{r_{be1}} = -0.6$$

$$A_{u2} = \frac{\beta_2(R_{C2} \ // \ R_L)}{r_{be2}} = 79$$

$$A_u = A_{u1} A_{u2} = -47.4$$

当 $R_s = 1\text{k}\Omega$ 时，电压放大倍数 A_{us}

$$A_{us} = A_u \frac{r_i}{R_s + r_i} = -47.1$$

[**例 3 - 3**] 阻容耦合放大电路如图 3 - 10 所示，已知 $U_{BE1} = U_{BE2} = 0.7\text{V}$，$\beta_1 = 60$，$\beta_2 = 120$，$R_{B1} = 100\text{k}\Omega$，$R_{B2} = 24\text{k}\Omega$，$R_{C1} = 15\text{k}\Omega$，$R_{E1} = 5.1\text{k}\Omega$，$R'_{B1} = 33\text{k}\Omega$，$R'_{B2} = 6.8\text{k}\Omega$，$R_{C2} = 7.5\text{k}\Omega$，$R_{E2} = 2\text{k}\Omega$，$R_{L2} = 5.1\text{k}\Omega$，$C_{E1} = C_{E2} = 100\mu\text{F}$，$C_1 = C_2 = C_3 = 50\mu\text{F}$，$R_s = 0.1\text{k}\Omega$，$U_{CC} = 20\text{V}$。求输入电阻、输出电阻、总电压放大倍数。

解 （1）画出微变等效电路，如图 3 - 11 所示。

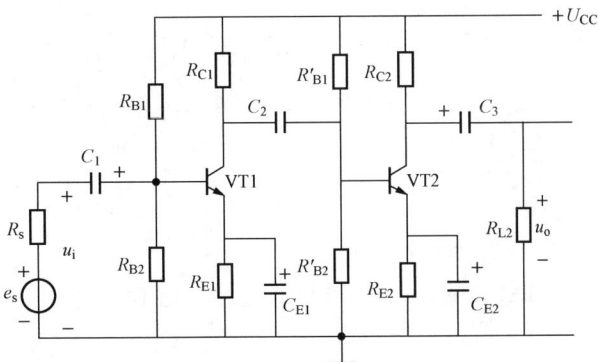

图 3 - 10 ［例 3 - 3］的电路图

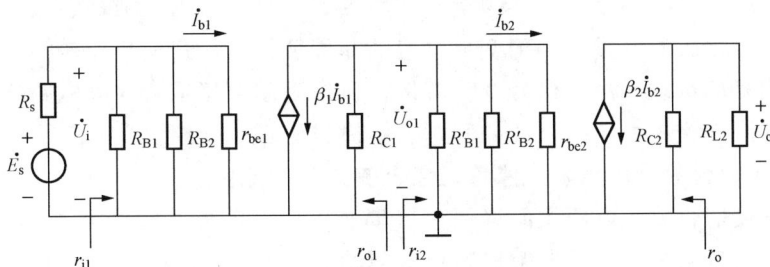

图 3 - 11 放大电路的微变等效电路

（2）求 r_{be1} 和 r_{be2}

$$V_{B1} = \frac{R_{B2}}{R_{B1} + R_{B2}} U_{CC} = \frac{24}{100 + 24} \times 20 = 3.87(\text{V})$$

$$I_{E1} = \frac{V_{B1} - U_{BE1}}{R_{E1}} = \frac{3.87 - 0.7}{5.1} = 0.62(\text{mA})$$

$$r_{be1} = 300 + (\beta_1 + 1) \frac{26\text{mV}}{I_{E1}} = 300 + 61 \times \frac{26}{0.62} = 2.86(\text{k}\Omega)$$

$$V_{B2} = \frac{R'_{B2}}{R'_{B1} + R'_{B2}} U_{CC} = \frac{6.8}{33 + 6.8} \times 20 = 3.42(\text{V})$$

$$I_{E2} = \frac{V_{B2} - U_{BE2}}{R_{E2}} = \frac{3.24 - 0.7}{2} = 1.36(\text{mA})$$

$$r_{be2} = 300 + (\beta_2 + 1) \frac{26\text{mV}}{I_{E2}} = 300 + 121 \times \frac{26}{1.36} = 2.61(\text{k}\Omega)$$

（3）求 r_{i1} 和 r_{i2}

$$r_{i1} = R_{B2} /\!/ R_{B1} /\!/ r_{be1} = 24\text{k}\Omega /\!/ 100\text{k}\Omega /\!/ 2.86\text{k}\Omega = 2.5\text{k}\Omega$$

$$r_{i2} = R'_{B2} /\!/ R'_{B1} /\!/ r_{be2} = 6.8\text{k}\Omega /\!/ 33\text{k}\Omega /\!/ 2.61\text{k}\Omega = 1.78\text{k}\Omega$$

其中：r_{i1} 为阻容耦合放大电路的输入电阻。

（4）求 R'_{L1} 和 R'_{L2}

$$R'_{L1} = R_{C1} \; // \; r_{i2} = 15\text{k}\Omega \; // \; 1.78\text{k}\Omega = 1.6\text{k}\Omega$$

$$R'_{L2} = R_{C2} \; // \; R_{L2} = 7.5\text{k}\Omega \; // \; 5.1\text{k}\Omega = 3.04\text{k}\Omega$$

（5）求总电压放大倍数

$$A_u = \left(-\beta_1 \frac{R'_{L1}}{r_{be1}} \cdot \frac{r_{i1}}{R_s + r_{i1}}\right)\left(-\beta_2 \frac{R'_{L2}}{r_{be2}}\right)$$

$$= \left(\frac{-60 \times 1.6}{2.86} \times \frac{2.5}{1+2.5}\right)\left(-120 \times \frac{3.04}{2.61}\right) = (-24)(-140) = 3360$$

（6）求输出电阻

$$r_o = R_{C2} = 7.5\text{k}\Omega$$

【思考与练习】

怎样计算多级放大器的电压放大倍数、输入电阻和输出电阻？

3.3 直接耦合放大电路的特殊问题

工业控制中的很多物理量均为模拟量，如温度、流量、压力、液面、长度等，它们通过各种不同传感器转化成的电量也均为变化缓慢的非周期性信号，而且比较微弱，这类信号只有通过放大才能驱动负载；由于信号变化缓慢，所以采用直接耦合放大电路将其放大最为方便。本节将对直接耦合放大电路存在的问题、解决方法加以介绍。

3.3.1 直接耦合放大电路零点漂移现象及其产生的原因

由于多级直接耦合放大电路级间采用直接耦合方式，前后级间静态工作点将相互影响，这是直接耦合放大电路第一个需要解决的特殊问题。

在多级直接耦合放大电路中，即使将输入端短路（即无输入信号），在输出端也会出现缓慢变化的输出电压，这种输入电压为零而输出电压不为零且缓慢变化的现象，称为**零点漂移现象**，简称零漂。

在放大电路中任何参数的变化，如电源电压的波动、元件的老化、半导体元件参数随温度变化而产生的变化，都将产生输出电压的漂移。在阻容耦合放大电路中，这种缓慢变化的漂移电压都将降落在耦合电容之上，而不会传递到下一级电路进一步放大。但是，在直接耦合放大电路中，由于前后级直接相连，前一级的漂移电压会和有用信号一起被送到下一级，而且逐级放大，以至于有时在输出端很难区分什么是有用信号、什么是漂移电压，放大电路不能正常工作。抑制零漂是直接耦合放大电路需要解决的另一个特殊问题。

采用高质量的稳压电源和使用经过老化实验的元件就可以大大减小由此而产生的漂移。所以由温度变化所引起的半导体器件参数的变化是零点漂移现象的主要原因，因而也称零点漂移为**温度漂移**，简称温漂。温度对晶体管参数的影响问题在第 2 章 2.4 节已经进行了分析，这里不再赘述。

3.3.2 抑制零漂的方法

从某种意义上讲，零点漂移就是 Q 点的漂移，因此，第 2 章 2.4 节中讲到的稳定静态工作点的方法，也是抑制零漂的方法。抑制零漂的方法主要有：

（1）在电路中引入直流负反馈，如 2.4.2 小节中分压偏置电路中 R_E 的作用。

（2）选用 I_{CBO} 小的晶体管。

（3）采用稳压电源供电。

（4）温度补偿电路。温度补偿就是在电路中接入一个对温度敏感的元件，利用这个元件的温度特性来抵消温度对晶体管的影响。

如图 3-12 所示的电路，即利用接在放大电路中的反向二极管来进行补偿。在没有接二极管 VD 之前，温度升高将引起静态值 I_C 增大，而造成输出电压的漂移。接入二极管之后，由于流过二极管的反向电流 I_r 也随温度的升高而增大，结果使 I_B 减小。如果配合恰当，就可抑制 I_C 随温度的变化。在图 3-12 电路中，也可以用具有负温度系数（温度升高，电阻下降）的热敏电阻来代替二极管进行温度补偿。

以上办法虽然简单易行，但往往在一个温度变化范围内补偿好了，而在其他温度下又不合适了；或在一个放大电路中配合好了，而在另一个放大电路中又不合适了。所以这些方法只适用于对零漂要求不高的场合。较好地抑制零漂的方法多采用差动式放大电路。

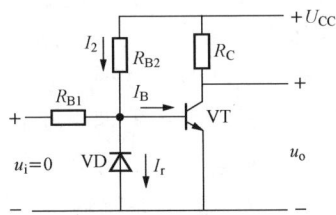

图 3-12　利用二极管反向
电流进行补偿

【思考与练习】

1. 直接耦合放大电路有哪些特殊问题？

2. 什么是零点漂移？用哪些方法可以进行补偿？

3.4　差动式放大电路

3.4.1　典型差动放大电路

1. 电路的组成及零漂的抑制

图 3-13 所示的电路是典型差动放大电路。它是由两个晶体管参数和电路参数完全一致的单管共发射极放大电路所组成的。输入信号加在两个管子的基极上，输出信号则取自两管的集电极之间。电路结构完全对称。

当静态时，$u_{i1} = u_{i2} = 0$，由于电路完全对称，所以两边静态集电极电流、电位都相同，即 $I_{C1} = I_{C2}$，$V_{C1} = V_{C2}$，输出电压 $U_O = V_{C1} - V_{C2} = 0$。但实际中电路不可能做得完全对称，因此当输入信号为零时，输出电压不一定等于零。这时可通过小电阻 R_P 来微调初始工作状态，使输出电压为零，因此称 R_P 为调零电位器。

当温度发生变化时，两管的集电极电流、集电极电位都将发生变化。但由于两管的参数完全一致，所以两边集电极电流、电位的变化量相同，即 $\Delta I_{C1} = \Delta I_{C2}$，$\Delta V_{C1} = \Delta V_{C2}$，输出电压 $u_o = \Delta U_o = \Delta V_{C1} - \Delta V_{C2} = 0$。这说明完全对称的差动放大电路，对两管所产生的同向漂移具有抑制作用，即在理想情况下，能使漂移为零。

但是，电路的单端输出电压（从电路每一边管子集电极取出的对地电压 ΔU_{C1} 和 ΔU_{C2}）随着温度的变化，仍然有零漂。接入发射极电阻 R_E，可稳定集

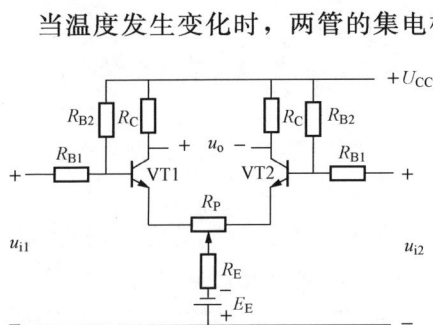

图 3-13　典型差动放大电路

电极电流，限制每只管子的零点漂移，抑制对温度变化所造成的单端输出的零点漂移，从而有效地抑制整个电路的零点漂移。当温度升高时，它抑制零漂的过程如下：

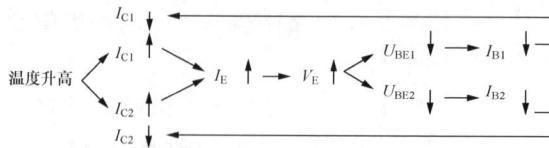

显然 R_E 越大，抑制零漂的作用越显著。但是在 U_{CC} 一定时，过大的 R_E 将会使集电极电流过小，以致影响放大电路的静态工作点和电压放大倍数。为此接入负电源 E_E 来抵偿 R_E 的直流压降，从而获得合适的静态工作点。

2. 电路的动态分析

差动放大电路有两个输入端，在有信号输入时，有下列几种输入类型：

（1）共模输入。两个大小相等、极性相同的信号称为**共模信号**。把共模信号加到差动放大电路的输入端称为**共模输入**。从两个输入端来看，由于 $u_{i1} = u_{i2}$，所以总的输入信号 $u_i = u_{i1} - u_{i2} = 0$。在完全对称的差动放大电路中，共模输入时，由于两管的集电极电位变化相同，所以输出电压为零。即差动放大电路对共模信号无放大能力，电路的共模放大倍数 $A_c = 0$。

（2）差模输入。两个大小相等、极性相反的信号称为**差模信号**。把差模信号加到差动放大电路的输入端称为**差模输入**。从两个输入端来看，由于 $u_{i1} = -u_{i2}$，所以总的输入信号 $u_i = u_{i1} - u_{i2} = 2u_{i1}$。

把差模信号加在差动放大电路的输入端后，u_{i1} 使 VT1 管集电极电流增大 ΔI_{C1}，集电极电位下降 ΔV_{C1}；而 u_{i2} 使 VT2 管集电极电流减小 ΔI_{C2}，集电极电位增高 ΔV_{C2}。由于静态时，$V_{C1} = V_{C2}$，加入差模信号后，VT1 管集电极电位的减小量和 VT2 管集电极电位的增加量的绝对值是相等的，即 $| \Delta V_{C1} | = | \Delta V_{C2} | = \Delta V_C$。根据图 3-13 中的参考方向，输出电压 $u_o = (V_{C1} - \Delta V_C) - (V_{C2} + \Delta V_C) = -2\Delta V_C$。可以得出结论，由差模输入信号所产生的输出电压变化量为每个管子集电极电位变化量的两倍。

在图 3-13 电路中，单边电压放大倍数为

$$A_{d1} = \frac{-\Delta V_C}{u_{i1}}$$

$$A_{d2} = \frac{\Delta V_C}{u_{i2}} = \frac{\Delta V_C}{-u_{i1}}$$

整个电路的差模放大倍数

$$A_d = \frac{u_o}{u_i} = \frac{-2\Delta V_C}{u_{i1} - u_{i2}} = \frac{-2\Delta V_C}{2u_{i1}} = \frac{-\Delta V_C}{u_{i1}} \tag{3-4}$$

上式表明，双端输入、双端输出差动放大电路的差模电压放大倍数与单管放大电路的电压放大倍数相同。

通过以上分析，差动放大电路既能抑制零漂，又有较高的电压放大倍数，这样就较好地解决了抑制零漂和提高放大倍数之间的矛盾。

（3）两个任意信号的输入。当两个输入电压 u_{i1} 和 u_{i2} 的大小和极性都是任意的情况下，可以把它等效地分解为差模输入和共模输入来进行分析。设两个输入端之间的总差模信号为 u_{id}，每边的差模信号分别为 u_{id1} 和 u_{id2}，而且 $u_{id1} = -u_{id2} = u_{id}/2$。设每边的共模信号分别为 u_{ic1} 和 u_{ic2}，而且 $u_{ic1} = u_{ic2} = u_{ic}$，按照图 3-13 的参考方向，则有

$$u_{i1} = u_{ic1} + u_{id1} = u_{ic} + \frac{1}{2}u_{id} \tag{3-5}$$

$$u_{i2} = u_{ic2} + u_{id2} = u_{ic} - \frac{1}{2}u_{id} \tag{3-6}$$

以上两式联立求解，得

$$u_{id} = u_{i1} - u_{i2} \tag{3-7}$$

$$u_{ic} = \frac{1}{2}(u_{i1} + u_{i2}) \tag{3-8}$$

放大电路输出端的电压总变化量应为差模输出电压和共模输出电压的代数和，即

$$u_o = u_{od} + u_{oc} = A_d u_{id} + A_c u_{ic} \tag{3-9}$$

式中：u_{od} 为差模输出电压；u_{oc} 为共模输出电压。

对于图 3-13 的完全对称差动放大电路来说，共模电压放大倍数 $A_c = 0$，则只有差模信号输出。如果差动放大电路不完全对称，$A_c \neq 0$，则电路中既有差模信号输出又有共模信号输出。式（3-9）是差动放大电路输出电压的一般表达式。

上述的输入类型又称比较输入。这种输入类型广泛地用于测量和自动控制系统中。

[**例 3-4**] 在图 3-13 的差动放大电路中，若已知 $u_{i1} = 8\text{mV}$，$u_{i2} = 4\text{mV}$，试求 u_{id1}、u_{id2} 和 u_{ic}。

解 根据式（3-7）

$$u_{id} = u_{i1} - u_{i2} = 4\text{mV}$$

则

$$u_{id1} = -u_{id2} = u_{id}/2 = 2\text{mV}$$

根据式（3-8）得 $\quad u_{ic} = \frac{1}{2}(u_{i1} + u_{i2}) = \frac{8+4}{2} = 6(\text{mV})$

可验证 $\quad u_{i1} = u_{ic} + \frac{1}{2}u_{id} = 6 + 2 = 8(\text{mV})$

$$u_{i2} = u_{ic} - \frac{1}{2}u_{id} = 6 - 2 = 4(\text{mV})$$

3. 共模抑制比

根据式（3-9），一个实际的差动放大电路，对差模信号和共模信号都有放大作用。但要求电路的差模放大倍数越大越好，而共模放大倍数越小越好。通常采用共模抑制比（K_{CMRR}）来描述差动放大电路放大差模信号和抑制共模信号的能力。共模抑制比（K_{CMRR}）定义为差模放大倍数 A_d 与共模放大倍数 A_c 的比值，即

$$K_{CMRR} = \frac{A_d}{A_c} \tag{3-10}$$

或用对数形式（单位为分贝）表示为

$$K_{CMRR} = 20\lg\left|\frac{A_d}{A_c}\right|\text{dB} \tag{3-11}$$

显然，共模抑制比越大，表明差动放大电路放大差模信号和抑制共模信号的能力越强。一般的差动电路的共模抑制比约为 60dB，较好地为 120dB。

4. 各种输入输出方式差动放大电路的分析

在差动放大电路中，其输入输出方式有 4 种，下面仅对其中具有代表性的输入输出方式的电路进行分析。

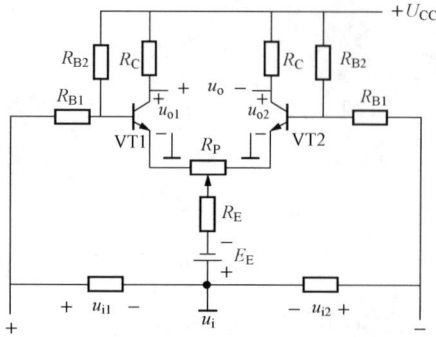

图 3-14　双端输入、双端输出差动放大电路

（1）双端输入、双端输出差动放大电路。图 3-14 为双端输入、双端输出差动放大电路。其输入电压 u_i 加在两只阻值相等的电阻上。由于 R 的分压作用，每只管子的输入端分得的电压各为 u_i 的一半，而且极性相反，是一对差模信号，即

$$\left. \begin{array}{l} u_{i1} = \dfrac{1}{2}u_i \\[2mm] u_{i2} = -\dfrac{1}{2}u_i \end{array} \right\} \tag{3-12}$$

1）静态工作点的估算。当 $u_i=0$ 时，可以得到电路的直流通路如图 3-15 所示。电路中流过 R_E 的电流为 $I_{E1}+I_{E2}\approx2I_E$，因此在计算每边静态值时，对于每只管子的发射极电阻相当于 I_E 电流流过 $2R_E$。根据第 2 章所述的方法，不难计算出电路的静态工作点。

2）差模放大倍数。由于 R_E 上没有差模信号电流流过，所以 R_E 对差模信号相当于短路，R_P 的阻值又很小可以忽略，因此图 3-14 电路的差模信号等效通路如图 3-16 所示。由于 $R_{B2}\gg r_{be}$，R_{B2} 的影响可以忽略，则差模放大倍数为

$$A_d = A_{d1} = A_{d2} = -\frac{\beta R_C}{R_{B1}+r_{be}} \tag{3-13}$$

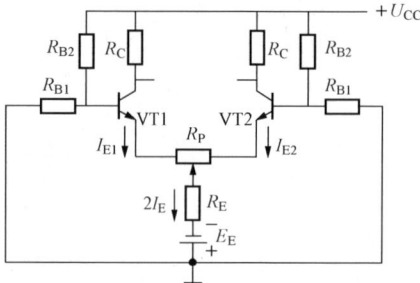

图 3-15　直流通路

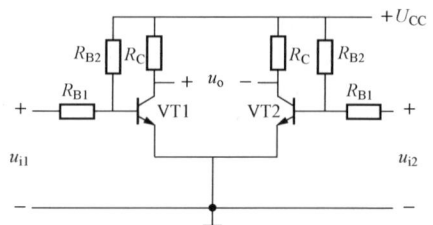

图 3-16　差模信号等效电路

当图 3-14 电路两个集电极之间接有负载电阻 R_L 时，相当于在每边单管放大电路中接入 $R_L/2$ 的负载电阻。这是因为差模信号输入时，一管的集电极电位升高，而另一管的集电极电位下降，由于电路的对称性，升高与降低的电位值是相等的。因此接在两管集电极间的负载电阻 R_L 中点（即 $R_L/2$ 处）的电位不变，相当于差模信号通路的地电位，于是差模单管电路的负载为 $R_L/2$。此时差模放大倍数为

$$A_d = -\frac{\beta R'_L}{R_{B1}+r_{be}} \tag{3-14}$$

式中：$R'_L = R_C /\!/ (R_L/2)$。

差模输入电阻

$$r_{id} = 2\left\{R_{B1} + R_{B2} /\!/ \left[r_{be}+(1+\beta)\frac{R_P}{2}\right]\right\} \approx 2(R_{B1}+r_{be}) \tag{3-15}$$

输出电阻

$$r_o = 2R_C \tag{3-16}$$

[**例3-5**] 差动放大电路如图3-17（a）所示，晶体管VT1、VT2的$\beta=50$，试估算电路的静态工作点、差模放大倍数、差模输入电阻和输出电阻。

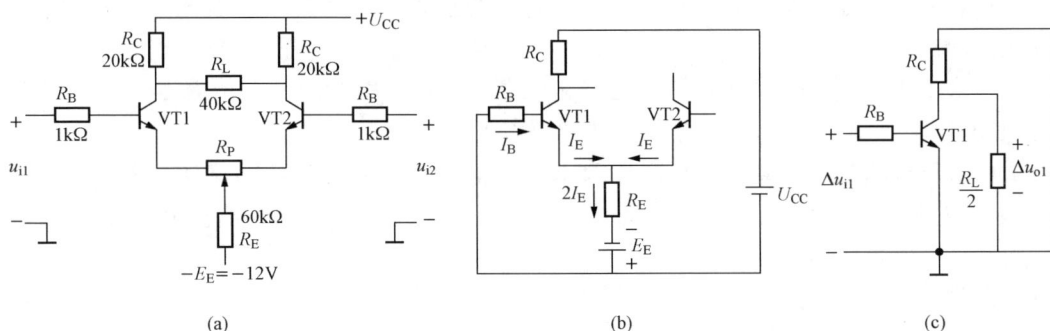

图3-17 [例3-5] 图
(a) 差动放大电路；(b) 静态时电流分布；(c) 单边模拟通路

解 因R_P阻值较小，在计算中可以忽略，并设$U_{BE}=0.7V$。

（a）静态工作点的估算。当输入信号$u_i=0$时，VT1、VT2发射极电流均为I_E，而流过R_E的电流为$2I_E$，其直流通路如图3-17（b）所示。由于可列出下列方程式（忽略R_P）

$$E_E = I_B R_B + U_{BE} + 2I_E R_E = I_B R_B + U_{BE} + 2(1+\beta)I_B R_E$$

所以

$$I_B = \frac{E_E - U_{BE}}{R_B + 2(1+\beta)R_E} = \frac{12-0.7}{1+2\times51\times60} = 0.0018(\text{mA})$$

$$I_C = \beta I_B = 50 \times 0.0018 = 0.09(\text{mA})$$

$$U_{CE} = U_{CC} + E_E - I_C R_C - 2I_E R_E \approx U_{CC} + E_E - I_C(R_C + 2R_E)$$
$$= 12 + 12 - 0.09(20 + 2\times60) = 11.4(\text{V})$$

（b）差模放大倍数

$$R'_L = R_C /\!/ \frac{R_L}{2} = 20 /\!/ \frac{40}{2} = 10(\text{k}\Omega)$$

$$r_{be} \approx 300 + (1+\beta)\frac{26}{I_C} = 300 + 51\times\frac{26}{0.09} = 15(\text{k}\Omega)$$

根据式（3-14）得

$$A_d = -\frac{\beta R'_L}{R_B + r_{be}} = -\frac{50\times10}{1+15} = -31.25$$

（c）差模输入电阻和输出电阻。

根据式（3-15）差模输入电阻为

$$r_{be} \approx 2(R_B + r_{be}) = 2\times(1+15) = 32(\text{k}\Omega)$$

根据式（3-16）输出电阻为

$$r_o = 2R_C = 2\times20 = 40(\text{k}\Omega)$$

（2）单端输入、单端输出差动放大电路。在双端输入、双端输出的差动放大电路中，有两个输入端，其输入信号可以是两端不接地的信号，也可以是两个都有一端接地的信号，而且输出信号要从两管集电极之间取出。但是在实际工作中，经常遇到有一端是接地的缓变信号的放大问题，而且要求输出信号也有一端接地，这时就要采用单端输入、单端输出的差动放大电路。

图 3-18 为单端输入、单端输出差动放大电路。与图 3-14 的电路比较，它的特点为：

（ⅰ）输入信号加在左侧（或右侧）放大电路的输入端和地之间，右侧（或左侧）放大电路的输入端接地；

（ⅱ）输出信号从一个晶体管的集电极和地之间取出［图 3-18（a）输出信号从 VT1 管集电极取出，图 3-18（b）输出信号从 VT2 管集电极取出］；

（ⅲ）由于电路从一只管子的集电极取出输出信号，电路已经不对称了，所以另一只管子的集电极电阻 R_C 无存在的必要，通常将不输出信号的那只管子的集电极电阻去掉。

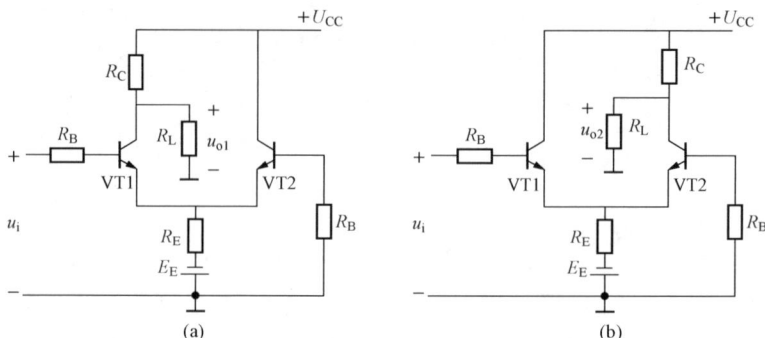

图 3-18　单端输入、单端输出差动放大电路

(a) 输入输出反相；(b) 输入输出同相

1）零漂的抑制。这种差动放大电路由于两边不对称，所以两管的零漂不可能在输出电路中相互抵消，所以零漂比双端输入、双端输出差动放大电路要大。但由于阻值较大的公共发射极电阻 R_E 对共模信号有深度负反馈（将在第 5 章中介绍）作用，其输出端零漂仍比单管放大电路要小几十至几百倍。

2）静态工作点的计算。当输入信号 $u_i = 0$ 时，两晶体管的输入电路是对称的，静态工作点的估算方法与双端输入、双端输出差动放大电路相同。

3）差模放大倍数。当输入信号 u_i 增加时，VT1 管的基极电流 I_{B1} 和集电极电流 I_{C1} 以及流过 R_E 的电流都相应地增加，发射极电位升高，由于 VT2 管基极电位基本上是地电位（即 $V_{B2} \approx 0$），所以 U_{BE2} 比静态时要小，I_{C2} 也将减小。当 R_E 选得足够大，只要 I_E 有很小的变化就可以使 V_E 升高到足够的数值。所以当 u_i 增加时，可以认为 I_{C1} 的增加量和 I_{C2} 的减小量近似相等，即 $\Delta I_{C1} \approx \Delta I_{C2}$；这样两管的输入变化量的大小近似相等，极性相反，即 $\Delta u_{i1} \approx -\Delta u_{i2}$。也就是说，输入信号 u_i 只有一半加在 VT1 管上，而另一半加在 VT2 管上，即

$$\left.\begin{array}{l} u_{i1} = \dfrac{1}{2} u_i \\[2mm] u_{i2} = -\dfrac{1}{2} u_i \end{array}\right\} \tag{3-17}$$

式（3-17）表明，在单端输入的差动放大电路中，只要共模反馈电阻 R_E 足够大，两管所取得的输入信号就可以认为是一对差模信号。

在图 3-18（a）的电路中，输入信号与输出信号反相，其差模放大倍数

$$A_d = \frac{u_{o1}}{u_i} = \frac{u_{o1}}{2u_{i1}} = -\frac{1}{2} \frac{\beta R'_L}{R_B + r_{be}} \tag{3-18}$$

而图 3-18（b）的电路，输入信号与输出信号同相，其差模放大倍数

$$A_d = \frac{u_{o2}}{u_i} = \frac{-u_{o2}}{2u_{i1}} = \frac{1}{2} \frac{\beta R'_L}{R_B + r_{be}} \qquad (3-19)$$

式中：$R'_L = R_C /\!/ R_L$。

根据实际需要，差动放大电路输入输出方式还有双端输入单端输出和单端输入双端输出两种方式。双端输入单端输出差动放大电路与单端输入单端输出计算公式相同；而单端输入双端输出则与双端输入双端输出计算公式相同，这里就不一一列举了。

3.4.2 晶体管恒流源差动放大电路

根据上面的分析，为了增强差动放大电路抑制零漂和共模信号的能力，要求尽可能地增大共模反馈电阻 R_E。但是 R_E 太大，其电压降就大，为了保证合适的静态工作点必须增大负电源 E_E 才行，这是很不经济的。

最理想的共模反馈电阻应该是：它的直流电阻不大，即其直流压降不大；但对信号分量却能呈出极大的动态电阻。工作在放大区的晶体管就具有这种特性。从图 3-19 的晶体管输出特性来看，当 I_B 一定时，集电极电流 $I_C \approx \beta I_B$，几乎不随 U_{CE} 而变，表现为恒流特性。在输出特性的放大区中，当集电极的变化 ΔU_{CE} 很大时，集电极电流的变化 ΔI_C 很小。晶体管集—射极间动态电阻 $r_{ce} = \Delta U_{CE}/\Delta I_C$ 是很大的，一般在几十千欧到几兆欧范围内；而它的直流电阻 $R_{CE} = U_{CE}/I_C$ 却很小，通常为几千欧，所以用工作在放大区的晶体管代替 R_E。在图 3-20 中，R_1 是稳压管 VZ 的限流电阻，经 R_2 和 R_3 分压供给 VT3 基极一个恒定的电流 I_{B3}，所以静态电流 I_{C3} 也基本恒定。VT3 管的发射极电阻 R_{E3} 具有电流负反馈作用，使 VT3 管的集电极电流 I_{C3} 更加稳定。

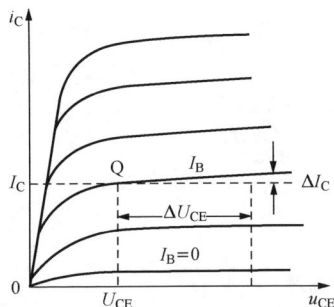

图 3-19 晶体管恒流特性

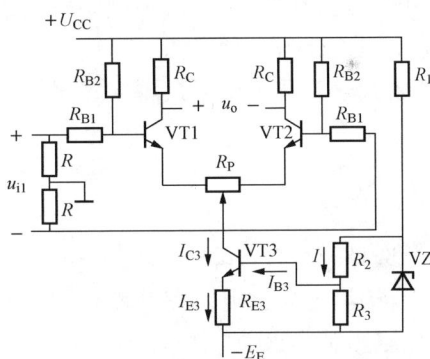

图 3-20 晶体管恒流源差动放大电路

根据前面所介绍的方法，该电路的静态工作点和电压放大倍数读者可自行分析。

【思考与练习】

1. 差分放大器有何特点？为什么能抑制零漂？

2. 什么是共模输入信号？什么是差模输入信号？为什么零点漂移可以等效为共模输入信号？

3. 什么是共模抑制比？应如何计算？

4. 差分放大器有几种输入、输出方式？它们的放大倍数有何差异？

5. 在图 3-20 电路中，如已知电源电压、各电阻值、各管子的 U_{BE}、β 值，写出求静态

工作点和电压放大倍数的表达式。

本 章 小 结

本章首先讲述了由基本放大电路为单元电路组成的多级放大电路的耦合方式及分析方法，然后阐明了直接耦合放大电路的温漂问题，以及解决直接耦合放大电路特殊问题的措施。

1. 多级放大电路的耦合方式

直接耦合放大电路存在温度漂移问题，但因其低频特性好，能够放大变化缓慢的信号，便于集成化，而得到越来越广泛的应用。

阻容耦合放大电路利用耦合电容隔离直流，较好地解决了温漂问题，但其低频特性差，不便于集成化，因此仅在分立元件电路情况下采用。

变压器耦合放大电路低频特性差，但能够实现阻抗变换，常用作调谐放大电路或输出功率很大的功率放大电路。

2. 多级放大电路的动态参数

多级放大电路的电压放大倍数等于组成它的各级电路电压放大倍数之积。其输入电阻是第一级的输入电阻，输出电阻是末级的输出电阻。在求解某一级的电压放大倍数时，应将后级输入电阻作为负载。

3. 直接耦合多级放大电路及差分放大电路

直接耦合放大电路的零点漂移主要是由晶体管的温漂造成的。

在典型差分放大电路中，利用参数的对称性进行补偿来抑制温漂。在具有恒流源的差分放大电路中，还利用共模负反馈抑制每只放大管的温漂。差分放大电路根据输入端与输出端接地情况不同，分为 4 种接法。

差分放大电路适于做直接耦合多级放大电路的输入级。

习 题

3.1 选择合适答案填入空内。

(1) 直接耦合放大电路存在零点漂移的原因是_____。

A. 电阻阻值有误差   B. 晶体管参数的分散性

C. 晶体管参数受温度影响   D. 电源电压不稳定

(2) 集成放大电路采用直接耦合方式的原因是_____。

A. 便于设计   B. 放大交流信号   C. 不易制作大容量电容

(3) 选用差动放大电路的原因是_____。

A. 克服温漂   B. 提高输入电阻   C. 稳定放大倍数

(4) 差分放大电路的差模信号是两个输入端信号的_____，共模信号是两个输入端信号的_____。

A. 差   B. 和   C. 平均值

3.2 判断下列说法是否正确，凡对的在括号内打"√"，否则打"×"。

(1) 现测得两个共射放大电路空载时的电压放大倍数均为 −100，将它们连成两级放大

电路，其电压放大倍数应为 10000。（　　）

（2）阻容耦合多级放大电路各级的 Q 点相互独立，（　　）它只能放大交流信号。（　　）

（3）直接耦合多级放大电路各级的 Q 点相互影响，（　　）它只能放大直流信号。（　　）

（4）只有直接耦合放大电路中晶体管的参数才随温度而变化。（　　）

3.3　设图 3-21 所示各电路的静态工作点均合适，分别画出它们的微变等效电路，并写出 A_u、r_i 和 r_o 的表达式。

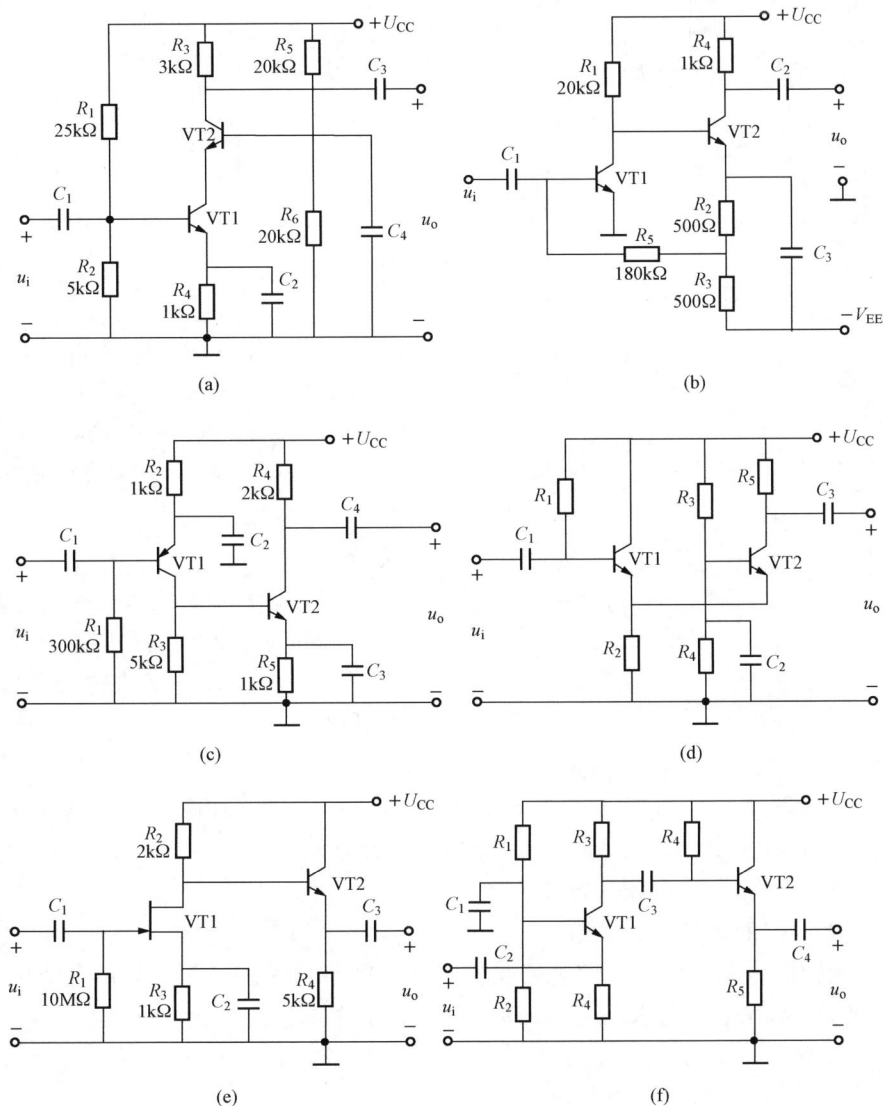

图 3-21　题 3.3 图

3.4　图 3-22 是两级阻容耦合放大电路，$\beta_1 = \beta_2 = 40$，$r_{be1} = 1.3\text{k}\Omega$，$r_{be2} = 0.85\text{k}\Omega$，各个电阻值及电源电动势都已标在电路图中。试完成：

（1）计算前、后级放大电路的静态值（I_B、I_C、U_{CE}），设 $U_{BE} = 0.6\text{V}$；

（2）画出微变等效电路，求各级电压放大倍数及总电压放大倍数；

（3）后级采用射极输出器有何好处？

3.5　在图 3-23 中，已知：$R_B=1\text{M}\Omega$，$R_{E1}=27\text{k}\Omega$，$R'_{B1}=82\text{k}\Omega$，$R'_{B2}=43\text{k}\Omega$，$R_{C2}=10\text{k}\Omega$，$R_{E2}=510\Omega$，$R'_{E2}=7.5\text{k}\Omega$，$\beta_1=\beta_2=50$，$U_{CC}=24\text{V}$，试求两级放大电路的输入电阻、输出电阻及电压放大倍数。

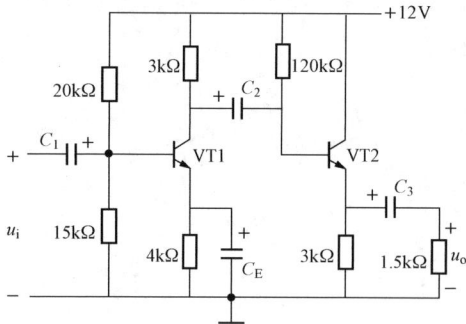

图 3-22　题 3.4 图

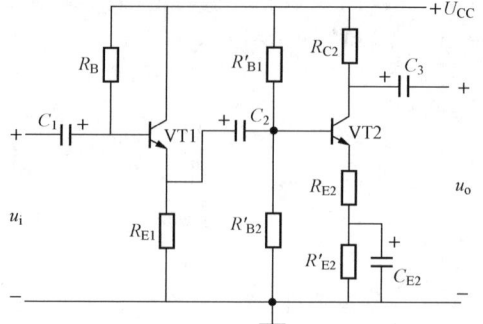

图 3-23　题 3.5 图

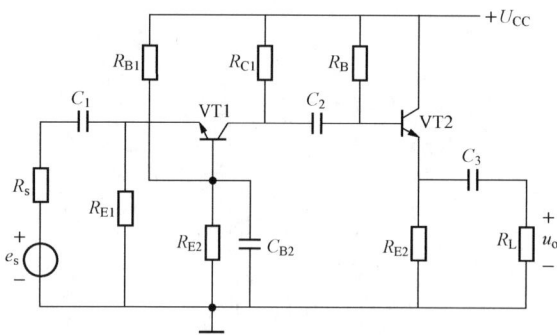

图 3-24　题 3.6 图

（4）计算电压放大倍数 A_u、A_{us}。

3.6　阻容耦合电路如图 3-24 所示。已知：$U_{BE1}=U_{BE2}=0.7\text{V}$，$\beta_1=\beta_2=50$，$R_B=200\text{k}\Omega$，$R_s=0.1\text{k}\Omega$，$R_{E1}=5\text{k}\Omega$，$R_{C1}=5\text{k}\Omega$，$R_{B1}=33\text{k}\Omega$，$R_{B2}=20\text{k}\Omega$，$R_L=2\text{k}\Omega$，$U_{CC}=+15\text{V}$，$R_{E2}=2\text{k}\Omega$。试完成：

（1）计算放大电路的静态工作点；

（2）画出放大电路的微变等效电路；

（3）求放大电路的输入电阻 r_i、输出电阻 r_o；

3.7　电路如图 3-13 所示，已知 $U_{CC}=E_E=12\text{V}$，$R_C=10\text{k}\Omega$，$R_{B1}=5.1\text{k}\Omega$，$R_{B2}=1\text{M}\Omega$，$R_E=10\text{k}\Omega$，$\beta_1=\beta_2=30$，$R_P=0$，试回答下列问题。

（1）电路静态工作点的电压和电流值有多大？

（2）求放大电路的差模放大倍数。

（3）如果把 R_{B2} 电阻都断开电路能否工作？这时电路的静态工作点有没有变化？

（4）如果 $R_E=20\text{k}\Omega$，而 $E_E=6\text{V}$，问电路静态工作点有何变化？

第4章　低频功率放大电路

　　一个实用的放大器通常含有3个部分：输入级、中间级及输出级，其任务各不相同。一般地说，输入级与信号源相连，因此，要求输入级的输入电阻大，噪声低，共模抑制能力强，阻抗匹配等；中间级主要完成电压放大任务，以输出足够大的电压；输出级主要要求向负载提供足够大的功率，以便推动如扬声器、电动机之类的功率负载。功率放大电路的主要任务是放大信号功率。

4.1　低频功率放大电路

4.1.1　分类

　　功率放大电路按放大信号的频率，可分为低频功率放大电路和高频功率放大电路。前者用于放大音频范围（几十赫兹到几十千赫兹）的信号，后者用于放大射频范围（几百千赫到几十兆赫兹）的信号。本书仅介绍低频功率放大电路。

　　功率放大电路按其晶体管导通时间的不同，可分为甲类、乙类、甲乙类和丙类4种。

　　甲类功率放大电路的特征是在输入信号的整个周期内，晶体管均导通，有电流流过；乙类功率放大电路的特征是在输入信号的整个周期内，晶体管仅在半个周期内导通，有电流流过；甲乙类功率放大电路的特征是在输入信号周期内，管子导通时间大于半个周期而小于全周期；丙类功率放大电路的特征是管子导通时间小于半个周期。前3种的工作状如图4-1所示。丙类功率放大电路在本书中不做介绍。

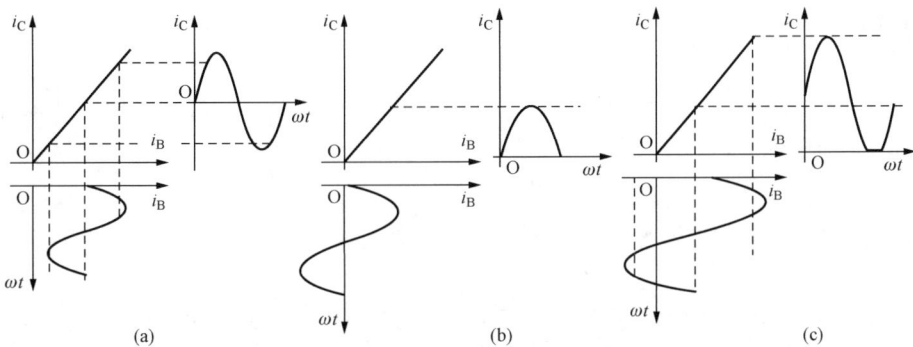

图 4-1　甲类、乙类、甲乙类功率放大电路的工作状态示意图
(a) 甲类；(b) 乙类；(c) 甲乙类

　　在甲类功率放大电路中，由于在信号全周期范围内管子均导通，故非线性失真较小，但是输出功率和效率均较低，因而在低频功率放大电路中主要用乙类或甲乙类功率放大电路。

4.1.2　功率放大器的特点

　　功率放大器的主要任务是向负载提供较大的信号功率，故功率放大器应具有以下3个主要特点。

1. 输出功率要足够大

如输入信号是某一频率的正弦信号，则输出功率表达式为

$$P_o = I_o U_o \tag{4-1}$$

式中，I_o、U_o 均为有效值。如用振幅值表示，则

$$P_o = \frac{1}{2} I_{om} U_{om} \tag{4-2}$$

式中，I_{om}、U_{om} 分别为负载 R_L 上的正弦信号的电流、电压的幅值。

2. 效率要高

放大器实质上是一个能量转换器，它是将电源供给的直流能量转换成交流信号的能量输送给负载，因此，要求转换效率高。为定量反映放大电路效率的高低，引入参数 η，它的定义为

$$\eta = \frac{P_o}{P_E} \times 100\% \tag{4-3}$$

式中，P_o 为信号输出功率，P_E 是直流电源向电路提供的功率。在直流电源提供相同直流功率的条件下，输出信号功率越大，电路的效率越高。

3. 非线性失真要小

为使输出功率大，由式（4-2）可知 I_{om}、U_{om} 也应大，故功率放大器采用的三极管均应工作在大信号状态下。由于三极管是非线性器件，在大信号工作状态下，器件本身的非线性问题十分突出，因此，输出信号不可避免地会产生一定的非线性失真。当输入是单一频率的正弦信号时，输出将会存在一定数量的谐波。谐波成分越大，表明非线性失真越大，通常用非线性失真 D 表示，它等于谐波成分总量和基波成分之比。D 的计算见式（2-9）。

4.1.3 提高输出功率的方法

由式（4-2）可知，输出功率取决于三极管输出电压和输出电流的大小，可通过如下两条途径提高输出功率。

1. 提高电源电压

选用耐压高、允许工作电流和耗散功率大的器件。集电极与发射极之间的击穿电压要大于管子实际工作电压的最大值，即

$$BU_{CEO} > U_{cemax}$$

集电极最大允许的电流要大于管子实际工作电流的最大值，即

$$I_{cm} > I_{cmax}$$

集电极允许的耗散功率要大于集电极实际耗散功率的最大值，即

$$P_{cm} > P_{cmax}$$

随着大功率 MOS 管的发展，也可选用 VMOS 管作功率管。由于它在相应的电源电压下，可以输出更大的功率，因而目前使用得越来越多。

2. 改善器件的散热条件

直流电源提供的功率，有相当多的部分消耗在放大器件上，使器件的温度升高，如果器件的散热条件不好，极易烧坏放大器件。为此需采取散热或强迫冷却的措施，比如对器件加散热片或加风扇进行冷却。

普通功率三极管的外壳较小，散热效果差，所以允许的耗散功率低。当加上散热片，使得器件的热量及时散出后，则输出功率可以提高很多。例如，低频大功率管 3AD6 在不加散热片时，允许的最大功耗 P_{cm} 仅为 1W，加了 120mm×120mm×4mm 的散热片后，其 P_{cm} 可达 10W，在实际功率放大电路中，为了提高输出信号功率，功放管一般加有散热片。加多大体积的散热片，可在器件手册中查出。

4.1.4 提高效率的方法

功率放大器的效率主要取决于功放管的工作状态。下面用图解法进行分析。

图 4-2 所示是三极管放大电路的输出特性和交流负载线。假设图中特性曲线是理想曲线，直线 MN 为交流负载线，Q 为静态工作点。在最佳情况下，由图 4-2 可看出，ON≈ $2I_{cm}=2I_C$ 为输出电流的峰—峰值，OM≈ $2U_{cem}=U_{CC}$ 为输出电压的峰—峰值。放大电路的输出功率为

$$P_o = \frac{1}{2} I_C U_C$$

即为△M′MQ 的面积。

电源提供的直流功率为

$$P_E = U_{CC} I_C$$

即□OMBA 的面积，故效率

$$\eta = \frac{P_o}{P_E} = \frac{\triangle M'MQ \text{ 的面积}}{\square OMBA \text{ 的面积}}$$

其最大效率 $\eta \leqslant 50\%$。如图 4-2 所示状态，三极管在信号的整个周期内（导通角 $\theta = 360°$）都处于导通状态，工作在甲类放大状态。为了提高效率，应提高输出功率 P_o，降低电源供给功率 P_E，通常采用如下方法。

1. 改变功率管的工作状态

将静态工作点 Q 下移，如图 4-3 所示，这时三极管只在半个信号周期内导通，另半个周期处于截止状态，即导通角 $\theta = 180°$，工作在乙类放大状态。

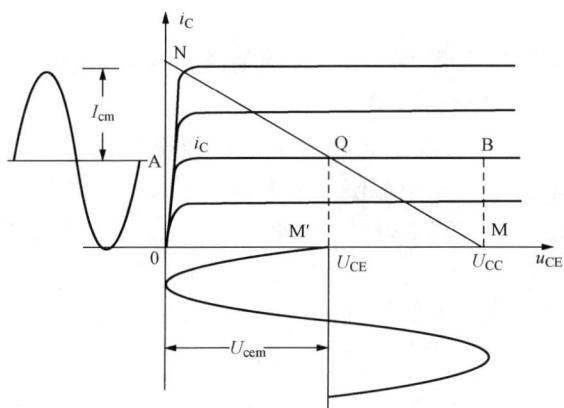

图 4-2 功率的图解法（甲类放大状态）   图 4-3 乙类放大电路

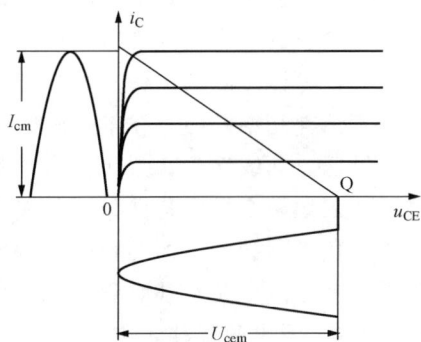

在乙类功率放大电路中，功放管静态电流几乎为零，因此直流电源功率为零。当输入信号逐渐加大时，电源提供的直流功率也逐渐增加，输出信号功率随之增大，所以乙类的功率

放大效率比甲类的要高。但是由于乙类放大状态的导通角为 180°，故输出电压波形将产生严重失真。为减小失真，在电路上采用互补对称电路，使两管轮流导通，以保证负载上获得完整的正弦波形。

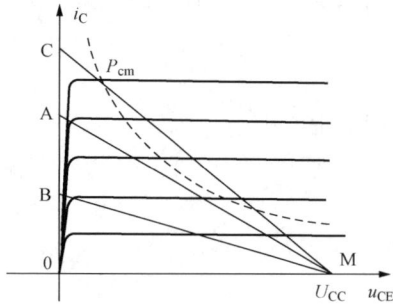

图 4 - 4　最佳负载的确定

2. 选择最佳负载

功放三极管若工作在乙类放大状态下（如图 4 - 4 所示），当负载改变时，交流负载线的斜率也改变，输出的电流 I_{cm} 也随之变化，故输出功率也改变。从图 4 - 4 中可以看出，负载线为 MA 时的输出功率比 MB 时的大。但负载线为 MC 时，已超过最大功率损耗线，管耗将大于 P_{cm}，管子将被烧坏，故存在一个最佳负载 R_L。图 4 - 4 表明，当交流负载线为 MA 时，负载为最佳负载。一般情况下，当电源 U_{CC} 确定后，过 U_{CC} 点做 P_{cm} 线的切线，该切线对应的负载即为最佳负载。

【思考与练习】

1. 什么是功率放大器？与一般电压放大器相比，对功率放大器有何特殊要求？

2. 如何区分晶体管是工作在甲类、乙类还是甲乙类？画出在 3 种工作状态下的静态工作点及与之相应的工作波形示意图。

3. 甲类功率放大器，信号幅度越小，失真就越小；乙类功率放大器，当信号幅度小时，失真反而明显。说明理由。

4.2　互补对称功率放大电路

单管甲类功率放大电路虽然简单，只需要一个功率管便可工作。由于它的效率低，而且为了实现阻抗匹配，需要用变压器，而变压器具有体积大、重量大、频率特性差、耗费金属材料、加工制造麻烦等缺点，因而，目前一般不采用单管功率放大电路，而采用互补对称功率放大电路。

单管功率放大电路效率之所以低，是因为要保证管子在信号全周期内均导通，因此静态工作点较高，具有较大的直流工作电流 I_c，电源供给的功率 $P_E = I_C U_{CC}$ 值大，效率低。为了提高效率，可设想降低工作点，使 I_c 为零，工作在乙类放大状态下，这样不仅可使静态时晶体管不消耗功率，而且在工作时管子的集电极电流减小，使效率提高。但是，此时管子仅有半周导通，非线性失真太大，这是不允许的。为解决非线性失真问题，可在器件和电路上想办法。采用两个导电特性相反的管子（NPN 和 PNP），一个管子在正半周导电，另一个管子则在负半周导电，即两管交替工作，各自产生半个信号波形，但在负载上合成一个完整的信号波形，这就是互补对称功率放大电路的思路。

4.2.1　双电源互补对称电路

1. 电路的组成和工作原理

双电源互补对称电路（OCL 电路）如图 4 - 5 所示，图中 VT1 为 NPN 型三极管，VT2 为 PNP 型三极管。为保证工作状态良好，要求该电路具有良好的对称性，即 VT1、VT2 管特性对称，并且正负电源对称。当信号为零时，偏流为零，它们均工作在乙类放大状态。

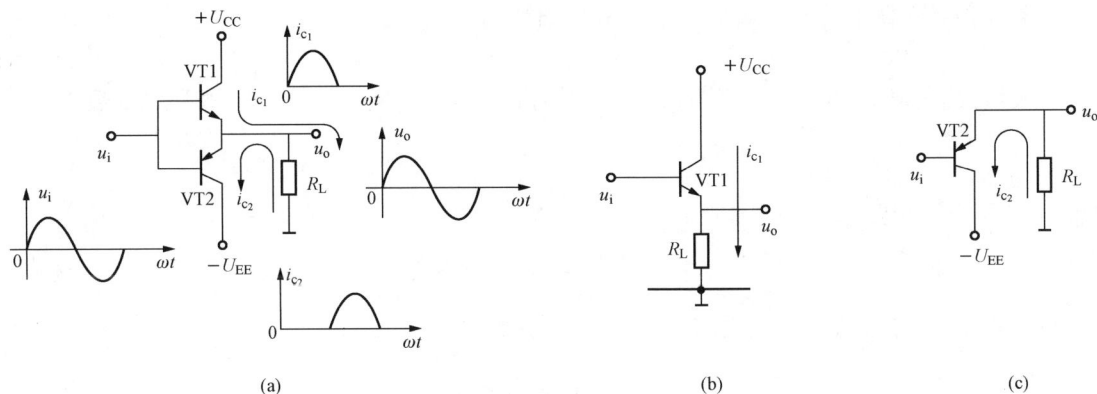

图 4-5 双电源互补对称电路

（a）电路图；（b）正半周；（c）负半周

为了便于说明工作过程，设两个管子的门限电压均等于零。当输入信号 $u_i = 0$ 时，则 $I_C = 0$，两管均处于截止状态，故输出 $u_o = 0$。当输入端加一正弦信号，在正半周时，由于 $u_i > 0$，因此 VT1 导通、VT2 截止，i_{c1} 流过负载电阻 R_L；在负半周时，由于 $u_i < 0$，因此 VT1 截止、VT2 导通，电流 i_{c2} 通过负载电阻 R_L；但方向与正半周相反，即 VT1、VT2 管交替工作，流过 R_L 的电流为一完整的正弦波信号。波形如图 4-5 所示。由于该电路中两个管子导电特性互为补充。电路对称，因此该电路称为互补对称功率放大电路。

2. 指标计算

双电源互补对称电路工作图解分析如图 4-6 所示。图 4-6（a）为 VT1 管导通时的工作情况。图 4-6（b）是将 VT2 管的导通特性倒置后与 VT1 特性画在一起，让静态工作点 Q 重合，形成两管合成曲线，图中交流负载线为一条通过静态工作点的斜率为 $-\dfrac{1}{R_L}$ 的直线 AB。由图上可看出输出电流、输出电压的最大允许变化范围分别为 $2I_{cm}$ 和 $2U_{cem}$，I_{cm} 和 U_{cem} 分别为集电极正弦电流和电压的振幅值。有关指标计算如下：

（1）输出功率 P_o。

$$P_o = \frac{I_{cem}}{\sqrt{2}} \frac{U_{cem}}{\sqrt{2}} = \frac{1}{2} I_{cm} U_{cem} = \frac{1}{2} \frac{U_{cem}^2}{R_L} \tag{4-4}$$

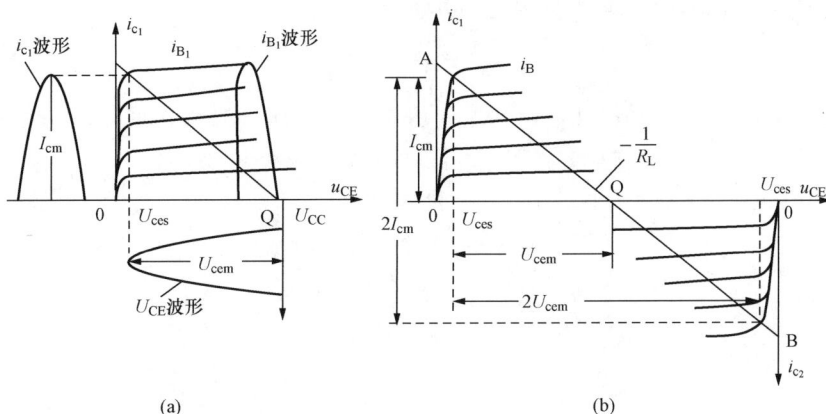

图 4-6 双电源互补对称电路的图解分析

当考虑饱和压降 U_{ces} 时，输出的最大电压幅值为

$$U_{cem} = U_{CC} - U_{ces} \tag{4-5}$$

一般情况下，输出电压的幅值 U_{cem} 总小于电源电压 U_{CC} 值，故引入电源利用系数 ξ

$$\xi = \frac{U_{cem}}{U_{CC}} \tag{4-6}$$

将式（4-6）代入式（4-4）得

$$P_o = \frac{1}{2} \frac{U_{cem}^2}{R_L} = \frac{1}{2} \frac{\xi^2 U_{CC}^2}{R_L} \tag{4-7}$$

当忽略饱和压降 U_{ces}，$\xi=1$ 时，输出 P_{om} 可按下式估算

$$P_{om} = \frac{1}{2} \frac{U_{CC}^2}{R_L} \tag{4-8}$$

输出功率 P_o 与 ξ 关系的曲线如图 4-7 所示。

（2）效率 η。

η 由式（4-3）确定，为此应先求出电源供给功率 P_E。

在乙类互补对称放大电路中，每个晶体管的集电极电流的波形均为半个周期的正弦波形。其波形如图 4-8 所示，其平均值 I_{av1} 为

$$I_{av1} = \frac{1}{2\pi} \int_0^{2\pi} i_{c1} \, d(\omega t) = \frac{1}{2\pi} \int_0^{\pi} I_{cm} \sin\omega t \, d(\omega t) = \frac{1}{\pi} I_{cm} \tag{4-9}$$

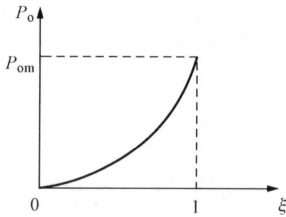

图 4-7　P_o 与 ξ 关系曲线

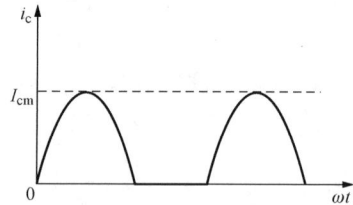

图 4-8　集电极电流 i_c 的波形

因此，直流电源 U_{CC} 供给的功率为

$$P_{E1} = I_{av1} U_{CC} = \frac{1}{\pi} I_{cm} U_{CC} = \frac{1}{\pi} \frac{U_{cem}}{R_L} U_{CC} = \frac{\xi}{\pi} \frac{U_{CC}^2}{R_L} \tag{4-10}$$

因考虑是正负两组电源，故总直流电源的供给功率为

$$P_E = 2P_{E1} = \frac{2\xi}{\pi} \frac{U_{CC}^2}{R_L} \tag{4-11}$$

显然，直流电源供给的功率 P_E 与电源利用系数成正比。当静态时，$U_{cem}=0$，$\xi=0$，故 $P_E=0$。当 $\xi=1$ 时，P_E 也最大。P_E 与 ξ 的关系曲线如图 4-9 所示。

将式（4-7）、式（4-11）代入式（4-3）中得

$$\eta = \frac{P_o}{P_E} = \frac{\dfrac{1}{2} \dfrac{\xi^2 U_{CC}^2}{R_L}}{\dfrac{2}{\pi} \dfrac{\xi U_{CC}^2}{R_L}} = \frac{\pi}{4} \xi \tag{4-12}$$

当 $\xi=1$ 时，效率 η 最高，即

$$\eta_{max} = \frac{\pi}{4} \approx 78.5\% \tag{4-13}$$

（3）集电极损耗功率 P_c

$$P_c = P_E - P_o = \frac{U_{CC}^2}{R_L}\left(\frac{2}{\pi}\xi - \frac{1}{2}\xi^2\right) \tag{4-14}$$

P_c 与 ξ 的关系是一抛物线方程，其曲线如图 4-10 所示，当 $\xi = 0$ 时，$P_c = 0$；当 ξ 为某一特定值时，P_c 最大，将式（4-14）求导，可求得极值坐标。

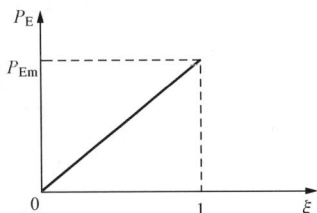

图 4-9　P_E 与 ξ 的关系曲线

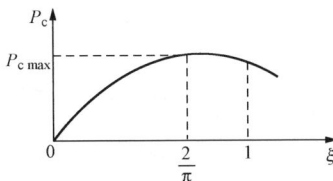

图 4-10　P_c 与 ξ 的关系曲线

$$\frac{dP_c}{d\xi} = \frac{U_{CC}^2}{R_L}\left(\frac{2}{\pi} - \xi\right) = 0$$

解得

$$\xi = \frac{2}{\pi} \approx 0.636 \tag{4-15}$$

将此值代入式（4-14）中，得最大集电极功率损耗值 P_{cmax}

$$P_{cmax} = \frac{2}{\pi^2}\frac{U_{CC}^2}{R_L}$$

考虑式（4-8）得

$$P_{cmax} = \frac{4}{\pi^2}P_{om} \approx 0.4P_{om} \tag{4-16}$$

此式是两管总的集电极功率损耗，而在互补对称电路中，每管仅工作半个周期，所以每管的功率损耗为

$$P_{1cmax} = \frac{1}{2}P_{cmax} \approx 0.2P_{om}$$

由上得出在互补对称功率放大电路中选择功率管的原则

$$P_{cm} \geqslant 0.2P_{om} \tag{4-17}$$

$$BU_{CEO} \geqslant 2U_{CC} \tag{4-18}$$

$$I_{cm} \geqslant I_{om} \tag{4-19}$$

3. 存在问题及解决问题的措施

（1）交越失真。图 4-5 所示波形关系是假设门限电压为零，且认为是线性关系时得出的。而实际中晶体管输入特性门限电压不为零，且电压、电流关系也不是线性关系，在输入电压较低时，输入基极电流很小，故输出电流也十分小。因此输出电压在输入电压较小时，存在一小段死区，此段输出电压与输入电压不存在线性关系，产生了失真。由于这种失真出现在通过零值处，故称为交越失真。交越失真波形如图 4-11 所示。

解决的措施：克服交越失真的措施就是避开死区电压区，使每一个晶体管处于微导通状态。输入信号一旦加入，晶体管立即进入线性放大区。而当静态时，虽然每一个晶体管处于微

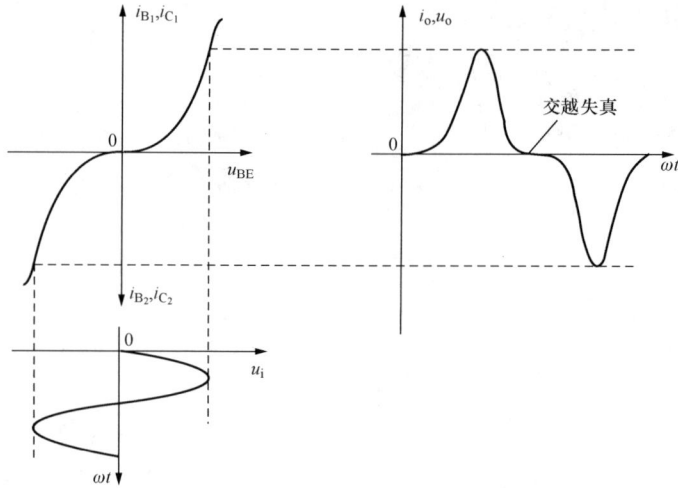

图 4-11 互补对称放大电路的交越失真

导通状态，由于电路对称，两管静态电流相等，流过负载的电流为零，从而消除了交越失真。

消除交越失真的电路如图 4-12 所示。

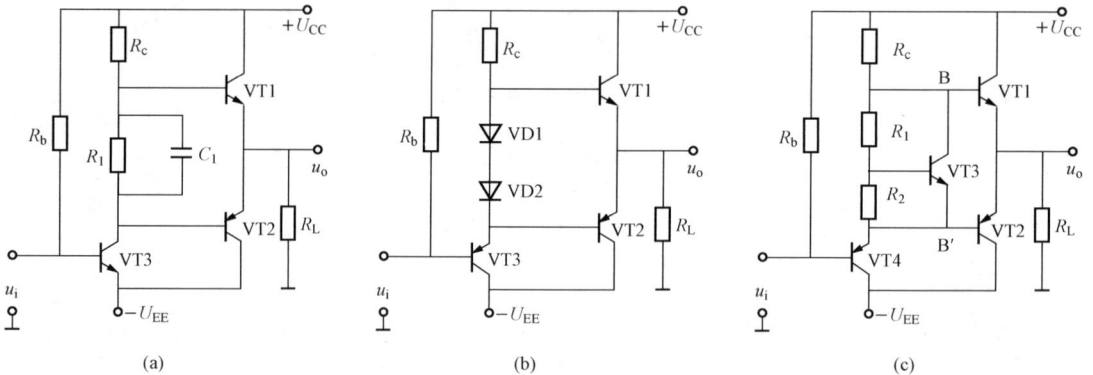

图 4-12 克服交越失真的几种电路

（a）利用电阻 R_1 上压降提供偏压；（b）利用二极管的正向压降提供偏压；（c）利用 U_{BE} 倍压电路提供偏压

图 4-12（a）是利用 VT3 管的静态电流 I_{C_3} 在电阻 R_1 上的电压降来提供 VT1、VT2 管所需的偏压，即

$$U_{BE_1} + U_{EB_2} = I_{C_3} R_1 \qquad (4-20)$$

图 4-12（b）是利用二极管的正向压降为 VT1、VT2 管提供所需的偏压，即

$$U_{BE_1} + U_{EB_2} = U_{VD1} + U_{VD2} \qquad (4-21)$$

图 4-12（c）是利用 U_{BE} 倍压电路向 VT1、VT2 管提供所需的偏压，其关系推导如下

$$U_{BE_3} = \frac{R_2}{R_1 + R_2} U_{BB'} = \frac{R_2}{R_1 + R_2} (U_{BE_1} + U_{EB_2})$$

所以

$$U_{BE_1} + U_{EB_2} = \frac{R_1 + R_2}{R_2} U_{BE_3} = \left(1 + \frac{R_1}{R_2}\right) U_{BE_3} \qquad (4-22)$$

此电路只需调整 R_1 与 R_2 的比值，即可得合适的偏压值。

（2）电流放大不够。功率放大电路的输出电流一般很大。例如，当有效值为 12V 的输出电压加至 8Ω 的负载上时，将有 1.5A 的有效值电流流过功率管，其振幅值约为 2.12A。而一般功率管的电流放大系数均不大，若设 $\beta = 20$，则要求基极推动电流为 100mA 以上，这样大的电流由前级（又称为前置级）供给是十分困难的，为此需要进行电流放大。

解决措施：一般通过复合管来解决此问题，由 1.6 节可知，复合管的放大倍数约为两个管子放大倍数的乘积。

由复合管组成的互补功率放大电路如图 4-13 所示，图中，要求 VT3 和 VT4 既要互补又要能对称，这对于 NPN 型和 PNP 型两种大功率管来说，一般是难以实现的（尤其一个是硅管，另一个是锗管时）。为此最好选 VT3 和 VT4 是同一种型号的管子，通过复合管的接法来实现互补，这样组成的电路称为准互补电路，如图 4-14 所示，调节图中的 R_b 和 R_c，可使 VT3 和 VT4 有一个合适的工作点。

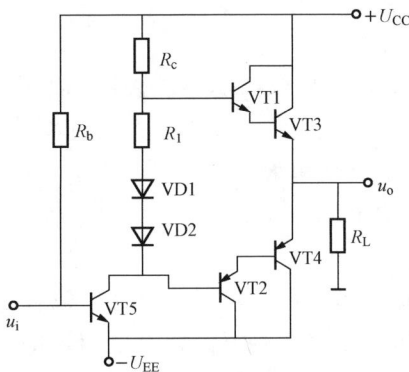

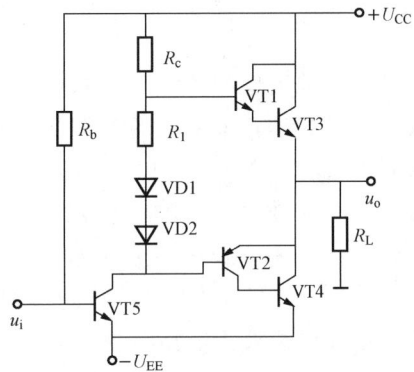

图 4-13　复合管互补对称电路极　　　　　图 4-14　准互补对称电路

综上所述，复合管不仅解决了大功率管 β 低的问题，而且也解决了大功率管难以实现互补对称的问题，故在功率放大电路中广泛采用了复合管。

4.2.2　单电源互补对称电路

双电源互补对称电路需要两个正负独立电源，有时使用起来不方便。当仅有一路电源时，可采用单电源互补对称电路（OTL 电路），如图 4-15 所示，VT1、VT3 和 VT2、VT4 组成准互补对称功率放大电路，两管的射极通过一个大电容 C_2 接到负载 R_L 上。二极管 VD1、VD2 用来消除交越失真，向复合管提供一个偏置电压。当静态时，调整电路使 U_A 的电位为 $\frac{1}{2}U_{CC}$，则 C_2 两端直流电压为 $\frac{1}{2}U_{CC}$。当加入交流信号正半周时，VT1、VT3 导通，流通过电源 U_{CC}、VT1 和 VT3 管的集电极和发射极、电容 C_2、负载电阻 R_L，故得正半周信号；在负半周时 VT2、VT4 导通，电容 C_2 上的电压代替电源向 VT4 提供电流，由于 C_2 容量很大，C_2 的放电时间常数远大于输入信号周期，故 C_2 上的电压可视为恒定不变。当 VT2、VT4 导通时，电流通路为

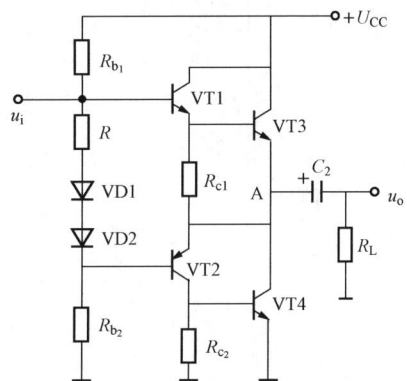

图 4-15　单电源互补对称电路

$C_2 \to$ VT2 $\to$ VT4 $\to$ 地 $\to$ 负载电阻 R_L，故得负半周信号。由上可以看出，除 C_2 代替一组电源外，其工作过程与双电源电路相同，功率、效率计算也相同，只需将公式中的 U_{CC} 用 $\frac{1}{2}U_{CC}$ 代替即可。

一般双电源互补对称电路又称为无输出电容（C_2）电路、OCL 电路（Output Capacitor Less）。而单电源互补对称电路又称为无输出变压器电路、OTL 电路（Output Transformer Less）。

【思考与练习】

1. 何谓交越失真？如何克服交越失真？
2. 功率管为什么有时用复合管代替？

4.3　集 成 功 率 放 大 电 器

我国已成批量生产各种系列的单片集成功率放大器，它是低频功率放大器的发展方向。下面以收录机等设备中采用的 DG4100 系列单片集成功放电路为例来讲述集成功率放大器。当电源电压 $U_{CC}=9V$，$R_L=4\Omega$（扬声器）时，该器件输出功率大于 1W。

图 4-16 为 DG4100 集成功放的内部电路及外部元件的连接总图。

4.3.1　DG4100 集成功放内部电路组成简介

图 4-16 中虚线框内为 DG4100 系列单片集成功放内部电路。它由三级直接耦合放大电路和一级互补对称放大电路构成，并由单电源供电，输入及输出均通过耦合电容与信号源和负载相连，是 OTL 互补对称功率放大电路。

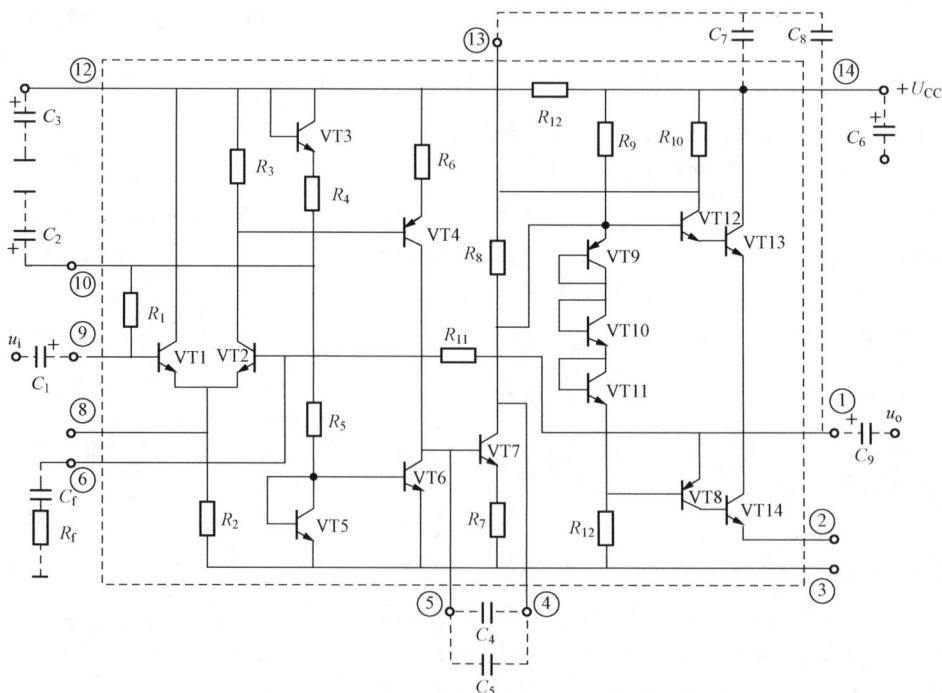

图 4-16　DG4100 集成功放与外接元件总电路图

VT1 和 VT2 组成的差动放大器为输入级，属单端输入、单端输出型。

VT4 输入与 VT2 输出直接耦合为第一中间放大级，并具有电平位移作用。

VT7 输入与 VT4 输出直接耦合为第二中间放大级，它也是功放输出的推动级。

VT5、VT6 组成恒流源，作为 VT4 的恒流源负载，提高该级电压增益，VT1 通过 VT3 取得偏置。

VT12、VT13 复合等效为 NPN 型管，VT8、VT14 等效为 PNP 型管。

VT9～VT11 为 VT12、VT13、VT8 设置正向偏置，以消除输出波形的交越失真。

放大器从输出端经 R_{11} 引至 VT2 输入端，实现直流电压串联负反馈，使放大器在静态时①脚的电位稳定在 $\frac{1}{2}U_{CC}$。交流电压负反馈则由 R_{11}、C_f 和 R_f 引入输入端，并通过调节⑥脚外接的 R_f 来改变反馈深度。

因为反馈由输出端直接引至输入端，且放大器的开环增益很高（三级电压放大），整个放大电路为深度负反馈放大器，所以，放大器的闭环电压增益约为 $1/F$，即

$$A_{uf} = \frac{R_f + R_{11}}{R_f} \tag{4-23}$$

当信号 u_i 正半周输入时，VT2 输出也为正半周，经两级中间放大后，VT7 输出仍为正半周，因此 VT12、VT13 复合管导通，VT8、VT14 复合管截止，在负载 R_L 上获得正半周输出信号；当 u_i 负半周输入时，经过相应的放大过程，在 R_L 上获得负半周输出信号。

4.3.2 DG4100 集成功放的典型接线法

DG4100 集成单片功放共有 14 引脚，外部典型接线图如图 4-17 所示。

⑭脚接电源 U_{CC} 正极，电源两端接有滤波电容 C_2。

②、③脚接电源负极，也是整个电路的公共端。

⑨脚经输入耦合电容 C_1 与输入信号相连。

①脚为输出端，经输出耦合电容 C_9 和负载相接。

④、⑤脚接消振电容 C_4 和 C_5，消除寄生振荡。

⑥脚外接反馈网络，调节 R_f 可以调节交流负反馈深度。

⑫脚接电源滤波电容 C_3。

⑬脚接电容 C_7、C_8，C_7 通过 C_6、C_8、C_9 与输出端负载 R_L 并接，消除高频分量，改善音质。C_8 电容跨接在①脚和⑬脚之间，通过 C_8 可以把输出端的信号电位（非静态电位）耦合到⑬脚，使 VT7 放大管的集电极供电电位自动地跟随输出端信号电位的变化而改变。如果输出幅度增加，则 VT7 管的线性动态范围也随之增大，也就进一步提高了功放的输出幅度，故常称电容 C_8 为"自举电容"。

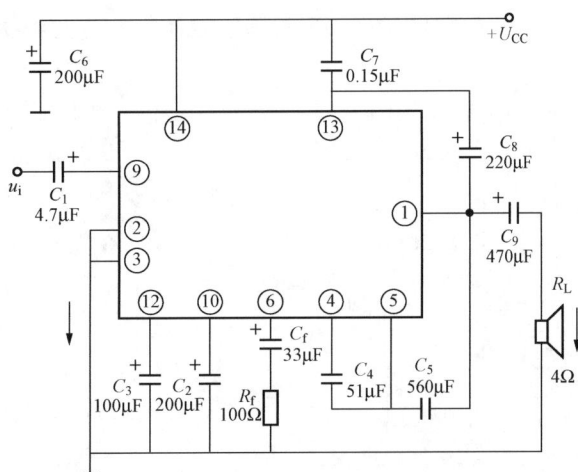

图 4-17 DG4100 集成功放的典型接线法

本 章 小 结

本章主要阐明功率放大电路的组成、最大输出功率和效率的估算以及集成功放的应用，归纳如下：

（1）功率放大电路是在电源电压确定的情况下，以输出尽可能大的不失真的信号功率和具有尽可能高的转换效率为组成原则，功放管常常工作在尽限应用状态。低频功放有乙类推挽电路 OCL、OTL 等。

（2）功放的输入信号幅值较大，分析时应采用图解法。首先求出功率放大电路负载上可能获得的交流电压幅值，从而得出负载上可能获得的最大交流功率 P_o，同时求出此电源提供的直流平均功率 P_E，P_o 与 P_E 之比即为转换效率 η。

OCL 电路为直接耦合功率放大电路，为了消除交越失真，静态时应使功放管微导通，因而 OCL 电路中功放管常工作在甲乙类状态。在忽略静态电流和饱和压降的情况下，最大输出功率和转换效率分别为

$$P_{om} = \frac{U_{CC}^2}{2R_L}, \eta = \frac{\pi}{4}$$

所选择功放管的极限参数应满足 $P_{cm} \geq 0.2 P_{om}$，$BU_{CEO} \geq 2U_{CC}$，$I_{cm} \geq I_{om}$。

学习本章，应能达到以下要求：

（1）掌握下列概念：晶体管的甲类、乙类和甲乙类工作状态，最大输出功率，转换功率。

（2）正确理解功率放大电路的组成原则，掌握 OCL 的工作原理，并了解其他类型功率放大电路的特点。

（3）正确估算功率放大电路的最大输出功率和效率，了解功放管的选择方法。

（4）了解集成功率放大电路的工作原理。

习 　 题

4.1　电路如图 4-18 所示，设输入信号足够大，晶体管的 P_{cm}、BU_{CEO} 和 I_{cm} 足够大，试问：

（1）u_i 极性如图 4-18 所示，i_{B1} 和 i_{B2} 是增加还是减小？

（2）若晶体管 VT1 和 VT2 的 $|U_{cem}| \approx 3V$，计算此时的输出功率 P_o 和 η。

（3）在上述情况下每只晶体管的最大管耗是多少？

4.2　互补对称电路如图 4-19 所示，三极管均为硅管。当负载电流 $i_o = 0.45\sin\omega t$（A）时，试估算（用乙类工作状态，设 $\xi = 1$）：

（1）负载获得的功率 $P_o = ?$

（2）电源供给的平均功率 $P_E = ?$

（3）每个输出管管耗 $P_c = ?$

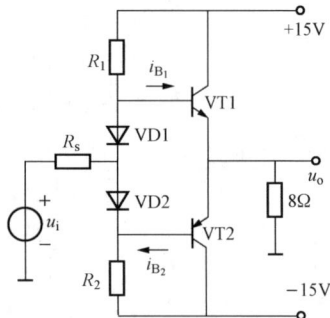

图 4-18　题 4.1 图

（4）每个输出管可能产生的最大管耗 $P_{cmax}=$ ？

（5）输出级效率 $\eta=$ ？

4.3 如负载电阻 $R_L=16\Omega$，要求最大输出功率 $P_{omax}=5W$，若采用 OCL 功率放大电路，设输出级三极管的饱和管压降 $U_{ces}=2V$，则电源电压 $U_{CC}=U_{EE}$ 应选多大？若改用 OTL 功率输出级，其他条件不变，则 U_{CC} 应选多大？

4.4 某人设计了一个 OTL 功放电路，如图 4-20 所示。

（1）为实现输出最大幅值正负对称，静态时 A 点电位应为多大？若不合适应调节哪一个元件？

（2）若 U_{ces3} 和 U_{ces5} 的值为 3V，电路的最大不失真输出功率 $P_{om}=$ ？效率 $\eta=$ ？

（3）三极管 VT3、VT5 的 P_{cm}、BU_{CEO} 和 I_{cm} 应如何选择？

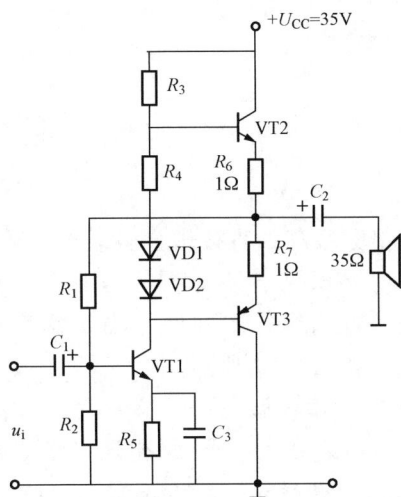

图 4-19 题 4.2 图

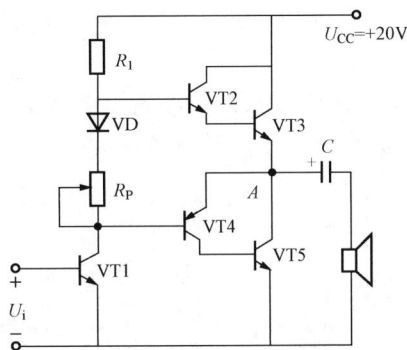

图 4-20 题 4.4 图

第 5 章　集 成 运 算 放 大 器

　　模拟集成电路自 20 世纪 60 年代初问世以来，在电子技术领域中得到了广泛的应用，其中最主要的代表器件就是运算放大器。运算放大器在早期应用于模拟信号的运算，故名运算放大器。目前，运算放大器的应用已远远超出了模拟运算的范围，广泛地应用于信号的处理和测量、信号的产生和转换以及自动控制等诸多方面。同时，许多具有特定功能的模拟集成电路也在电子技术领域中得到了广泛的应用。

　　本章主要介绍集成运算放大器的基本组成、特性及应用。

5.1　集成运算放大器概述

5.1.1　集成运算放大器的组成及工作原理

　　集成运算放大器简称集成运放，是一种电压放大倍数很高的直接耦合多级放大器。其内部电路虽然各不相同，但其基本结构一般由输入级、中间级、输出级三部分组成，如图 5-1 所示。

图 5-1　集成运放的组成

　　1. 输入级

　　输入级与信号源相连，是集成运放的关键级。通常要求有很高的输入电阻，能有效地抑制共模信号，且有很强的抗干扰能力。因此，集成运放的输入级通常采用差动放大电路，有同相和反相两个输入端，其输入电阻大，共模抑制比高。

　　2. 中间级

　　中间级用来完成电压放大功能，使集成运放获得很高的电压放大倍数，常由一级或多级共射电路构成。

　　3. 输出级

　　输出级直接与负载相连，为使集成运放有较强的带负载能力，一般采用互补对称放大电路（射极输出器）。其输出电阻低，能提供较大的输出电压和电流。另外，输出级还附有保护电路，以免意外短路或过载时造成损坏。

　　综上所述，集成运放是一种电压放大倍数高、输入电阻大、输出电阻小、共模抑制比高、抗干扰能力强、可靠性高、体积小、耗电少的通用型电子器件。集成运放通常有圆形封装式和双列直插式两种形式。双列直插式运算放大器外形如图 5-2（a）所示。在使用集成运放时，应知道各管脚的功能以及运放的主要参数，这些可以通过查手册得到。运算放大器 μA741 的管脚如图 5-2（b）所示。

　　国家标准规定运算放大器的图形符号如图 5-3 所示，它有两个输入端和一个输出端。其中长方形框右侧"+"端为输出端，信号由此端对地输出。长方形框左侧"-"端为反相输入端，当信号由此端对地输入时，输出信号与输入信号反相位，所以此端称为反相输入端，反相输入端的电位用 u_- 表示。这种输入方式称为反相输入。长方形框左侧"＋"端为同相输入端，当信号由此端对地输入时，输出信号与输入信号同相位，所以此端称为同相输入端，同相输入端的电位用 u_+ 表示。这种输入方式称为同相输入。当两输入端都有信号输入时，称为差动输入方式。运算放大器在正常应用时，存在这 3 种基本输入方式。不论采用何种输入方式，运算放大器放大的是两输入信号的差。A_{uo} 是运算放大器的开环电压放大倍数，则输出电压为

$$u_{o} = A_{uo}(u_+ - u_-) \qquad\qquad (5 - 1)$$

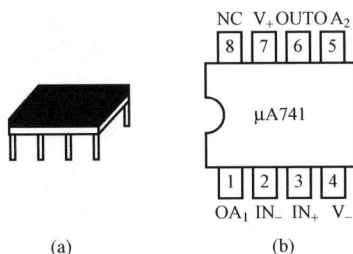

图 5 - 2　集成运放的外形和管脚

（a）外形；（b）管脚

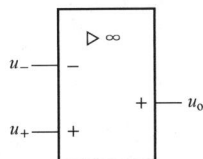

图 5 - 3　集成运放的图形符号

5.1.2　集成运算放大器的传输特性

集成运放的电压传输特性是指开环时，输出电压与差模输入电压之间的关系曲线，如图 5 - 4 所示，包括一个线性区和两个饱和区。

当运放工作在线性区时，输出电压 u_o 与输入电压（$u_+ - u_-$）是线性关系，线性区的斜率取决于 A_{uo} 的大小。由于受电源电压的限制，输出电压不可能随输入电压的增加而无限增加，因此，当 u_o 增加到一定值后，就进入了饱和区。正、负饱和区的输出电压 $\pm U_{om}$ 一般略低于正、负电源电压。

由于集成运放的开环电压放大倍数很大，而输出电压为有限值，所以线性区很窄。因此，要使运放稳定地工作在线性区，必须引入深度负反馈（详见 5.2 节）。

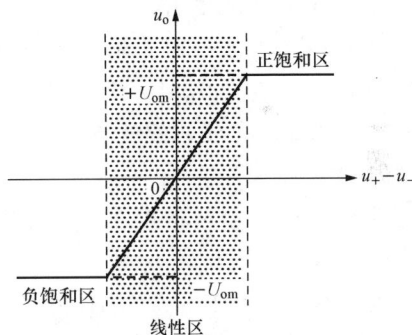

图 5 - 4　集成运放的电压传输特性

5.1.3　集成运算放大器的主要参数

运算放大器的性能可用一些参数来表示。集成运放的参数很多，它们描述了一个集成运放接近一个理想器件的程度。为了合理地选用和正确地使用运算放大器，必须了解其主要参数的意义。

1. 最大输出电压 U_{OPP}

能使输出电压和输入电压保持线性关系的最大输出电压，一般略低于电源电压。当电源电压为 $\pm 15\text{V}$ 时，U_{OPP} 一般为 $\pm 13\text{V}$ 左右。

2. 开环电压放大倍数 A_{uo}

A_{uo} 是指在没有外接反馈电路、输出端开路的情况下，当输入端加入低频小信号电压时

所测得的电压放大倍数。若用分贝表示，则为 A（dB）$=20\lg$（$U_{\rm o}/U_{\rm i}$）。其值越大越稳定，由它组成的运算电路的运算精度也越高、越理想。所以，它是决定运算精度的主要因素。通常开环电压放大倍数约为 $10^4 \sim 10^9$，即 $80 \sim 180$dB。

3. 差模输入电阻 $r_{\rm id}$ 与输出电阻 $r_{\rm o}$

运算放大器的差模输入电阻很高，一般为 $10^5 \sim 10^9 \Omega$。输出电阻很低，通常为几十欧至几百欧。

4. 共模抑制比 $K_{\rm CMRR}$

因为运放的输入级采用差动放大电路，所以有很高的共模抑制比，一般为 $70 \sim 130$dB。

5. 共模输入电压范围 $U_{\rm ICM}$

共模输入电压范围 $U_{\rm ICM}$ 是指运放所能承受的共模输入电压的最大值。超出此值，将会造成共模抑制比下降，甚至造成器件损坏。

6. 最大差模输入电压 $U_{\rm IDM}$

最大差模输入电压 $U_{\rm IDM}$ 是指运算放大器两个输入端所允许加的最大电压值。超出此值，将会使输入级的三极管损坏，从而造成运算放大器性能下降甚至损坏。

7. 输入失调电压 $U_{\rm IO}$

在理想的运算放大器中，当两输入端的信号为 0（即把两输入端同时接地）时，输出电压应为 0。但由于制造中输入级差动电路不可能做得完全对称，所以当输入电压为 0 时，输出电压不为 0。若要输出电压为 0，必须在输入端加入一个很小的补偿电压，这个电压就是输入失调电压，一般为几毫伏。

8. 输入失调电流 $I_{\rm IO}$

输入失调电流 $I_{\rm IO}$ 是指输入信号为 0 时，流入运算放大器两个输入端的静态基极电流，其值为 $I_{\rm IO} = |I_{\rm B1} - I_{\rm B2}|$。通常以纳安（nA，即毫微安）为单位，一般为几十到几百纳安，该值越小越好，高质量的低于 1nA。

9. 输入偏置电流 $I_{\rm IB}$

输入偏置电流 $I_{\rm IB}$ 是指输入信号为 0 时，流入运算放大器两个输入端的静态基极电流的平均值，其值为 $(I_{\rm B1} + I_{\rm B2})/2$。它的大小主要和电路中第一级管子的性能有关。这个电流也是越小越好，一般为几百纳安，高质量的为几个纳安。

以上介绍的是集成运放的几个主要参数，另外还有温度漂移、静态功耗等，这里不一一介绍，需要时可查手册。

5.1.4 理想集成运算放大器及其分析依据

1. 理想运算放大器

在分析运算放大器时，一般可将它看成一个理想运算放大器。理想化的条件主要是：

（1）开环电压放大倍数 $A_{\rm uo} \to \infty$；

（2）差模输入电阻 $r_{\rm id} \to \infty$；

（3）开环输出电阻 $r_{\rm o} \to 0$；

（4）共模抑制比 $K_{\rm CMRR} \to \infty$。

由于实际运算放大器的上述技术指标接近理想化条件，因此在分析运放的应用电路时，用理想运算放大器代替实际运算放大器所产生的误差并不大，在工程上是允许的，这样可以使分析过程大大简化。若无特别说明，后面对运算放大器的分析，均认为集成运放是理想的。

2. 理想运算放大器的传输特性

因为理想运算放大器的开环电压放大倍数 $A_{uo} \to \infty$，所以，理想运算放大器开环应用时不存在线性区，其输出特性如图 5-5 所示。当 $u_+ > u_-$ 时，输出特性为 $+U_{om}$；当 $u_+ < u_-$ 时，输出特性为 $-U_{om}$。

3. 运算放大器的分析依据

开环电压放大倍数 A_{uo} 大，输入电阻 r_{id} 高是集成运放的固有特性。这些固有特性决定了集成运放在具体运用中的许多优点。

图 5-5　理想运算放大器的传输特性

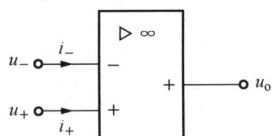

由于开环电压放大倍数极大，即使集成运放输入端只有很小信号输入，其输出电压就达到极限电压，集成运放便已不再工作在线性放大状态。若要运放工作于线性放大状态，器件外部必须有某种形式的负反馈网络；若无负反馈环节则工作于非线性状态。

工作于线性放大状态下的集成运放可以视为一个"理想运放"，如图 5-6 所示。根据理想运放的参数，工作在线性区时，可以得到下面两个重要特性。

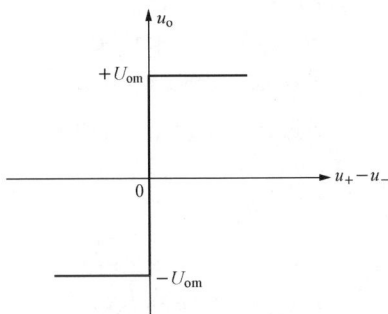

图 5-6　理想运算放大器

（1）输入电流为零。由于理想运算放大器的输入电阻为无穷大，它就不会从外部电路吸取任何电流了，所以，对于一个理想运算放大器来说，不管是同相输入端还是反相输入端，都可以看作不会有电流输入，即

$$i_+ = i_- \approx 0 \qquad (5-2)$$

从式（5-2）看，运放输入端像断路，但并不是真正的断路，因而称之为"**虚断**"。

（2）两个输入端子间的电压为零。由于运算放大器的开环电压放大倍数接近无穷大，而输出电压是一个有限数值（不可能超过所供给的直流电源电压值），所以根据式（5-1）可知

$$u_+ - u_- = \frac{u_o}{A_{uo}}$$

即

$$u_+ \approx u_- \qquad (5-3)$$

由于同相端的电位等于反相端的电位，从某种意义上说，就好像同相端和反相端是用导线短接在一起的。因此，通常称之为"**虚短**"。如果信号自反相输入端输入，且同相输入端接地时，即 $u_+ = 0$，根据上条结论可得 $u_- \approx 0$。这就是说反相输入的电位接近于"地"电位。也就是说，反相输入端是一个不接"地"的接地端，通常称之为"**虚地**"。

式（5-2）和式（5-3）是分析运算放大器线性应用时的两个重要依据。运用这两个特性，可大大简化集成运放应用电路的分析。

【思考与练习】

1. 集成运放由哪几部分组成？各部分有何特点？

2. 已知某运放的开环放大倍数 A_{uo} 为 80dB，最大输出电压 $U_{OPP} = \pm 10V$，输入信号（$u_i = u_+ - u_-$）加在两个输入端之间，设 $u_i = 0$ 时，$u_o = 0$，试问：

　（1）$u_i = 0.5mV$ 时，$u_o = $ _____；

　（2）$u_i = -1mV$ 时，$u_o = $ _____；

（3）$u_i = 1.5\text{mV}$ 时，$u_o = $ _____ ；

（4）若输入失调电压为 2mV，该运放能否正常放大，为什么？

3. 什么是"虚短"？什么是"虚断"？

4. 理想运算放大器具有哪些特征？其分析依据是什么？

5.2　放大电路中的负反馈

如前所述，运算放大器必须引入深度负反馈才能工作在线性区。因此，在介绍运算放大器的应用之前，先介绍一下有关反馈的概念及应用。

5.2.1　反馈的概念

电路中的反馈就是将电路的输出信号（电压或电流）的一部分或全部通过一定的电路（反馈电路）送回到输入端，与输入信号一同控制电路的输出。图 5-7 分别为无反馈和有反馈的放大电路的方框图。从图中可以得到，反馈放大器是由基本放大电路和反馈电路两部分构成的一个闭环（闭合环路）电路。它们均如箭头所示，单方向传递信号。

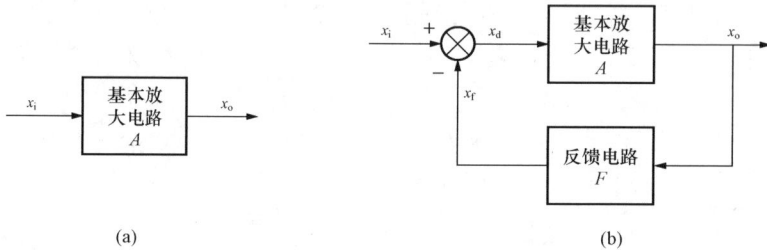

图 5-7　反馈放大电路的方框图

(a) 无反馈；(b) 有反馈

图 5-7 中，用 x 表示信号，它既可以表示电压，也可以表示电流。x_i、x_o 和 x_f 分别表示输入、输出和反馈信号，A 是无反馈基本放大电路的放大倍数，F 是反馈电路的反馈系数，它将输出信号变为反馈信号后反送到输入端，符号 $\otimes$ 是比较环节。输入信号 x_i 和反馈信号 x_f 在输入端比较（叠加）后得净输入信号 x_d。若引回的反馈信号 x_f 使得净输入信号 x_d 减小，为负反馈，此时

$$x_d = x_i - x_f \tag{5-4}$$

若引回的反馈信号 x_f 使得净输入信号 x_d 增大，为正反馈，此时

$$x_d = x_i + x_f \tag{5-5}$$

正反馈的结果，导致输入信号增强，输出信号相应增大，亦即使放大器的放大倍数增大，致使电路工作不稳定，放大器的性能因而变恶劣。而负反馈的结果则使放大器的放大倍数减小，可以改善放大电路的性能（将在后面分析），因此在放大电路中几乎都用负反馈。

基本放大电路的输出信号与净输入信号之比称为开环放大倍数，用 A 表示，即

$$A = \frac{x_o}{x_d} \tag{5-6}$$

反馈信号与输出信号之比称为反馈系数，用 F 表示，即

$$F = \frac{x_f}{x_o} \tag{5-7}$$

引入反馈后的输出信号与输入信号之比称为闭环放大倍数，用 A_f 表示，即

$$A_f = \frac{x_o}{x_i} \qquad (5-8)$$

5.2.2 反馈的类型及判断

1. 反馈的类型

反馈电路经常由阻容元件构成，既与输入端相连，又与输出端相连。**如果阻容元件的连接方式使得反馈信号中只含有直流成分，称为直流反馈；如果反馈信号中只含交流成分，称为交流反馈；如果反馈信号中交、直流成分同时存在，则称为交、直流反馈。**

根据反馈电路在输出端所采样的信号不同，可以分为电压反馈和电流反馈。**若反馈信号取自于（正比于）输出电压，则称为电压反馈；若反馈信号取自于（正比于）输出电流，则称为电流反馈。**

根据反馈信号在输入端与输入信号比较形式的不同，可以分为串联反馈和并联反馈。**如果反馈信号与输入信号串联（反馈信号以电压的形式出现：$x_f = u_f$），为串联反馈；如果反馈信号与输入信号并联（反馈信号以电流的形式出现：$x_f = i_f$），为并联反馈。**

综上所述，电路中的负反馈可以归纳为 4 种类型：电压串联负反馈、电压并联负反馈、电流串联负反馈、电流并联负反馈，下面分别进行介绍。

（1）电压串联负反馈。电压串联负反馈的典型电路如图 5-8 所示。运放为反馈放大电路框图［图 5-7（b）］中的基本放大电路。R_f 和 R_1 构成反馈环节，输入信号 u_i 通过 R_2 加于集成运放同相输入端。输出电压 u_o 通过 R_f 和 R_1 分压，分在 R_1 的电压即为反馈信号 u_f。从图 5-8 中可以得出

$$u_f = u_o \frac{R_1}{R_f + R_1} \qquad (5-9)$$

可见，反馈电压正比于输出电压，所以为电压反馈。设输入信号瞬时极性为"＋"（图中用 $\oplus$ 符号表示），则输出信号的瞬时极性为"＋"（同相输入端输入信号），因此反馈信号 u_f 也为"＋"，根据净输入信号 $u_d = u_i - u_f$，又因为 u_i 与 u_f 瞬时极性相同，反馈信号削弱了净输入信号，所以为负反馈。此式还表示反馈信号 u_f 与输入信号 u_i 是串联关系（电压相加减），所以为串联反馈。因此图 5-8 所示电路为电压串联负反馈。引入电压负反馈可以稳定输出电压。假定由于负载的变化使得 u_o 下降，根据式（5-9）可知反馈信号 u_f 随之下降，因而净输入信号增加，输出信号 u_o 上升，使得输出电压稳定。

（2）电压并联负反馈。电压并联负反馈的典型电路如图 5-9 所示。运放为反馈放大电路的基本放大电路。反馈电路 R_f 一端连接于输出端，一端连接于反相输入端。输入信号 u_i 通过 R_1 加于集成运放反相输入端。通过 R_f 的电流即为反馈信号 i_f。从运放的分析依据可知 $u_+ = u_- = 0$，因此

$$i_f = -\frac{u_o}{R_f} \qquad (5-10)$$

可见，反馈电流的大小正比于输出电压，所以为电压反馈；设输入信号瞬时极性为"＋"，则输出信号的瞬时极性为"－"（反相输入端输入信号），图中用 $\ominus$ 符号表示，因此反馈信号为正值，净输入信号 $i_d = i_i - i_f$，此式说明反馈信号削弱了净输入信号，所以为负反馈；此式还表示反馈信号 i_f 与输入信号 i_i 是并联关系（电流相加减），所以为并联反馈。因此图 5-9 所示电路为电压并联负反馈。该电压负反馈同样可以稳定输出电压。

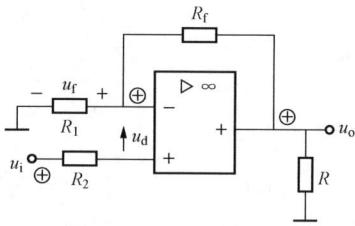

图 5 - 8　电压串联负反馈电路

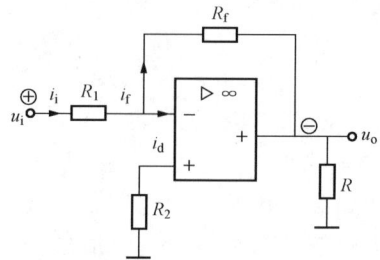

图 5 - 9　电压并联负反馈电路

　　(3) 电流串联负反馈。电流串联负反馈的典型电路如图 5 - 10 所示。反馈放大电路中的基本放大电路是运算放大器。R_f 和负载电阻 R_L 构成反馈环节，输入信号 u_i 通过 R_2 加于集成运放同相输入端。负载电阻 R_L 中通过的电流为输出电流 i_o，R_f 上的电压即为反馈信号 u_f。从图 5 - 10 中可知

$$u_f = i_o R_f \qquad\qquad (5 - 11)$$

可见，反馈电压正比于输出电流，所以为电流反馈；设输入信号 u_i 瞬时极性为"＋"则输出信号 u_o 的瞬时极性为"＋"（同相输入端输入信号），因此反馈信号 u_f 也为"＋"，净输入信号 $u_d = u_i - u_f$，反馈信号削弱了净输入信号，所以为负反馈；此式还表示反馈信号 u_f 与输入信号 u_i 是串联关系（电压相加减），所以为串联反馈。因此图 5 - 10 所示电路为电流串联负反馈。引入电流负反馈可以稳定输出电流。假定由于负载的变化使得 u_o 增大，根据式 (5 - 11) 可知反馈信号 u_f 随之上升，因而净输入信号 u_d 减小，输出信号 u_o 下降，使得输出电流 i_o 下降，从而保持稳定。

　　(4) 电流并联负反馈。电流并联负反馈的典型电路如图 5 - 11 所示。反馈放大电路中的基本放大电路是运算放大器。R_f 和 R_3 是反馈环节。输入信号 u_i 自运算放大器的反相输入端输入。通过 R_f 的电流即为反馈信号 i_f，且

$$i_f = -i_o \frac{R_3}{R_f + R_3} \qquad\qquad (5 - 12)$$

可见，反馈电流与输出电流的大小成正比，故为电流反馈；设输入信号极性为"＋"则输出信号的极性为"－"（反相输入端输入信号），输出电流为"－"，因此反馈信号 i_f 为"＋"，净输入信号 $i_d = i_i - i_f$，净输入信号减小，所以为负反馈；由此式还可得到反馈信号 i_f 与输入信号 i_i 是并联关系（电流相加减），所以为并联反馈。因此图 5 - 11 所示电路为电流并联负反馈。该电流负反馈同样可以稳定输出电流。

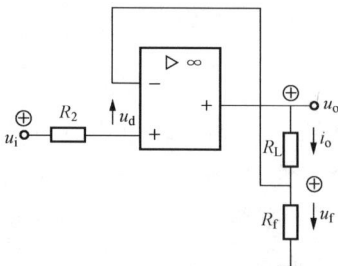

图 5 - 10　电流串联负反馈电路

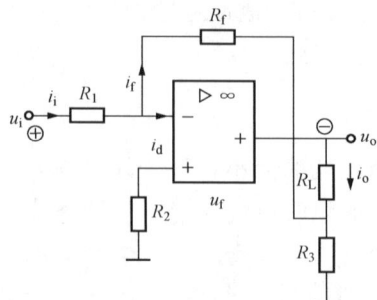

图 5 - 11　电流并联负反馈电路

2. 反馈类型的判断

由反馈的基本概念可知，反馈有正、负反馈之分，串联反馈与并联反馈之分，电压反馈与电流反馈之分。因此在分析引入反馈的电路时，往往根据反馈的概念归纳出的一些常用方法判断反馈的类型。

（1）正、负反馈的判断。正、负反馈的判断通常采用瞬时极性法。此种方法是假定输入电压 u_i 增加而使净输入信号增加时，分析输出电压 u_o 的变化（若输入信号自反相端输入，输出与输入瞬时极性相反；若输入信号自同相端输入，输出与输入瞬时极性相同），比较反馈信号和输入信号的关系，找出它对净输入信号的影响。若反馈信号使净输入信号减小，为负反馈；若反馈信号使净输入信号增加，为正反馈。在图 5-8 所示的电路中，设输入端瞬时极性为"＋"，则输出端瞬时极性为"＋"，经 R_f 传递到反相输入端的反馈信号 u_f 瞬时极性也为"＋"，从图中很容易得到净输入信号 $u_d = u_i - u_f$，又因为 u_i 与 u_f 瞬时极性相同，反馈信号使净输入信号减小，所以为负反馈。根据瞬时极性法很容易得出，对于由单个集成运放组成的本级反馈电路，若反馈电路接到反相输入端，为负反馈；若反馈电路接到同相输入端，则为正反馈。

（2）串联反馈和并联反馈的判断。串、并联反馈的判断通常看反馈电路与输入端的连接形式。若反馈信号与净输入信号串联（反馈信号以电压的形式出现），则为串联反馈，图 5-8 所示电路为串联反馈；若反馈信号与净输入信号并联（反馈信号以电流的形式出现），则为并联反馈，如图 5-9 所示电路为并联反馈。串联反馈中，反馈信号与输入信号分别接于不同的输入端；并联反馈中，反馈信号与输入信号连接于同一个输入端。

（3）电压反馈和电流反馈的判断。电压、电流反馈的判断通常看反馈电路与输出端的连接形式。若反馈信号正比于输出电压（反馈电路与电压输出端相连接），则为电压反馈；另外一种简便的方法是，根据反馈电压的定义——反馈电压与输出电压成正比，设想将放大电路的输出端对地短路，即设 $u_o = 0$，如果此时反馈信号也变为 0，即反馈信号不存在了，则是电压反馈。图 5-8 所示电路为电压反馈。若反馈信号正比于输出电流（反馈电路不与电压输出端相连接），则为电流反馈；另外一种简便的方法是，将负载 R_L 开路，致使 i_o 为 0，从而使 i_f 也为 0（是指由 i_o 反馈所产生的那一部分），即反馈信号消失了，从而确定为电流反馈。图 5-10 所示电路为电流反馈。

［例 5-1］ 判断图 5-12 所示电路中 R_f 所形成的反馈的类型。

解　（1）首先根据输入、输出的极性关系，标出各输入输出端的瞬时极性，如图 5-12 所示。利用瞬时极性法，可知 R_f 引入的反馈为负反馈。

（2）因为输入信号与反馈信号连接于不同的输入端，反馈信号以电压的形式出现，与输入电压比较，所以为串联负反馈。

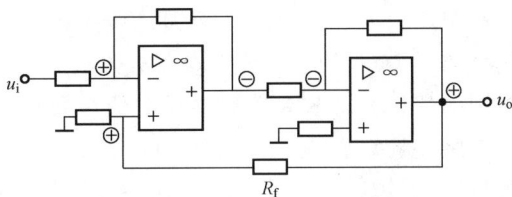

图 5-12　［例 5-1］的电路图

（3）由于反馈电路连接于输出电压端，反馈信号正比于输出电压，因此为电压负反馈。

综上所述，R_f 引入的反馈为电压串联负反馈。

［例 5-2］ 判断图 5-13 所示电路中 R_f 所形成的反馈的类型。

解　（1）首先根据输入、输出的极性关系，标出各输入输出端的瞬时极性，如图 5-13

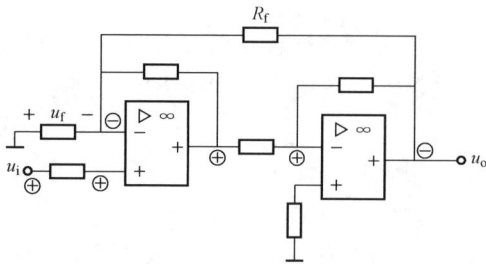

图 5-13　[例 5-2] 的电路图

所示。利用瞬时极性法，可知 R_f 引入的反馈为正反馈。

（2）输入信号与反馈信号连接于不同的输入端，为串联反馈。

（3）反馈信号正比于输出电压，为电压反馈。

所以，R_f 引入的反馈为电压串联正反馈。

5.2.3　负反馈对放大电路性能的影响

在放大电路中引入负反馈可以改善放大电路的工作性能。负反馈对放大器性能的改善是以降低电压放大倍数为代价换来的，但放大倍数的下降容易弥补。

1. 降低放大倍数

由图 5-7 所示的反馈放大电路的框图和式（5-6）容易得出，引入负反馈后，其闭环电压放大倍数为

$$A_f = \frac{x_o}{x_i} = \frac{x_o}{x_d + x_f} = \frac{\dfrac{x_o}{x_d}}{\dfrac{x_d}{x_d} + \dfrac{x_f}{x_d}} = \frac{A}{1 + AF} \tag{5-13}$$

通常，将 $1+AF$ 称为反馈深度，其值越大，反馈作用越强。因为在负反馈放大电路中，$|1+AF| > 1$，所以引入负反馈后放大倍数降低。反馈越深，放大倍数下降越大。

2. 提高放大倍数的稳定性

晶体管和电路其他元件参数的变化以及环境温度的影响等因素，都会引起放大倍数的变化，而放大电路的不稳定会影响放大电路的准确性和可靠性。放大倍数的稳定性通常用它的相对变化率来表示。无反馈时放大倍数的变化率为 $\dfrac{\mathrm{d}A}{A}$，有反馈时的变化率为 $\dfrac{\mathrm{d}A_f}{A_f}$，由式（5-13）可得

$$\frac{\mathrm{d}A_f}{\mathrm{d}A} = \frac{\mathrm{d}\dfrac{A}{1+AF}}{\mathrm{d}A} = \frac{1}{1+AF} - \frac{AF}{(1+AF)^2} = \frac{1}{(1+AF)^2} = \frac{A_f}{A} \cdot \frac{1}{1+AF}$$

因此
$$\frac{\mathrm{d}A_f}{A_f} = \frac{1}{1+AF} \cdot \frac{\mathrm{d}A}{A} \tag{5-14}$$

上式表明，引入负反馈后，放大倍数的相对变化率是未引入负反馈时的开环放大倍数的相对变化率的 $1/(1+AF)$。虽然放大倍数从 A 减小到 A_f，降低了（$1+AF$）倍，但当外界因素有相同的变化时，放大倍数的相对变化 $\mathrm{d}A_f/A_f$ 却只有无反馈时的 $1/(1+AF)$，可见负反馈放大电路的稳定性提高了。例如，当 $1+AF=100$ 时，若 A 变化了 $\pm10\%$，则 A_f 只变化 $\pm0.1\%$。反馈越深，放大倍数越稳定。当 $|1+AF| \gg 1$ 时，闭环放大倍数

$$A_f = \frac{1}{F} \tag{5-15}$$

式（5-15）说明，在深度负反馈的情况下，闭环放大倍数仅与反馈电路的参数有关，基本上不受开环放大倍数的影响，这时，放大电路的工作非常稳定。如果电路的组成不合理，反馈过深，那么在输入量为零时，输出却产生了一定频率（此频率在低频段或高频段）和一定幅值的信号，称电路产生了自激振荡。此时，电路不能正常工作，不具有稳定性。

[**例 5 - 3**]　有一负反馈放大电路，$A = 1000$，$F = 0.009$，如果由于器件参数和环境温度的影响，而使其放大倍数减小了 20%，试求变化前后的 A_f 值及其相对变化。

解　放大电路原来的放大倍数

$$A_1 = 1000$$

$$A_\mathrm{f1} = \frac{A_1}{1 + A_1 F} = \frac{1000}{1 + 1000 \times 0.009} = 100$$

外界因素发生变化后的放大倍数

$$A_2 = 1000 \times (1 - 20\%) = 800$$

$$A_\mathrm{f2} = \frac{A_2}{1 + A_2 F} = \frac{800}{1 + 800 \times 0.009} = 97.6$$

A_f 的相对变化

$$\frac{\Delta A_\mathrm{f}}{A_\mathrm{f1}} = \frac{97.6 - 100}{100} = -2.4\%$$

或

$$\frac{\mathrm{d}A_\mathrm{f}}{A_\mathrm{f1}} = \frac{1}{1 + A_2 F} \frac{\mathrm{d}A}{A_1} = \frac{1}{1 + 800 \times 0.009} \times (-20\%) = -2.4\%$$

可见在 A 减小 20% 的情况下，A_f 只减小了 2.4%。

3. 减小非线性失真

一个理想的线性放大电路，其输出波形与输入波形完全呈线性关系。可是由于半导体器件的非线性，当信号的幅度比较大时，就很难使输出信号波形与输入信号波形保持线性关系，而使得输出信号会产生非线性失真，输入信号幅度越大，非线性失真越严重。当引入负反馈后，非线性失真将会得到明显改变。图 5 - 14 定性说明了负反馈改善波形失真的情况。设输入信号 u_i 为正弦波，无反馈时，输出波形产生失真，正半周大而负半周小，如图 5 - 14（a）所示。引入负反馈后，由于反馈电路由电阻组成，反馈系数 F 为常数，故反馈信号 u_f 是和输出信号 u_o 一样的失真波形，u_f 与输入信号相减后使净输入信号 u_i' 波形变成正半周小而负半周大的失真波形，从而使输出信号的正、负半周趋于对称，改善了波形失真，如图 5 - 14（b）所示。从本质上说，负反馈是利用失真了的波形来改善波形的失真，因此，只能减小失真，不能完全消除失真。

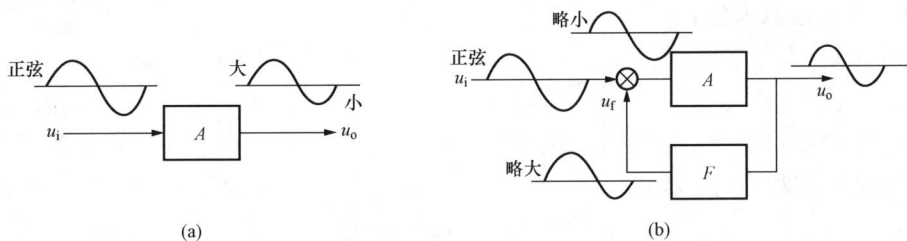

图 5 - 14　非线性失真的改善
（a）无反馈时；（b）有反馈时

4. 扩展通频带

频率响应是放大电路的重要特征之一，而频带宽度是放大电路的技术指标，某些放大电路要求有较宽的通频带。开环放大器的通频带是有限的，引入负反馈是展宽通频带的有效措施之一。可以证明，负反馈使通频带扩展了 $1 + AF$ 倍。

5. 对输入输出电阻的影响

引入负反馈后，由于反馈元件跨接在放大电路的输入回路和输出回路之间，故放大电路的输入、输出电阻也将受到一定的影响。反馈类型不同，对输入、输出电阻的影响亦不同。

放大器引入负反馈后，对输入电阻的影响取决于反馈电路与输入端的连接方式：串联负反馈使输入电阻增加，并联负反馈使输入电阻减小。

放大器引入负反馈后，对输出电阻的影响取决于反馈电路与输出端的连接方式：电压负反馈具有稳定输出电压的功能，当输入一定时，电压负反馈使输出电压趋于恒定，故使输出电阻减小；电流负反馈具有稳定输出电流的功能，当输入一定时，电流负反馈使输出电流趋于恒定，故使输出电阻增大。

【思考与练习】

1. 负反馈有几种类型？是如何分类的？怎样判别？

2. 为了分别实现：①稳定输出电压；②稳定输出电流；③提高输入电阻；④降低输出电阻。各应引入哪种类型的反馈？

3. 加有负反馈的放大器，已知开环放大倍数 $A=10^4$，反馈系数 $F=0.01$，如果输出电压 $u_o=3V$，试求它的输入电压 u_i，反馈电压 u_f 和净输入电压 u_d。

4. 加有负反馈的放大电路，已知开环放大倍数 $A=100$，反馈系数 $F=0.1$，如果开环放大倍数发生 20% 的变化，则闭环放大倍数的相对变化为多少？

5.3　运算放大器的线性应用

集成运放作为一种通用性很强的放大器件，在模拟电子技术的各个领域获得了广泛的应用。就集成运放的工作状态来说，可分为线性应用和非线性应用两大类。本节主要讨论集成运放的线性应用。

由于集成运放开环电压放大倍数很大，要使输出信号工作在线性范围内必须在输出端与反相输入端之间接入电路元件构成深度负反馈电路，使得输出、输入之间的函数关系仅仅由反馈网络决定。此时由于运放工作在线性区，可利用"虚短"、"虚断"概念分析运放，这是分析运放线性应用的关键。

5.3.1　基本运算电路

1. 比例运算电路

（1）反相比例运算电路。图 5-15 是反相比例运算电路。输入信号 u_i 经电阻 R_1 引到运算放大器的反相输入端，而同相输入端经电阻 R_2 接地。反馈电阻 R_f 跨接于输出端和反相输入端之间，形成深度电压并联负反馈。根据运算放大器工作在线性区时的两个分析依据式（5-2）和式（5-3）可知

$$i_+ = i_- \approx 0, u_+ = u_- \approx 0$$

反相输入端为"虚地"端。从图 5-15 可得

$$i_1 = \frac{u_i}{R_1} = i_f$$

$$u_o = -R_f i_f = -R_f \frac{u_i}{R_1}$$

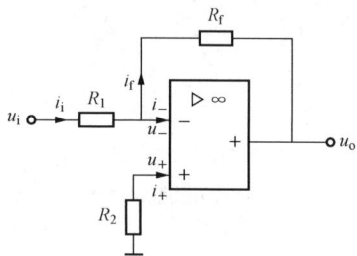

图 5-15　反相比例运算电路　　　所以

$$u_o = -\frac{R_f}{R_1} u_i \qquad (5-16)$$

式（5-16）表明，输出电压与输入电压是比例运算关系，或者说是反相比例放大的关系。其比例系数也称为闭环放大倍数，即

$$A_f = \frac{u_o}{u_i} = -\frac{R_f}{R_1} \qquad (5-17)$$

式（5-17）表明输出电压 u_o 与输入电压 u_i 极性相反，其比值由 R_f 和 R_1 决定，与集成运放本身参数无关。适当选配电阻，可使 A_f 精度提高，且其大小可以方便地调节。

当 $R_f = R_1$ 时，$u_o = -u_i$，该电路称为反相器。

图 5-15 中的电阻 R_2 称为平衡电阻，其作用是保持运放输入级电路的对称性，其阻值等于反相输入端对地的等效电阻，即

$$R_2 = R_1 /\!/ R_f \qquad (5-18)$$

[**例 5-4**]　在图 5-15 中，设 $R_1 = 10\text{k}\Omega$，$R_f = 50\text{k}\Omega$，求 A_f；如果 $u_i = -1\text{V}$，则 u_o 为多大？

解
$$A_f = -\frac{R_f}{R_1} = \frac{-50}{10} = -5$$
$$u_o = A_f \times u_i = (-5) \times (-1) = 5\text{V}$$

（2）同相比例运算电路。图 5-16 是同相比例运算电路。输入信号 u_i 经电阻 R_2 引到运算放大器的同相输入端，反相输入端经电阻 R_1 接地。反馈电阻 R_f 跨接于输出端和反相输入端之间，形成电压串联负反馈。

根据式（5-2）和式（5-3）可得

$$i_+ = i_- \approx 0, u_+ = u_- \approx u_i$$

从图 5-16 可得

$$i_1 = \frac{0 - u_i}{R_1} = i_f$$

$$i_f = \frac{u_i - u_o}{R_f}$$

所以
$$u_o = \left(1 + \frac{R_f}{R_1}\right) u_i \qquad (5-19)$$

可见，u_o 与 u_i 也是成正比的。其同相比例系数也即电压放大倍数

$$A_f = \frac{u_o}{u_i} = 1 + \frac{R_f}{R_1} \qquad (5-20)$$

式（5-20）表明输出电压 u_o 与输入电压 u_i 同相位，其比值取决于电阻 R_f 和 R_1。平衡电阻 R_2 仍符合式（5-18）。

当 $R_f = 0$ 或 $R_1 = \infty$ 时，电路如图 5-17 所示，$u_o = u_i$，$A_f = 1$。这就是电压跟随器。

当同相比例运算电路以图 5-18 所示的形式输入时，由于 $i_+ = 0$，所以 R_2 与 R_3 串联，u_i 被 R_2 和 R_3 分压后，同相端的实际输入电压为

$$u_+ = u_- = u_i \frac{R_3}{R_2 + R_3}$$

则
$$u_o = \left(1 + \frac{R_f}{R_1}\right) \frac{R_3}{R_2 + R_3} u_i \qquad (5-21)$$

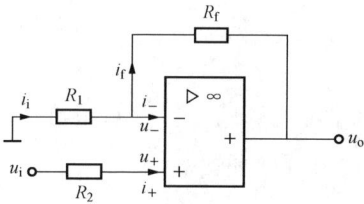

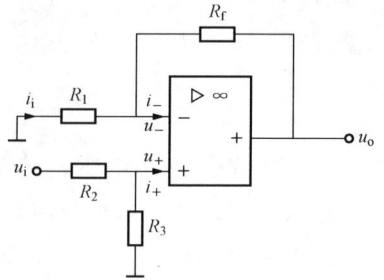

图 5-16 同相比例运算电路   图 5-17 电压跟随器   图 5-18 同相比例运算电路

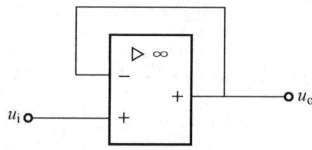

2. 加法运算电路

（1）反相加法运算电路。图 5-19 所示为一个具有 3 个输入信号的加法运算电路。

由于电路中 $u_+ = u_- = 0$，反相输入端为虚地端，u_{i1} 单独作用时，有

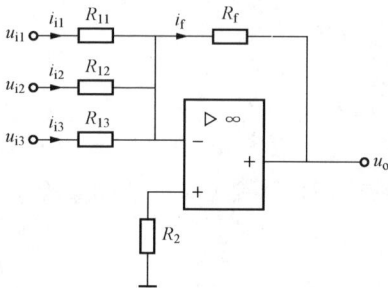

u_{i2} 单独作用时，有

u_{i3} 单独作用时，有

$$u_{o1} = -\frac{R_f}{R_{11}}u_{i1}$$

$$u_{o2} = -\frac{R_f}{R_{12}}u_{i2}$$

$$u_{o3} = -\frac{R_f}{R_{13}}u_{i3}$$

图 5-19 反相加法运算电路   当 u_{i1}，u_{i2}，u_{i3} 共同作用时，利用叠加原理，可得

$$u_o = -\left(\frac{R_f}{R_{11}}u_{i1} + \frac{R_f}{R_{12}}u_{i2} + \frac{R_f}{R_{13}}u_{i3}\right) \tag{5-22}$$

式（5-22）表示输出电压等于各输入电压按不同比例相加。

当 $R_{11} = R_{12} = R_{13} = R$ 时

$$u_o = -\frac{R_f}{R}(u_{i1} + u_{i2} + u_{i3}) \tag{5-23}$$

即输出电压与各输入电压之和成比例，实现"和放大"。

当 $R_{11} = R_{12} = R_{13} = R_f$ 时

$$u_o = -(u_{i1} + u_{i2} + u_{i3})$$

即输出电压等于各输入电压之和，实现反相加法运算。

在图 5-19 中平衡电阻 $R_2 = R_{11}//R_{12}//R_{13}//R_f$。

[例 5-5] 已知反相加法运算放大器的运算关系为

$$u_o = -(4u_{i1} + 2u_{i2} + 0.5u_{i3})$$

并已知 $R_f = 100\text{k}\Omega$，试选择各输入电路的电阻和平衡电阻 R_2 的阻值。

解 由式（5-22）可得

$$R_{11} = \frac{R_f}{4} = \frac{100}{4} = 25\text{k}\Omega$$

$$R_{12} = \frac{R_f}{2} = \frac{100}{2} = 50\text{k}\Omega$$

$$R_{13} = \frac{R_f}{0.5} = \frac{100}{0.5} = 200(\text{k}\Omega)$$

$$R_2 = R_{11} \mathbin{/\mkern-5mu/} R_{12} \mathbin{/\mkern-5mu/} R_{13} \mathbin{/\mkern-5mu/} R_f \approx 13.3\text{k}\Omega$$

[例 5 - 6]　在图 5 - 20 所示电路中，已知 $u_{i1}=1\text{V}$，$u_{i2}=0.5\text{V}$，求输出电压 u_o。

解　第一级为反相输入的加法运算电路，其输出电压为

$$u_{o1} = -\frac{100}{50}(u_{i1} + u_{i2}) = -2(u_{i1} + u_{i2})$$

第二级为反相器，其输入为第一级的输出。故输出电压为

$$u_o = -u_{o1} = 2(u_{i1} + u_{i2}) = 3\text{V}$$

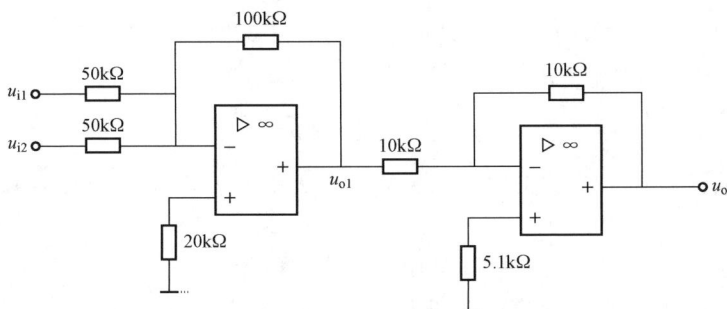

图 5 - 20　[例 5 - 6] 的电路图

（2）同相加法运算电路。图 5 - 21 是同相加法运算电路。它是在图 5 - 16 的基础上增加若干个输入端，可以对多个输入信号实现代数相加运算。

为了平衡要求

$$R_{21} \mathbin{/\mkern-5mu/} R_{22} \mathbin{/\mkern-5mu/} R_{23} = R_1 \mathbin{/\mkern-5mu/} R_f \tag{5 - 24}$$

根据图 5 - 21 应用叠加原理可以得到

$$u_o = \left(1 + \frac{R_f}{R_1}\right)(K_1 u_{i1} + K_2 u_{i2} + K_3 u_{i3}) \tag{5 - 25}$$

式中

$$K_1 = \frac{R_{22} \mathbin{/\mkern-5mu/} R_{23}}{R_{21} + (R_{22} \mathbin{/\mkern-5mu/} R_{23})}$$

$$K_2 = \frac{R_{21} \mathbin{/\mkern-5mu/} R_{23}}{R_{22} + (R_{21} \mathbin{/\mkern-5mu/} R_{23})}$$

$$K_3 = \frac{R_{21} \mathbin{/\mkern-5mu/} R_{22}}{R_{23} + (R_{21} \mathbin{/\mkern-5mu/} R_{22})}$$

在实际应用的电路中，有时需要采用同相加法运算电路，但由于运算关系和平衡电阻的选取比较复杂，并且同相输入时集成运放的两输入端承受共模电压，它不允许超过集成运放的最大共模输入电压，因此，一般较少使用同相输入的加法电路。若需要进行同相加法运算，只需在反相加法电路后再加一级反相器即可。

3. 差动运算电路

在基本运算电路中，如果两个输入端都有信号输入，

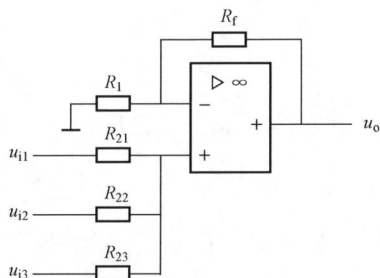

图 5 - 21　同相加法运算电路

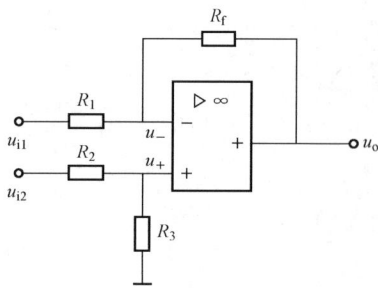

图 5-22 差动运算电路

则为差动输入，电路实现差动运算。差动运算被广泛地应用在测量和控制系统中。其运算电路如图 5-22 所示。根据叠加原理，u_{i1} 单独作用时，有

$$u'_o = -\frac{R_f}{R_1}u_{i1}$$

u_{i2} 单独作用时，有

$$u''_o = \left(1 + \frac{R_f}{R_1}\right)\frac{R_3}{R_2 + R_3}u_{i2}$$

u_{i1}，u_{i2} 共同作用时，有

$$u_o = u'_o + u''_o = \left(1 + \frac{R_f}{R_1}\right)\frac{R_3}{R_2 + R_3}u_{i2} - \frac{R_f}{R_1}u_{i1} \qquad (5-26)$$

若取 $R_1 = R_2$，$R_3 = R_f$，则

$$u_o = \frac{R_f}{R_1}(u_{i2} - u_{i1}) \qquad (5-27)$$

输出电压与输入电压之差成正比，称为差动放大电路。若取 $R_1 = R_2 = R_3 = R_f$，则

$$u_o = (u_{i2} - u_{i1}) \qquad (5-28)$$

此时电路就是减法运算电路，故该电路可作为减法器使用。

[**例 5-7**] 一个测量系统的输出电压和输入电压的关系为 $u_o = 5(u_{i2} - u_{i1})$。试画出能实现此运算的电路，设 $R_f = 100\text{k}\Omega$。

解 由输入输出的关系式可知，该电路应为差动运算电路。电路如图 5-22 所示，其中

$$R_3 = R_f = 100\text{k}\Omega, R_1 = R_2 = \frac{R_f}{5} = 20\text{k}\Omega$$

4. 积分运算电路

(1) 积分运算电路。若将反相比例运算电路中的反馈元件 R_f 用电容 C_f 替代，就可以实现积分运算。积分运算电路如图 5-23 (a) 所示。其中，平衡电阻 $R_2 = R_1$。

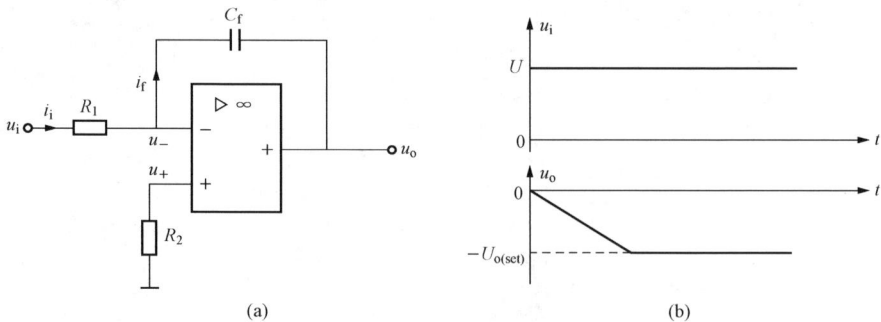

(a)

(b)

图 5-23 积分运算电路

(a) 运算电路；(b) 波形图

由于 $u_+ = u_- = 0$，反相输入端为虚地端，所以

$$i_1 = i_f = \frac{u_i}{R_1} = i_c$$

则

$$u_o = -u_c = -\frac{1}{C_f}\int i_f \mathrm{d}t = -\frac{1}{R_1 C_f}\int u_i \mathrm{d}t \qquad (5-29)$$

式（5-29）说明，u_o 与 u_i 的积分成比例，式中的负号表示两者反相。R_1C_f 称为积分时间常数。

若输入电压为直流，即 $u_i=U$，且在 $t=0$ 时加入，则

$$u_o = -\frac{1}{R_1C_f}\int U\mathrm{d}t = -\frac{U}{R_1C_f}t \tag{5-30}$$

由于此时电容器恒流充电（充电电流为 $i_1=i_f=\dfrac{u_i}{R_1}$），所以输出电压随时间线性变化，经过一定时间，当输出电压达到运放的最大输出电压时，运算放大器进入饱和状态，输出保持在饱和值上。波形图如图 5-23（b）所示。

（2）比例积分运算电路。积分电路除用于信号运算外，在控制和测量系统中也得到了广泛的应用。将比例运算和积分运算结合在一起，就构成了比例积分运算电路，如图 5-24（a）所示。

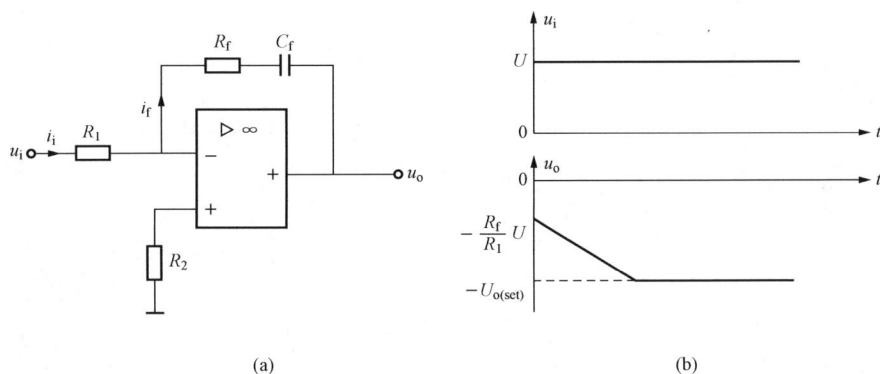

图 5-24　比例积分运算电路
(a) 运算电路；(b) 波形图

电路的输出电压为

$$u_o = -(i_fR_f+u_c) = -\left(i_fR_f+\frac{1}{C_f}\int i_f\mathrm{d}t\right)$$

因为

$$i_1=i_f=i_c=\frac{u_i}{R_1}$$

所以

$$u_o = -\left(\frac{R_f}{R_1}u_i+\frac{1}{R_1C_f}\int u_i\mathrm{d}t\right) \tag{5-31}$$

当输入电压为直流，即 $u_i=U$，且在 $t=0$ 时加入，则输出电压为

$$u_o = -\left(\frac{R_f}{R_1}U+\frac{U}{R_1C_f}t\right) \tag{5-32}$$

输入输出波形如图 5-24（b）所示。

比例积分电路又称为比例—积分调节器（PI 调节器），广泛地应用于自动控制系统中。

（3）求和积分运算电路。若将加法运算和积分运算相结合，就构成了求和积分运算电路，电路如图 5-25 所示。电路的输出电压为

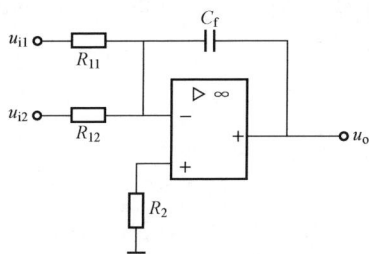

图 5-25　求和积分运算电路

$$u_o = -\left(\frac{1}{R_{11}C_f}\int u_{i1}\mathrm{d}t+\frac{1}{R_{12}C_f}\int u_{i2}\mathrm{d}t\right)$$

当 $R_{11} = R_{12} = R$ 时，为

$$u_{\text{o}} = -\frac{1}{RC_{\text{f}}}\int (u_{\text{i}1} + u_{\text{i}2})\,\text{d}t \tag{5-33}$$

[**例 5 - 8**]　根据 $u_{\text{o}} = -5\int u_{\text{i}}\,\text{d}t$ 确定积分运算电路中的 C_{f}、R_1 和 R_2。

解　设 $C_{\text{f}} = 1\mu\text{F}$，由 $\dfrac{1}{R_1 C_{\text{f}}} = 5$

得出

$$R_1 = \frac{1}{5C_{\text{f}}} = \frac{1}{5 \times 10^{-6}} = 200\text{k}\Omega$$

$$R_1 = R_2 = 200\text{k}\Omega$$

5. 微分运算电路

微分是积分的逆运算，只需将反相输入端的电阻和反馈电容调换位置，就可得到微分电路，如图 5 - 26 (a) 所示。

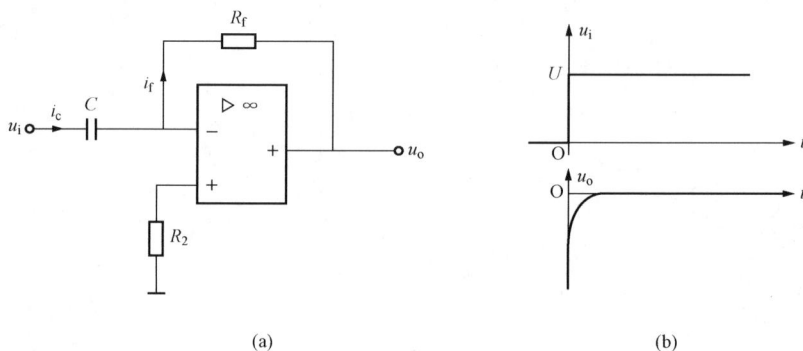

图 5 - 26　微分运算电路

(a) 运算电路；(b) 波形图

由图可得

$$u_{\text{o}} = -i_{\text{f}} R_{\text{f}}$$

因为

$$i_{\text{c}} = i_{\text{f}} = C\frac{\text{d}u_{\text{c}}}{\text{d}t} = C\frac{\text{d}u_{\text{i}}}{\text{d}t}$$

故

$$u_{\text{o}} = -R_{\text{f}}C\frac{\text{d}u_{\text{i}}}{\text{d}t} \tag{5-34}$$

即输出电压是输入电压的微分。当输入电压为阶跃电压时，输出电压为尖脉冲，如图 5 - 26 (b) 所示。

6. 对数反对数运算电路和对数乘法器

(1) 对数运算电路。图 5 - 27 是把晶体管放在反馈网络中构成的对数运算电路。根据电路中的连接方式，把晶体管的发射结作为二极管使用，其集电极和基极电位接近相等（为"地"电位）。在 $u \gg U_T$ 情况下二极管的伏安特性方程式为

$$i_{\text{s}} = I_{\text{s}}(\text{e}^{\frac{U}{U_T}} - 1) \approx I_{\text{s}}\text{e}^{\frac{U}{U_T}}$$

根据上式，图 5 - 27 中的晶体管集电极电流 i_{c} 有如下关系

$$i_{\text{c}} \approx I_{\text{s}}\text{e}^{\frac{-u_{\text{o}}}{U_T}}$$

而输入电流

$$i_1 = \frac{u_i}{R_1} = i_c$$

则

$$\frac{u_i}{R_1} = I_s e^{\frac{-u_o}{U_T}}$$

将上式整理后，取自然对数可得

$$u_o = -U_T \ln \frac{u_i}{R_1 I_s} \tag{5-35}$$

式中，U_T 是温度电压当量，室温为 27℃时，U_T 为 26mV；I_s 为发射结反向饱和电流。

式 (5-35) 表明，输出电压与输入电压的对数成比例。应注意，只有当 $u_i > 0$ 时，图 5-27 的电路才能正常工作。

(2) 反对数运算电路。将图 5-27 中的晶体管接在反相输入端，并接入反馈电阻 R_f，这样就构成反对数运算电路，如图 5-28 所示。

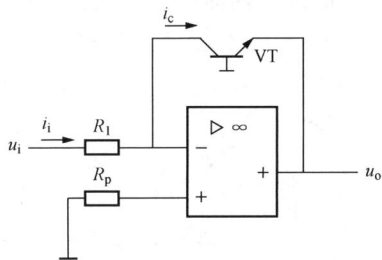

图 5-27　对数运算电路　　　　　　　图 5-28　反对数运算电路

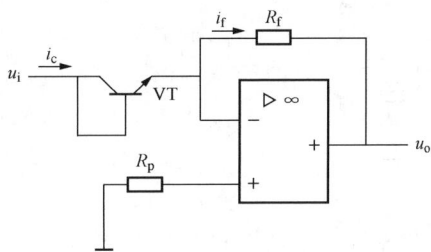

由图可列出下列各式

$$i_c = I_s e^{\frac{U_i}{U_T}} = i_f$$

$$i_f = \frac{-u_o}{R_f}$$

则

$$u_o = -i_f R_f = -I_s R_f e^{\frac{U_i}{U_T}} \tag{5-36}$$

上式表明，输出电压与输入电压成指数关系，也就是反对数关系。

由于晶体管的 U_T 和 I_s 都是温度的函数，即管子的温度特性差，所以在实际应用电路中，需要加温度补偿器，以提高运算精度。

对数和反对数运算电路与加法、减法运算电路等相结合，可以实现乘、除、乘方、开方等运算功能。

(3) 对数乘法器。根据两数相乘的对数，等于其对数相加的原理，可利用对数、加法和反对数运算电路来实现乘法运算。其组成原理如图 5-29 所示。从图中原理可得输出与输入的关系为

$$u_o = k u_x u_y \tag{5-37}$$

如果 A3 改用减法运算电路时，则可组成除法关系

$$u_o = k \frac{u_x}{u_y} \tag{5-38}$$

5.3.2　模拟计算

在生产实践和科学实验中，经常以代数方程或微分方程来描述物理系统的性能。为了准确

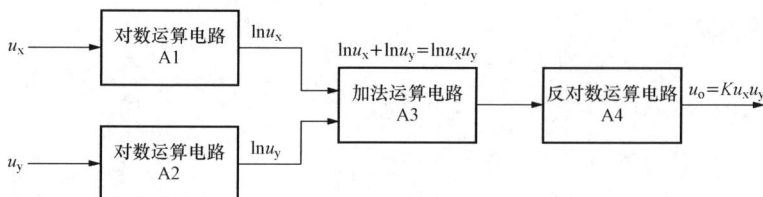

图 5 - 29 对数乘法原理框图

快速地求解这些方程，常用电学量模拟其他物理量，利用电子模拟计算机进行求解。电子模拟

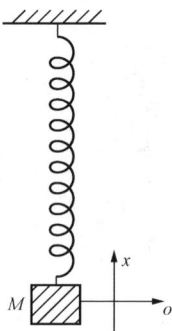

图 5 - 30 阻尼
振动系统

计算机中最基本的部件是运算放大器。在求解某一方程时，首先根据题设组成电子模拟结构图，并写出模拟方程。然后确定各运算部件的参数，从而构成一个专用的电子模拟计算机。解题时，将确定好的初始信号加入，启动模拟计算机，就可得到解答，解答可用示波器显示或记录仪记录下来。

以阻尼振动系统为例来说明，图 5 - 30 是阻尼振动系统简图。弹簧一端固定，而另一端接一重块 M，将 M 向下拉 1cm 后释放，重块上下移动，位移量的变化规律遵循阻尼振动方程，即

$$m\frac{\mathrm{d}^2x}{\mathrm{d}t^2} + \mu\frac{\mathrm{d}x}{\mathrm{d}t} + kx = 0 \qquad (5-39)$$

式中：x 为位移量；m 为重块的质量；μ 为阻尼系数；k 为弹簧的弹性系数。

由式（5 - 39）得

$$\frac{\mathrm{d}^2x}{\mathrm{d}t} + \frac{\mu}{m}\frac{\mathrm{d}x}{\mathrm{d}t} + \frac{k}{m}x = 0$$

在 $\mu/m = 0.2 = 1/5$，$k/m = 1$ 的情况下，有

$$\frac{\mathrm{d}^2x}{\mathrm{d}t^2} + \frac{1}{5} \times \frac{\mathrm{d}x}{\mathrm{d}t} + x = 0 \qquad (5-40)$$

初始条件为 $x(0) = 1\mathrm{cm}$，$\left.\dfrac{\mathrm{d}x}{\mathrm{d}t}\right|_{t=0} = 0$。

如果以电压 u_o 模拟位移量，上式可化为

$$\frac{\mathrm{d}^2u_o}{\mathrm{d}t^2} + \frac{1}{5} \times \frac{\mathrm{d}u_o}{\mathrm{d}t} + u_o = 0$$

则

$$\frac{\mathrm{d}^2u_o}{\mathrm{d}t^2} = -\frac{1}{5} \times \frac{\mathrm{d}u_o}{\mathrm{d}t} - u_o$$

将上式进行两次积分，可得

$$\frac{\mathrm{d}u_o}{\mathrm{d}t} = \int -\left(\frac{1}{5} \times \frac{\mathrm{d}u_o}{\mathrm{d}t} + u_o\right)\mathrm{d}t \qquad (5-41)$$

$$u_o = \int\left[\int -\left(\frac{1}{5} \times \frac{\mathrm{d}u_o}{\mathrm{d}t} + u_o\right)\mathrm{d}t\right]\mathrm{d}t \qquad (5-42)$$

由式（5 - 42）可以看出，第一级可以用一个求和积分运算放大电路 A1 来实现，如图 5 - 31 所示，它有两个输入信号，即 $-\mathrm{d}u_o/\mathrm{d}t$ 和 $-u_o$，而输出为

$$u_{o1} = -\int\left[\frac{1}{R_{12}C_{f1}}\left(-\frac{\mathrm{d}u_o}{\mathrm{d}t}\right) + \frac{1}{R_{11}C_{f1}}(-u_o)\right]\mathrm{d}t \qquad (5-43)$$

为了便于时间定标，电阻 R 的单位取 $M\Omega$；电容 C 的单位取 μF；而 RC 的单位为 s。根据系统给定的参数，取 $C_{f1}=1\mu F$、$R_{11}=1M\Omega$、$R_{12}=5M\Omega$。式（5 - 43）可写成

$$u_{o1}=-\int\left(-\frac{1}{5}\times\frac{\mathrm{d}u_o}{\mathrm{d}t}-u_o\right)\mathrm{d}t=-\frac{\mathrm{d}u_o}{\mathrm{d}t}$$

第二级采用积分运算电路 A2 来实现，其输出电压为

$$u_{o2}=-\frac{1}{R_{21}C_{f2}}\int\left(-\frac{\mathrm{d}u_o}{\mathrm{d}t}\right)\mathrm{d}t$$

当 $R_{21}C_{f2}=1M\Omega\times1\mu F=1s$ 时，则

$$u_{o2}=-\int\left(-\frac{\mathrm{d}u_o}{\mathrm{d}t}\right)\mathrm{d}t=u_o \qquad\qquad (5 - 44)$$

即为所求的解。

但是第一级的两个输入信号要由后级供给。$-(\mathrm{d}u_o/\mathrm{d}t)$ 由 A1 的输出 $-(\mathrm{d}u_o/\mathrm{d}t)$ 提供；而 $-u_o$ 则由 A2 的输出 u_o 经反相器 A3 获得。反相器中，$R_{31}=R_{32}=1k\Omega$。该系统电子模拟结构如图 5 - 31 所示。

根据运算放大器最大输出电压值，电压位移模拟量的比例尺可选 $M_u=10V/cm$；由于电子电路系统和实际系统的时间单位都为秒，所以时间比例尺 $M_t=1$。

在起动电子模拟装置之前，u_o 的初始电压 $u_o(0)=10V$，可用外接直流电源，跨接到第二级积分运算的电容上，使之充电至 10V 来取得。起动时，需将预给直流电源去掉，利用示波器可观测到输出电压 u_o 的波形。按照已定的比例尺 M_u，这个电压波形即可表示位移量的变化波形，如图 5 - 32 所示。

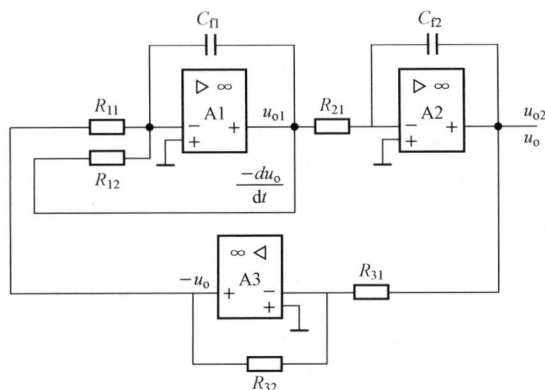

图 5 - 31　电子模拟结构图

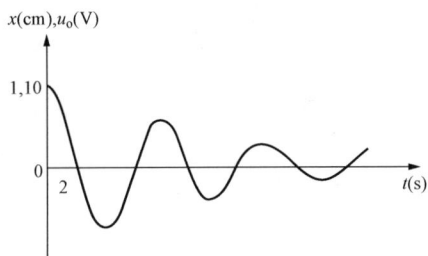

图 5 - 32　微分方程的解答

5.3.3　运算放大器在信号处理方面的应用

在自动控制系统中，经常用运放组成信号处理电路，进行滤波、采样保持及电压、电流的转换等，下面作简单介绍。

1. 有源滤波器

所谓滤波器，就是一种选频电路。它能使一定频率范围内的信号顺利通过，而在此频率范围以外的信号衰减很大。根据所选择频率的范围，滤波器可分为低通、高通、带通、带阻等类型。低通滤波器只允许低频率的信号通过，高通滤波器只允许高频率的信号通过；带通滤波器允许某一频率范围内的信号通过；带阻滤波器只允许某一频率范围之外的信号通过，

而该频率范围内的信号衰减很大。

　　由电阻和电容组成的滤波电路称为无源滤波器。无源滤波器无放大作用，带负载能力差，特性不理想。由有源器件运算放大器与 RC 组成的滤波器称为有源滤波器。与无源滤波器比较，有源滤波器具有体积小、效率高、特性好等一系列优点，因而得到了广泛的应用。

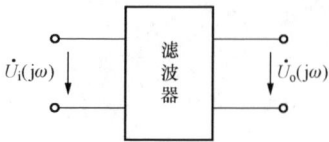

图 5-33　滤波器

　　若滤波器输入为 $\dot{U}_i(j\omega)$，输出为 $\dot{U}_o(j\omega)$，如图 5-33 所示。则输出电压与输入电压之比是频率的函数，即

$$f(j\omega) = \frac{\dot{U}_o(j\omega)}{\dot{U}_i(j\omega)} \tag{5-45}$$

输出电压与输入电压的大小之比称为滤波器的幅频特性，即

$$|f(j\omega)| = \left| \frac{\dot{U}_o(j\omega)}{\dot{U}_i(j\omega)} \right| \tag{5-46}$$

　　根据幅频特性就可以判断滤波器的通频带。图 5-34（a）所示是一个有源低通滤波器电路。

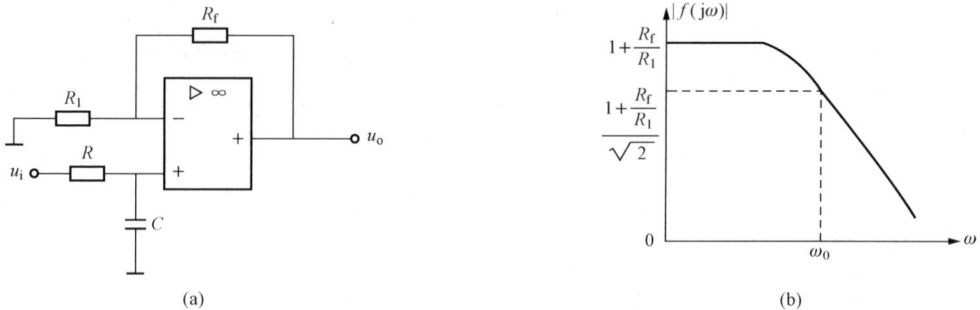

(a)　　　　　　　　　　(b)

图 5-34　有源低通滤波器
(a) 滤波器电路；(b) 幅频特性

因为
$$\dot{U}_+ = \dot{U}_- = \dot{U}_i \frac{\frac{1}{j\omega C}}{R + \frac{1}{j\omega C}} = \dot{U}_i \frac{1}{1+j\omega RC}$$

又根据同相比例运算电路的输入输出关系式，得

$$\dot{U}_o = \left(1 + \frac{R_f}{R_1}\right)\dot{U}_+ = \left(1 + \frac{R_f}{R_1}\right)\frac{1}{1+j\omega RC}\dot{U}_i$$

故
$$\frac{\dot{U}_o}{\dot{U}_i} = \left(1 + \frac{R_f}{R_1}\right)\frac{1}{1+j\omega RC}$$

式中令 $\frac{1}{RC}=\omega_0$，称为截止角频率，则其幅频特性为

$$\frac{U_o}{U_i} = \left(1 + \frac{R_f}{R_1}\right)\frac{1}{\sqrt{1+\left(\frac{\omega}{\omega_0}\right)^2}} \tag{5-47}$$

当 $\omega < \omega_0$ 时，$\dfrac{U_o}{U_i} \approx 1 + \dfrac{R_f}{R_1}$；

当 $\omega = \omega_0$ 时，$\dfrac{U_o}{U_i} = \dfrac{1 + \dfrac{R_f}{R_1}}{\sqrt{2}}$；

当 $\omega > \omega_0$ 时，$\dfrac{U_o}{U_i}$ 随 ω 的增加而下降；

当 $\omega \to \infty$ 时，$\dfrac{U_o}{U_i} = 0$。

有源低通滤波器的幅频特性如图 5 - 34（b）所示。由此可以看出，有源低通滤波器允许低频段的信号通过，阻止高频段的信号通过。

根据滤波器的概念，如何构成有源高通滤波器呢？请读者自行分析。

2. 采样保持电路

在数字电路、计算机及程序控制的数据采集系统中常常用到采样保持电路。采样保持电路的功能是将快速变化的输入信号按控制信号的周期进行"采样"，使输出准确地跟随输入信号的变化，并能在两次采样的间隔时间内保持上一次采样结束的状态。图 5 - 35（a）所示是一种基本的采样保持电路，包括模拟开关 S、存储电容 C 和由运算放大器构成的跟随器。

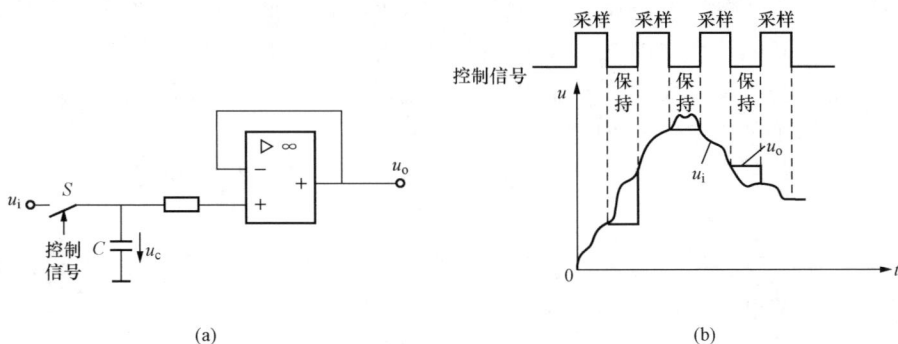

图 5 - 35　采样保持电路
（a）电路图；（b）波形图

采样保持电路的模拟开关 S 的开与合由一控制信号控制。当控制信号为高电平时，开关 S 闭合，电路处于采样状态，这时 u_i 对储存电容 C 充电，$u_o = u_C = u_i$，即输出电压跟随输入电压的变化（运算放大器接成跟随器）；当控制信号为低电平时，开关 S 断开，电路处于保持状态，由于存储电容无放电回路，故在下一次采样之前，$u_o = u_C$，并保持一段时间。输入、输出波形如图 5 - 35（b）所示。

3. 信号变换电路

（1）电压—电压变换器。图 5 - 36 所示电路可以将稳压管稳压电路得到的固定基准电压转换为需要的电压数值。其输出电压为

$$u_o = -\frac{R_f}{R_1} U_Z \qquad (5 - 48)$$

改变反馈电阻 R_f，可以方便地改变输出电压的大小。

（2）电压—电流变换器。在需要产生与电压成比例的电流的场合，可以应用由运算放大器组成的电压—电流变换器。电路如图 5-37 所示。

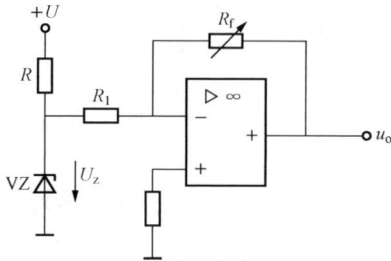

图 5-36　电压—电压变换器

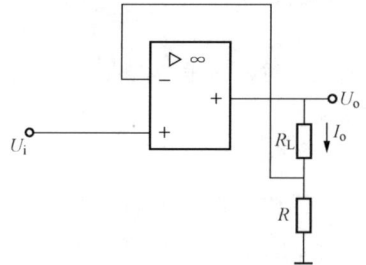

图 5-37　电压—电流变换器

其输出电流为

$$I_o = \frac{U_i}{R} \tag{5-49}$$

输出电流与输出电压成正比，与负载电阻无关。当输入是一固定值时，输出电流恒定不变，也称为恒流源电路。

（3）电流—电压变换器。电流—电压变换器的作用是将输入电流转换为与其成正比的输出电压。例如，将光电管产生的光电流转换为与其成正比的电压的电路，如图 5-38 所示。$-E$ 的作用是使光电二极管工作在反向状态。当有光照时，光电二极管产生光电流 I_L，运算放大器的输出电压正比于 I_L，即

$$U_o = I_L R_f \tag{5-50}$$

光照越强，I_L 越大，U_o 越大。

（4）电流—电流变换器。电流—电流变换器电路如图 5-39 所示。电路输入为电流信号，输出为流过负载电阻的电流 I_o。因为

$$I_f = I_o \frac{R}{R+R_f}$$

$$I_f + I_s = 0$$

所以

$$I_o = -I_s \left(1 + \frac{R_f}{R}\right) \tag{5-51}$$

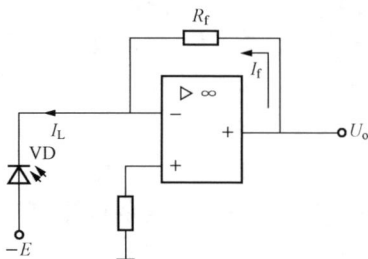

图 5-38　电流—电压变换器

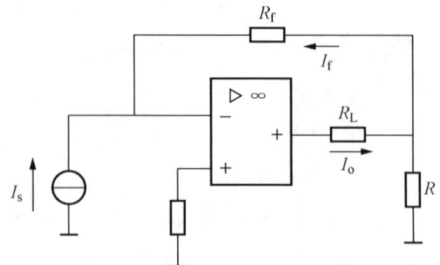

图 5-39　电流—电流变换器

实现了电流—电流变换功能。

【思考与练习】

1. 集成运放怎样才能实现线性应用？

2. 反相比例运算电路和同相比例运算电路各有什么特点（包括比例系数、输入电阻、反馈类型和极性、有无"虚地"等）？

3. 各种基本运算电路的输出与输入关系中，为什么均与运算放大器的开环电压放大倍数 A 无关？

4. 总结本节所有电路的分析方法，其基本依据是什么？

5.4　运算放大器的非线性应用

当运算放大器工作在开环状态或引入正反馈时，由于其放大倍数非常大，所以输出只能存在正、负饱和两个状态。当运算放大器工作在此种状态时，称为运算放大器的非线性应用。

5.4.1　电压比较器

电压比较器的基本功能是对两个输入端的信号进行比较与鉴别，根据输入信号是大于还是小于基准电压来确定其输出状态，以输出端的正、负表示比较的结果。它在测量、通信和波形变换等方面应用广泛。

1. 基本电压比较器

如果在运算放大器的一个输入端加入输入信号 u_i，另一输入端加上固定的基准电压 U_R，就构成了基本电压比较器，如图 5-40（a）所示。此时，$u_- = U_R$，$u_+ = u_i$。

当 $u_i > U_R$ 时，$u_o = +U_{om}$；当 $u_i < U_R$ 时，$u_o = -U_{om}$。

电压比较器的传输特性如图 5-40（b）所示。

若取 $u_- = u_i$，$u_+ = U_R$，则当 $u_i > U_R$ 时，$u_o = -U_{om}$；当 $u_i < U_R$ 时，$u_o = +U_{om}$。

电路图与传输特性如图 5-41 所示。

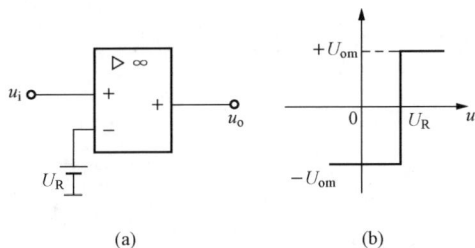

图 5-40　基本电压比较器及传输特性
（a）电路；（b）电压传输特性

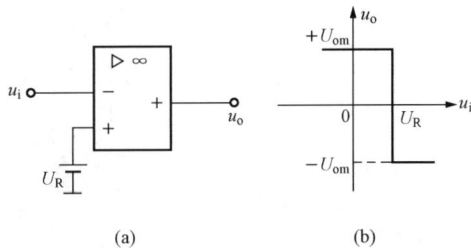

图 5-41　电压比较器
（a）电路；（b）电压传输特性

[例 5-9]　图 5-42 所示为过零比较器（基准电压为零）。试画出其传输特性。当输入为正弦电压时，画出输出电压的波形。

解　过零比较器的传输特性如图 5-43（a）所示，波形如图 5-43（b）所示。由图 5-43 可见，通过过零比较器可以将输入的正弦波转换成矩形波。

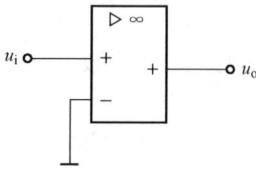

图 5-42　过零比较器

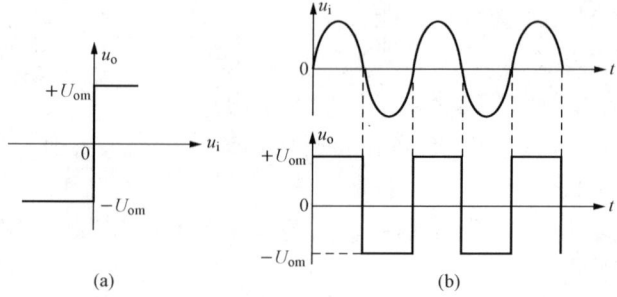

图 5-43　过零比较器的传输特性和波形图
（a）传输特性；（b）波形图

2. 有限幅电路的电压比较器

有时为了与输出端的数字电路的电平配合，常常需要将比较器的输出电压限制在某一特定的数值上，这就需要在比较器的输出端接上限幅电路。限幅电路是利用稳压管的稳压功能，将稳压管稳压电路接在比较器的输出端，如图 5-44（a）所示。图中的稳压管是双向稳压管，其稳定电压为 $\pm U_z$。电路的传输特性如图 5-44（b）所示。电压比较器的输出被限制在 $+U_z$ 和 $-U_z$ 之间。这种输出由双向稳压管限幅的电路称为双向限幅电路。

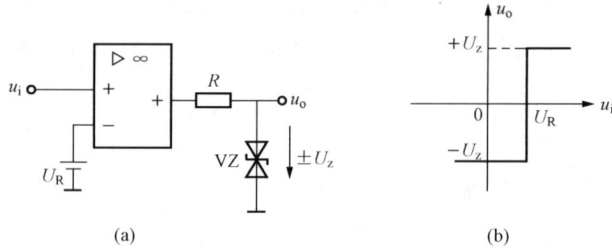

图 5-44　双向限幅电路及其传输特性
（a）电路图；（b）传输特性

如果只需要将输出稳定在 $+U_z$ 上，可采用正向限幅电路。设稳压管的正向导通压降为 0.6V。电路和传输特性如图 5-45 所示。负向限幅电路请读者自行分析。

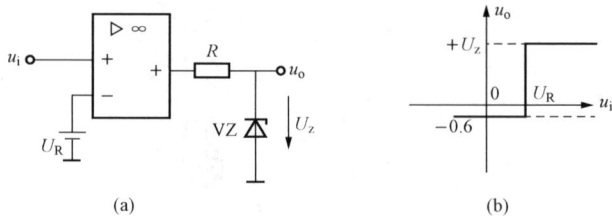

图 5-45　正向限幅电路及其传输特性
（a）电路；（b）传输特性

3. 迟滞电压比较器

输入电压 u_i 加到运算放大器的反相输入端，通过 R_2 引入串联电压正反馈，就构成了迟滞电压比较器。电路如图 5-46（a）所示。其中，U_R 是比较器的基准电压，该基准电压与输出有关。当输出电压为正饱和值时，$u_o = +U_{om}$，则

$$U'_R = U_{om} \frac{R_1}{R_1 + R_2} = U_{+H} \tag{5-52}$$

当输出电压为负饱和值时，$u_o = -U_{om}$，则

$$U''_R = -U_{om} \frac{R_1}{R_1 + R_2} = U_{+L} \qquad (5-53)$$

设某一瞬间，$u_o = +U_{om}$，基准电压为 U_{+H}，输入电压只有增大到 $u_i \geqslant U_{+H}$ 时，输出电压才能由 $+U_{om}$ 跃变到 $-U_{om}$；此时，基准电压为 U_{+L}，若 u_i 持续减小，只有减小到 $u_i \leqslant U_{+L}$ 时，输出电压才会又跃变至 $+U_{om}$。由此得出迟滞比较器的传输特性如图 5-46（b）所示。$U_{+H} - U_{+L}$ 称为回差电压。改变 R_1 和 R_2 的数值，就可以方便地改变 U_{+H}、U_{+L} 和回差电压。

迟滞电压比较器由于引入了正反馈，可以加速输出电压的转换过程，改善输出波形；由于回差电压的存在，提高了电路的抗干扰能力。

当输入电压是正弦波时，输出矩形波如图 5-47 所示。

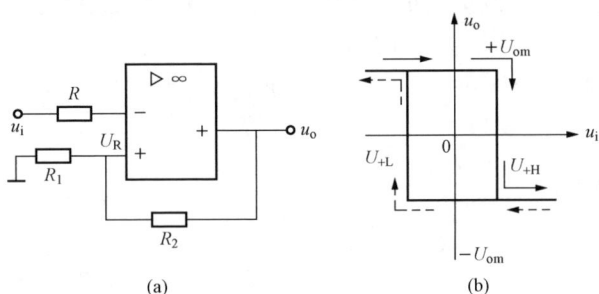

图 5-46　迟滞电压比较器

（a）电路；（b）传输特性

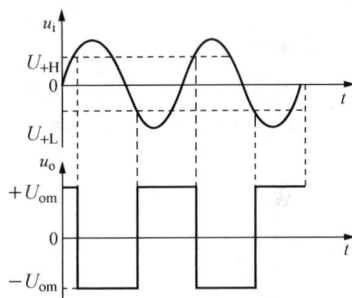

图 5-47　迟滞电压比较器的输出电压波形

5.4.2　信号产生电路

1. 矩形波发生器

矩形波信号又称为方波信号，常用来作为数字电路的信号源。能产生矩形波信号的电路称为矩形波发生器。因为矩形波中含有丰富的谐波成分，所以矩形波发生器也称为多谐振荡器。

图 5-48（a）所示是由运算放大器组成的多谐振荡器。其中，运算放大器与 R_1、R_2、R_3、VZ 组成了双向限幅的迟滞电压比较器，其基准电压是 U_+，与输出有关。当输出为 $+U_Z$ 时，有

$$U_+ = U_Z \frac{R_2}{R_1 + R_2} = U_{+H} \qquad (5-54)$$

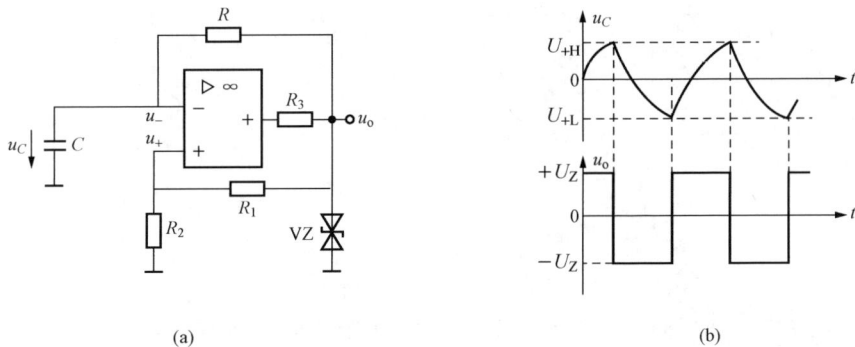

图 5-48　矩形波发生器

（a）电路图；（b）波形图

当输出为 $-U_Z$ 时，有

$$U_+ = -U_Z \frac{R_2}{R_1+R_2} = U_{+L} \tag{5-55}$$

R、C 组成电容充、放电电路，u_C 作为比较器的输入信号 u_-。

当电路接通电源瞬间，电容电压 $u_C=0$，运算放大器的输出处于正饱和值还是负饱和值是随机的。设此时输出处于正饱和值，则 $u_o=+U_Z$。比较器的基准电压为 U_{+H}。u_o 通过 R 给 C 充电，u_C 按指数规律逐渐上升，u_C 上升的速度取决于时间常数 RC。当 $u_C < U_{+H}$ 时，$u_o=+U_Z$ 不变；当 u_C 上升到略大于 U_{+H} 时，运算放大器由正饱和迅速转换为负饱和，输出电压跃变为 $-U_Z$。

当 $u_o=-U_Z$ 时，比较器的基准电压为 U_{+L}。此时 C 经 R 放电，u_C 逐渐下降至 0，进而反向充电，u_C 按指数规律下降，u_C 变化的速度仍取决于时间常数 RC。当 u_C 下降到略小于 U_{+L} 时，运算放大器由负饱和迅速转换为正饱和，输出电压跃变为 $+U_Z$。

如此不断重复，形成振荡，使输出端产生矩形波。u_C 与 u_o 的波形如图 5-48（b）所示。容易推出，输出矩形波的周期是

$$T = 2RC\ln\left(1+\frac{2R_2}{R_1}\right) \tag{5-56}$$

则振动频率为

$$f = \frac{1}{T} = \frac{1}{2RC\ln\left(1+\frac{2R_2}{R_1}\right)} \tag{5-57}$$

式（5-57）表明，矩形波的频率与 RC 和 R_2/R_1 有关，而与输出电压幅度 U_Z 无关，显然，改变 R 或 C 的数值，可调节振荡频率。

2. 三角波发生器

三角波发生器的电路结构形式很多，大都是由比较电路和积分运算电路组成。图 5-49 是一三角波发生器电路，运算放大器 A1 组成迟滞比较器，$u_{o1}=\pm U_Z$；A2 组成积分电路，其输入为 A1 的输出 u_{o1}。

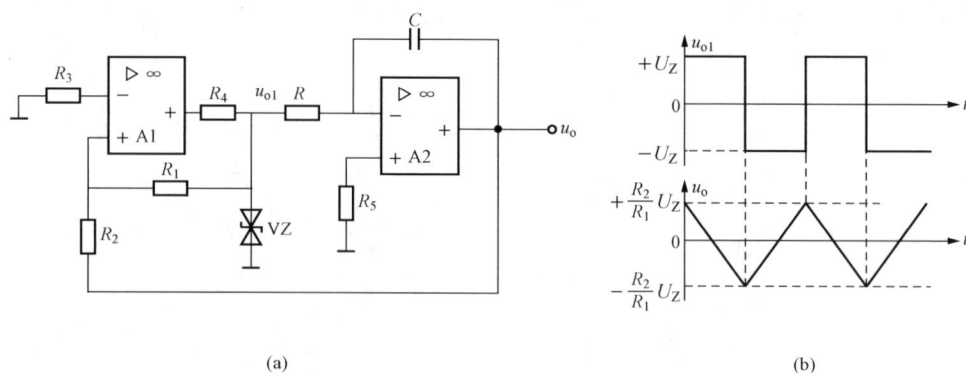

(a)　　　　　　　　　　　　(b)

图 5-49　三角波发生器

(a) 电路图；(b) 波形图

由图 5-49（a），利用叠加原理可以得到迟滞比较器同相端输入电压为

$$u_+ = \frac{R_2}{R_1+R_2}u_{o1} + \frac{R_1}{R_1+R_2}u_o$$

反相端输入电压（基准电压）$u_- = 0$。当 $u_+ > 0$ 时，$u_{o1} = +U_Z$，u_o 线性下降。此时

$$u_+ = \frac{R_2}{R_1 + R_2}(+U_Z) + \frac{R_1}{R_1 + R_2}u_o$$

当 u_o 下降到使 $u_{+1} = 0$ 时，有

$$u_o = -\frac{R_2}{R_1}U_Z$$

u_{o1} 从 $+U_Z$ 翻转为 $-U_Z$，u_o 线性上升。此时

$$u_+ = \frac{R_2}{R_1 + R_2}(-U_Z) + \frac{R_1}{R_1 + R_2}u_o$$

同理，当 u_o 上升到使 $u_+ = 0$ 时，有

$$u_o = \frac{R_2}{R_1}U_Z$$

u_{o1} 从 $-U_Z$ 翻转为 $+U_Z$，u_o 线性下降。

如此周期性地变化，A1 输出的是矩形波电压 u_{o1}，A2 输出的是三角波电压 u_o。工作波形如图 5-49（b）所示。因此图 5-49（a）所示的电路也称为矩形波—三角波发生器。可以推出，三角波的周期和频率取决于电路的参数，即

$$T = \frac{4R_1RC}{R_2} \tag{5-58}$$

$$f = \frac{R_2}{4R_1RC} \tag{5-59}$$

3. 锯齿波发生器

锯齿波电压在示波器、数字仪表等电子设备中作为扫描之用。锯齿波发生器的电路与上述的三角波发生器的电路基本相同，只是积分电路反相输入端的电阻 R 分为两路，使正、负向积分的时间常数大小不等，故两者积分速率明显不等，这样所产生的输出波形就不再是三角波而是锯齿波。电路如图 5-50（a）所示。

当 u_{o1} 为 $+U_Z$ 时，二极管 VD1 导通，积分时间常数为 $R'C$；当 u_{o1} 为 $-U_Z$ 时，二极管 VD2 导通，积分时间常数为 RC。可见，正、负积分速率不一样，所以输出电压 u_o 为锯齿波。输出波形如图 5-50（b）所示。

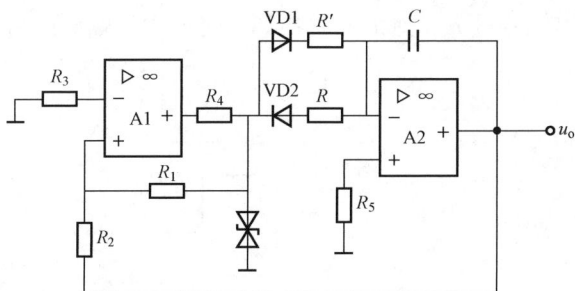
(a)

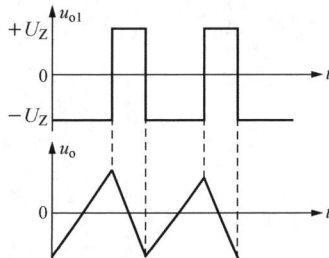
(b)

图 5-50 锯齿波发生器

（a）电路图；（b）波形图

5.4.3 运算放大器使用时的注意事项

随着集成技术的发展，集成运放的品种越来越多，集成运放的各项技术指标不断改善，

应用日益广泛，为了确保运算放大器正常可靠地工作，使用时应注意以下事项。

1. 元件选择

集成运算放大器按其技术指标可分为通用型、高速型、高阻型、低功耗型、大功率型和高精度型等，按其内部结构可分为双极型（由晶体管组成）和单极型（由场效应管组成）；按每一片中集成运放的个数可分为单运放、双运放和四运放。在使用运算放大器之前，首先要根据具体要求选择合适的型号。如测量放大器的信号微弱，它的第一级应选用高输入电阻、高共模抑制比、高开环电压放大倍数、低失调电压及低温度漂移的运算放大器。选好后，根据手册中查到的管脚图和设计的外部电路连线。

2. 消振

由于集成运放的放大倍数很高，内部三极管存在着极间电容和其他寄生参数，所以容易产生自激振荡，影响运放的正常工作。为此，在使用时要注意消振。通常通过外接 RC 消振电路破坏产生自激振荡的条件。是否已消振，可将输入端接"地"，用示波器观察输出端有无自激振荡。目前由于集成工艺水平的提高，大部分集成运放内部已设置消振电路，无需外接消振元件。

3. 调零

由于集成运放的内部电路不可能做到完全对称，以致当输入信号为零时，仍有输出信号。为此，有的运放在使用时需要外接调零电路。需要调零的运放通常有专用的引脚接调零电位器 R_{PR}。在应用时，应先按规定的接法接入调零电路，再将两输入端接地，调整 R_{PR}，使 $u_o = 0$。

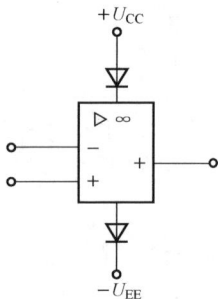

图 5 - 51 电源保护

4. 保护

（1）电源保护。为了防止正、负电源接反造成运放损坏，通常接入二极管进行电源保护，如图 5 - 51 所示。当电源极性正确时，两二极管导通，对电源无影响；当电源接反时，二极管截止，电源与运放不能接通。

（2）输入端保护。当输入端所加的差模或共模电压过高时会损坏输入级的晶体管。为此，应用时应在输入端接入两个反向并联的二极管，如图 5 - 52 所示，将输入电压限制在二极管的正向压降以下。

（3）输出端保护。为了防止运放的输出电压过大，造成器件损坏，可应用限幅电路将输出电压限制在一定的幅度上。电路如图 5 - 53 所示。

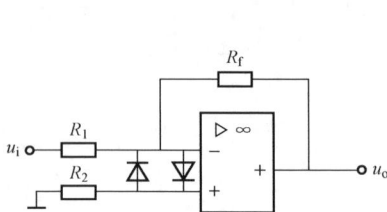

图 5 - 52 输入保护

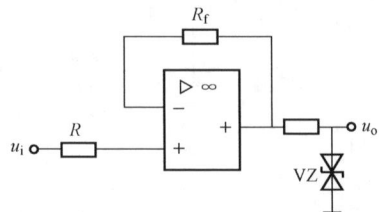

图 5 - 53 输出保护

【思考与练习】

1. 电压比较器工作在运放的什么区域？

2. 电压比较器的基准电压接在同相输入端和反相输入端，其电压传输特性有何不同？

3. 迟滞比较器有何特点？

本　章　小　结

（1）集成运算放大器是一种通用型的高增益直接耦合放大器，它把元件、器件和连接线制作在同一基片上，内部电路通常包括输入级、中间增益级和输出级。对于内部原理电路做了简单介绍，目的在于掌握它的主要参数，以便于正确应用。

（2）理想化了的运算放大器是某些参数具有理想值（零或无穷大）的运算放大器。由理想运算放大器得出的"虚短"和"虚断"的概念是分析运放应用的基本出发点，需很好地掌握。

（3）实际运算放大器的实现都是基于负反馈的原理。反馈是指将输出信号的一部分或全部引回到输入端并影响净输入量进而调节输出量的调节过程。若反馈量是削弱了净输入量则为负反馈。有目的地引入负反馈可以稳定放大倍数，展宽通频带，改善非线性失真，改变输入电阻和输出电阻的值。不同类型的负反馈对放大器性能的影响不同，所以对于各种实际的反馈电路要掌握其判别法。集成运放应用电路中采用最普遍的两种反馈类型是电压并联负反馈和电压串联负反馈。

（4）作为集成运放的应用电路，它们的分析方法都是基于虚短和虚断这两个基本概念，利用深度负反馈放大器分析方法来分析。对于所讨论过的基本运算电路的工作原理和输入输出关系应能很好掌握。

（5）信号处理电路包括有源滤波器、电压比较器和采样保持电路等。有源滤波器由无源滤波网络和带有深度负反馈的放大器组成，具有高输入阻抗，低输出阻抗和良好的滤波特性等特点。电压比较器是一种差动输入的开环运算放大器，对两个输入电压进行比较，输出规定为高、低电平。

（6）本章介绍的波形发生电路有方波发生器、三角波发生器和锯齿波发生器。它们通常由电压比较器和具有定时特性的各类 RC 积分电路组成。这类电路的谐振频率是由电压比较器的触发电平值及 RC 积分电路的时间常数来决定的。

习　　题

5.1　已知 F007 运算放大器的开环电压增益 $A_{uo}=100\text{dB}$，差模输入电阻 $r_{id}=2\text{M}\Omega$，最大输出电压 $U_{OPP}=\pm13\text{V}$。为了保证 F007 工作在线性区，试求：

（1）u_+ 和 u_- 的最大允许差值；

（2）输入端电流的最大允许值。

5.2　指出图 5-54 中所示各电路的反馈环节，判断其反馈类型。

5.3　求图 5-55 所示系统的闭环放大倍数。

5.4　如图 5-56 所示两电路为电压—电流变换电路，求输出电流 i_o 与输入电压 u_i 的关系，并说明改变负载电阻 R_L 对 i_o 的影响。

5.5　求图 5-57 电路输出电压与输入电压的关系式。

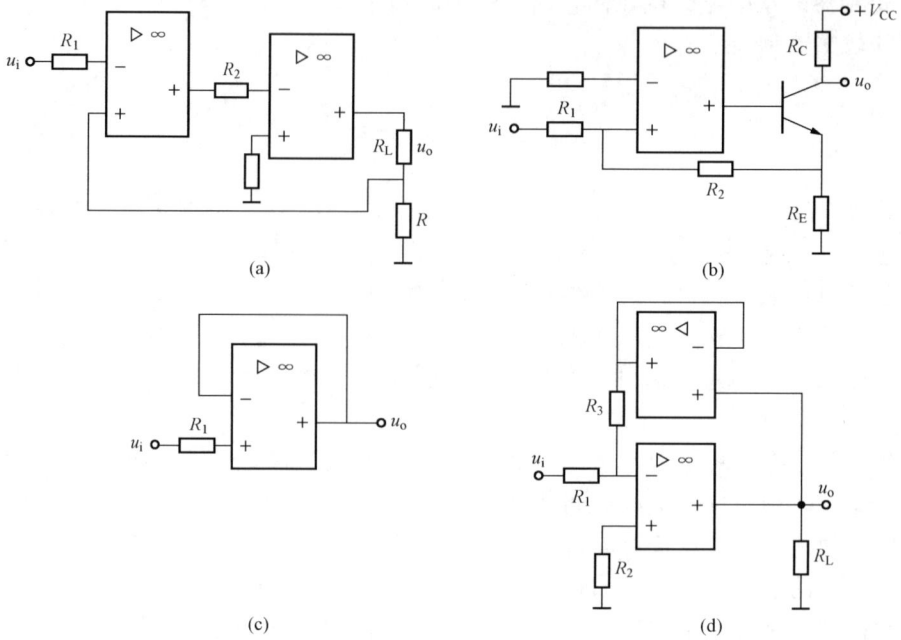

(a)

(b)

(c)

(d)

图 5-54 题 5.2 图

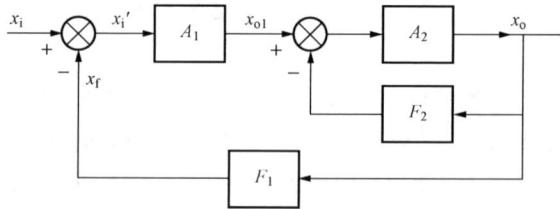

图 5-55 题 5.3 图

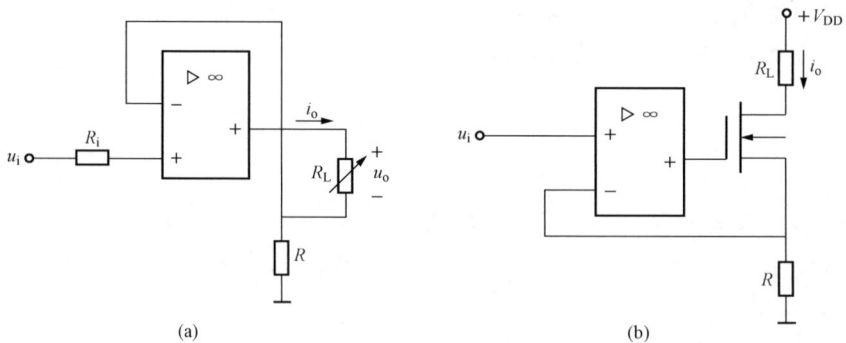

(a)

(b)

图 5-56 题 5.4 图

5.6 为了用低值电阻得到高的电压放大倍数，可以用图 5-58 中的 T 形电阻网络代替反馈电阻 R_f，试证明电压放大倍数为

$$A_u = \frac{u_o}{u_i} = -\frac{R_2 + R_3 + R_2 R_3 / R_4}{R_1}$$

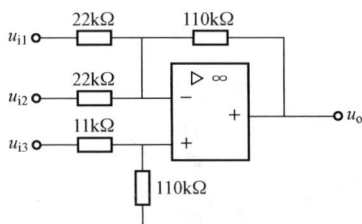

图 5 - 57 题 5.5 图

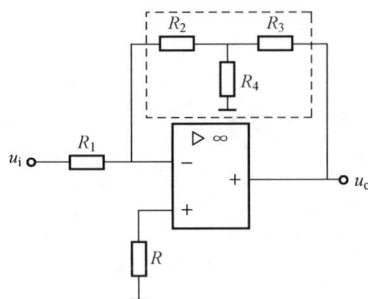

图 5 - 58 题 5.6 图

5.7 图 5-59 所示电路是一比例系数可调的反相比例运算电路，设 $R_f \gg R_4$，试证：

$$u_o = -\frac{R_f}{R_1}\left(1 + \frac{R_3}{R_4}\right)u_i$$

5.8 图 5-60 中所示电路，已知 $R_f = 2R_1$，$u_i = -2\text{V}$，求输出电压。

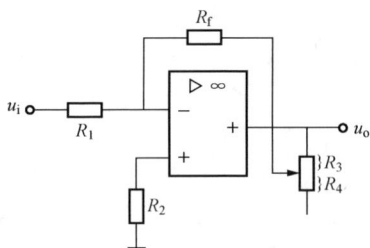

图 5 - 59 题 5.7 图

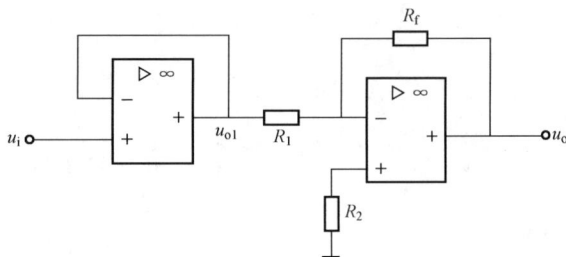

图 5 - 60 题 5.8 图

5.9 求图 5-61 所示电路中输出电压与输入电压的关系式。

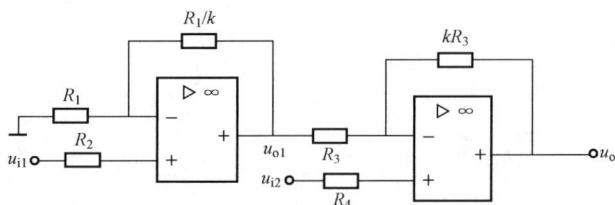

图 5 - 61 题 5.9 图

5.10 写出图 5-62 所示电路中输出电压与输入电压的关系式。

5.11 电路如图 5-63 所示，求 u_o 为多少？

5.12 在图 5-64 所示电路中，已知 $R_1 = 200\text{k}\Omega$，$C = 0.1\mu\text{F}$，运放的最大输出电压为 $\pm 10\text{V}$。当 $u_i = -1\text{V}$，$u_c(0) = 0$ 时，求输出电压达到最大值所需要的时间，并画出输出电压随时间变化的规律。

5.13 在图 5-65 所示电路中，已知 $R_1 = 200\text{k}\Omega$，$R_f = 200\text{k}\Omega$，$C_f = 0.1\mu\text{F}$，运放的最大输出电压为 $\pm 10\text{V}$。当 $u_i = -1\text{V}$，$u_c(0) = 0$ 时，求输出电压达到最大值所需要的时间，并画出输出电压随时间变化的规律。

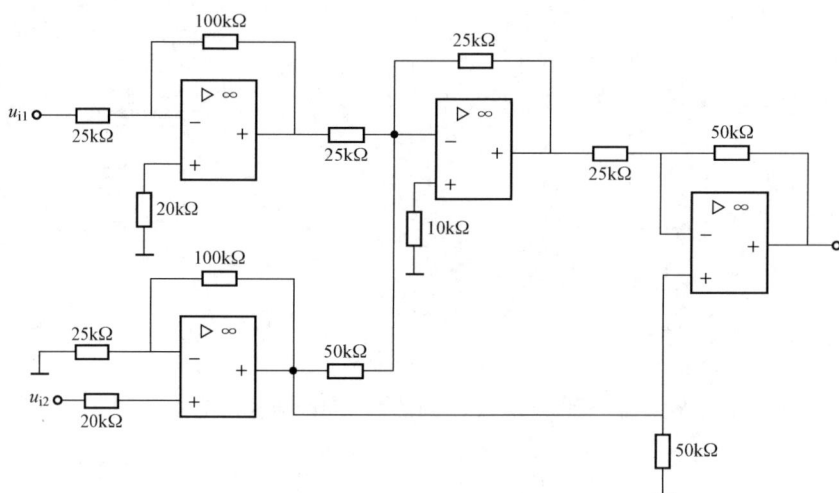

图 5 - 62　题 5.10 图

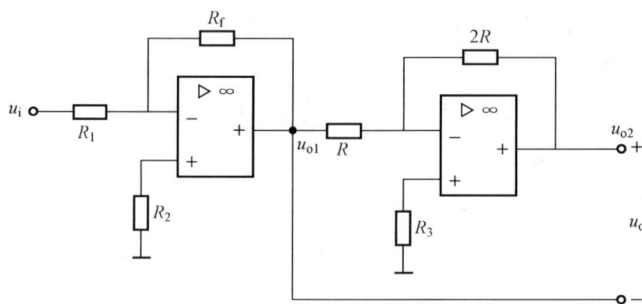

图 5 - 63　题 5.11 图

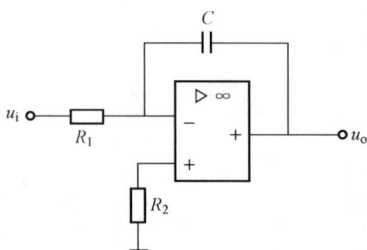

图 5 - 64　题 5.12 图

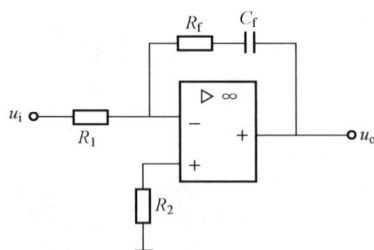

图 5 - 65　题 5.13 图

　　5.14　应用运算放大器组成的测量电压、电流、电阻的原理电路分别如图 5 - 66（a）、图 5 - 66（b）、图 5 - 66（c）所示。输出端接有满量程为 5V 的电压表头。试分别计算出对应于各量程的电阻阻值。

　　5.15　电压比较器的电路如图 5 - 67（a）、图 5 - 67（b）、图 5 - 67（c）所示，输入电压波形如图 5 - 67（d）所示。运放的最大输出电压为 ±10V。试画出下列两种情况下的电压传输特性和输出电压的波形：

(a)

(b)

(c)

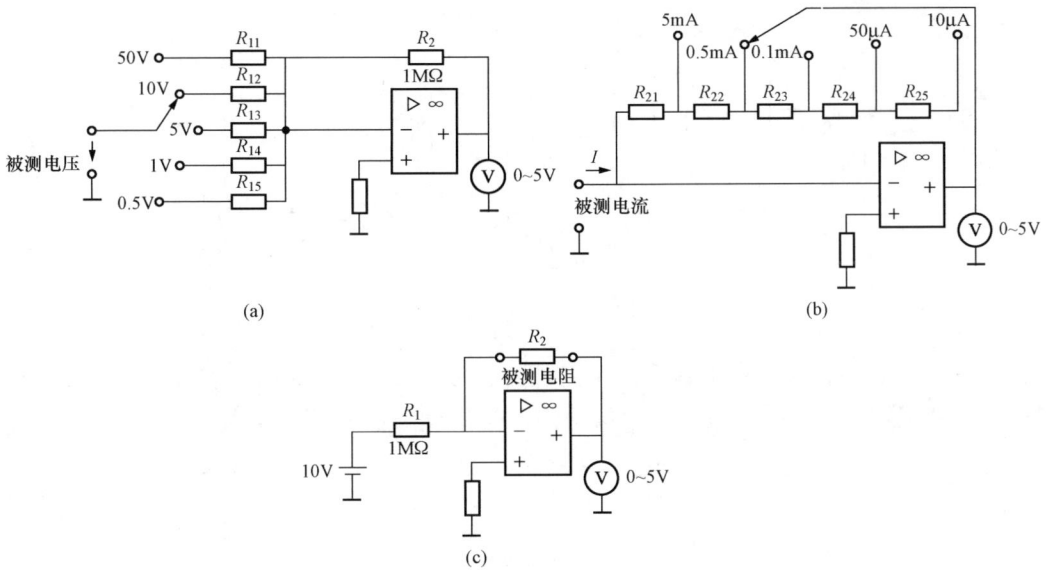

图 5 - 66　题 5.14 图

(a) 测量电压电路；(b) 测量电流电路；(c) 测量电阻电路

(1) $U_R = 3V$；

(2) $U_R = -3V$。

(a)

(b)

(c)

(d)

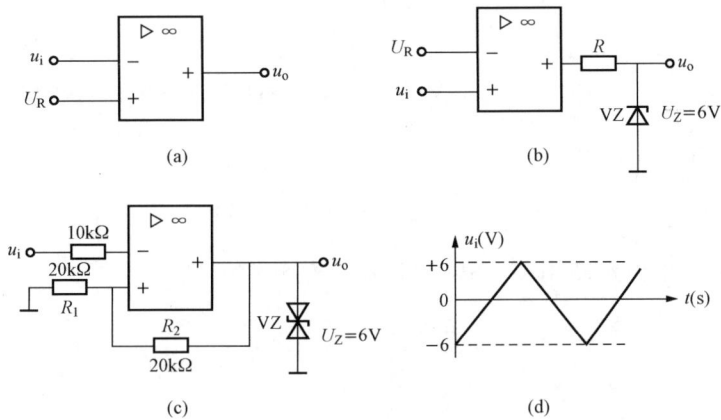

图 5 - 67　题 5.15 图

(a) 电压比较器 1；(b) 电压比较器 2；(c) 电压比较器 3；(d) 输入电压波形

5.16　在图 5 - 68 所示电路中，运放的最大输出电压为 $\pm 12V$，$u_1 = 0.04V$，$u_2 = -1V$，电路参数如图 5 - 68 所示。问经过多长时间 u_o 将产生跳变？

5.17　已知运算电路的输入输出关系如下：

(1) $u_o = u_{i1} + u_{i2}$；

(2) $u_o = u_{i1} - u_{i2}$；

(3) $u_o = -10 \int (u_{i1} - u_{i2}) \, \mathrm{d}t$。

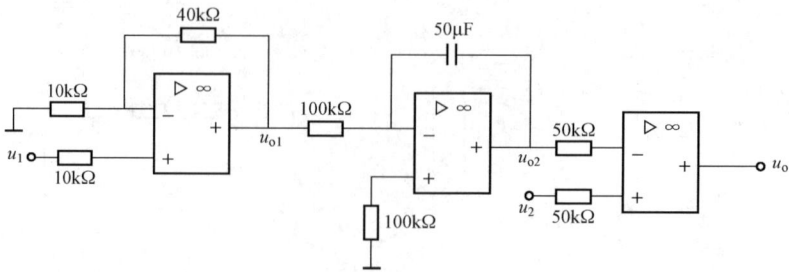

图 5 - 68　题 5.16 图

试画出运算电路，并计算电路中所用元件的参数。设 $R_f=100\text{k}\Omega$，$C_f=0.1\mu\text{F}$。

5.18　根据图 5 - 69 中的电子模拟结构图，写出 u_s-u_o 的微分方程。

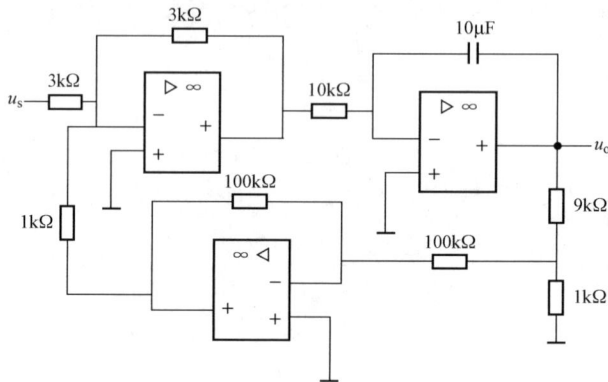

图 5 - 69　题 5.18 图

5.19　试画出解

$$\frac{\mathrm{d}x}{\mathrm{d}t}+0.5x+0.1\sin\omega t=0$$

微分方程式的电子模拟结构图，其中 $\sin\omega t$ 由信号源提供。

第6章 直 流 稳 压 电 源

在工农业生产和科学研究中，主要应用交流电。但是在某些场合，如电解、电镀、蓄电池的充电、直流电动机等都需要直流电源供电，特别是电子线路、电子设备和自动控制装置都需要稳定的直流电源。目前广泛采用的是由交流电源经整流、滤波、稳压而得到的直流稳压电源，其原理框图如图 6-1 所示，它表示把交流电变换为直流电的过程。图中各环节的功能如下：

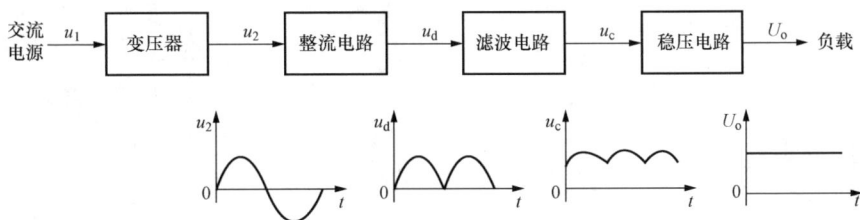

图 6-1 半导体直流稳压电源的原理框图

（1）变压器：将电网电压变换为符合整流电路所需要的交流电压。

（2）整流电路：利用具有单方向导电性能的半导体器件，将交流电压整流成单方向脉动的直流电压。

（3）滤波电路：滤掉单方向脉动电压中的交流成分，保留直流分量，尽可能供给负载平滑的直流电压。

（4）稳压电路：在交流电压波动或负载变化时，通过此电路使输出的直流电压稳定。在对直流电压的稳定程度要求较低的电路中，稳压环节也可以省略。

本章先讨论整流电路、滤波电路，然后再分析直流稳压电源。

6.1 整 流 电 路

整流电路就是利用二极管的单向导电性将交流电转换成脉动的直流电的电路。如果整流电路输入的是单相交流电，则称为单相整流电路；如果整流电路输入三相交流电，则称为三相整流电路。

6.1.1 单相桥式整流电路

1. 电路的工作原理

单相桥式整流电路是由整流变压器 Tr、4 个整流二极管 VD1～VD4 构成的整流桥及负载电阻组成。电路如图 6-2（a）所示。图 6-2（b）是其简化画法。

图 6-2（a）中，当输入电压 u_2 在正半周时，极性上正下负，a 点电位高于 b 点电位，即 $V_a > V_b$，二极管 VD1、VD3 承受正向电压而导通，VD2、VD4 承受反相电压而截止。电流 i_1 由 a 点经 VD1→R_L→VD3→b→a 形成回路，如图 6-2（a）中实线箭头所示。此时负载

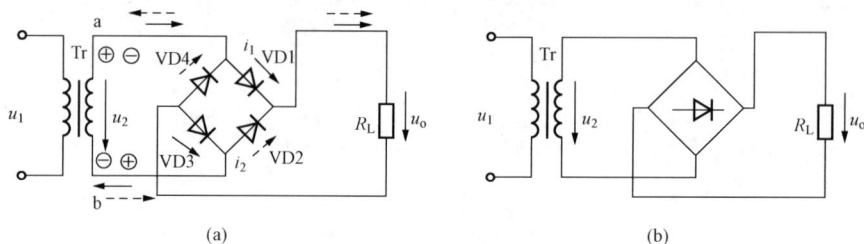

图 6 - 2　单相桥式整流电路图

（a）单相桥式整流电路；（b）简化画法

电阻 R_L 上得到一个半波电压 u_{o1}，其电压、电流波形如图 6 - 3（b）所示。

　　当输入电压 u_2 在负半周时，极性上负下正，b 点电位高于 a 点电位，即 $V_b > V_a$，二极管 VD2、VD4 承受正向电压而导通，VD1、VD3 承受反向电压而截止，电流 i_2 由 b 点经 VD2→R_L→VD4→a→b 形成回路，如图 6 - 2（a）中虚线箭头所示。此时，同样在负载电阻 R_L 上得到一个半波电压 u_{o2}。电压电流的波形如图 6 - 3（c）所示。

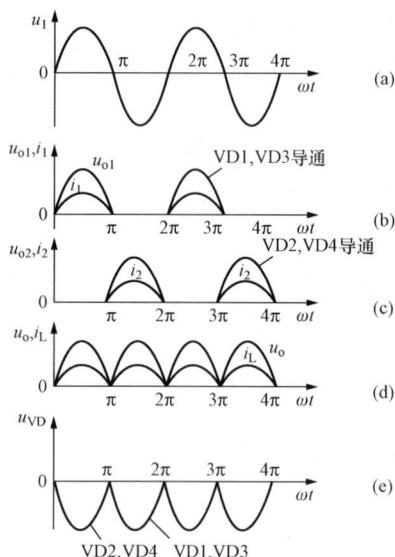

图 6 - 3　单相桥式整流电路波形图

（a）u_1 波形；（b）u_{o1}，i_1 的波形；
（c）u_{o2}，i_2 的波形；（d）u_o，i_L 的波形；
（e）u_{VD} 的波形

　　由上可见，变压器二次侧交流电压的极性虽然在不停地变化，但流经负载电阻 R_L 的电流方向始终不变，R_L 上得到一个全波电压，输出电压 u_o 的波形如图 6 - 3（d）所示，此电压是大小变化的单向脉动电压。图 6 - 3（e）是二极管压降波形。

　　2. 电路电压、电流平均值的计算

　　设 $u_2 = \sqrt{2}U_2 \sin\omega t$，那么负载电压 u_o 一个周期内的平均值（负载直流电压）为

$$U_o = 1/\pi \int_0^\pi \sqrt{2}U_2 \sin\omega t \, d(\omega t) = 2\sqrt{2}U_2/\pi \approx 0.9U_2$$

$$(6 - 1)$$

　　负载电流的平均值（负载直流电流）为

$$I_o = \frac{U_o}{R_L} = \frac{0.9U_2}{R_L} \tag{6 - 2}$$

　　因为电路中每两个整流二极管串联导通半周，所以，每个二极管通过的平均电流是负载电流的一半，即

$$I_{VD} = \frac{1}{2}I_o = 0.45\frac{U_2}{R_L} \tag{6 - 3}$$

　　从电路中可以看出，截止的整流二极管承受的反向电压即为变压器二次侧交流电压，其最大值为

$$U_{DRM} = U_{2m} = \sqrt{2}U_2 \tag{6 - 4}$$

　　变压器二次绕组的电流是正弦交流电流，其有效值为

$$I_2 = \frac{U_2}{R_L} = \frac{I_o}{0.9} = 1.11I_o \tag{6 - 5}$$

[例 6 - 1]　有一额定电压为 24V，阻值为 50Ω 的直流负载，采用单相桥式整流电路供电，交流电源电压为 220V。试完成：

(1) 选择整流二极管的型号；

(2) 计算整流变压器的变比及容量。

解　(1) 变压器二次绕组电压有效值为

$$U_2 = U_o / 0.9 = 24 / 0.9 = 26.6(\text{V})$$

每个二极管承受的最高反相电压为

$$U_{DRM} = \sqrt{2} U_2 = \sqrt{2} \times 26.6 = 37.6(\text{V})$$

流过每个二极管的电流平均值为

$$I_{VD} = \frac{1}{2} I_o = \frac{1}{2} \times \frac{U_o}{R_L} = \frac{1}{2} \times \frac{24}{50} = 0.24(\text{A})$$

因此可以选用 2CP33A 晶体二极管，其最大整流电流为 0.5A，最高反向工作电压为 50V。

(2) 变压器的变比

$$K = 220 / 26.6 = 8.3$$

变压器二次电流的有效值为

$$I_2 = 1.11 I_o = 1.11 \frac{U_o}{R_L} = 1.11 \times \frac{24}{50} = 0.52(\text{A})$$

变压器的容量为

$$S = U_2 I_2 = 26.6 \times 0.52 = 13.8(\text{VA})$$

6.1.2　三相桥式整流电路

1. 电路的工作原理

单相桥式整流电路是小功率直流电源，大功率直流电源通常采用三相整流电路。图 6 - 4 所示为三相桥式整流电路，该电路共有 6 个整流二极管，分成两组，其中 VD1、VD3、VD5 3 个二极管的阴极连在一起，习惯上称为共阴极组；VD2、VD4、VD6 3 个二极管的阳极连接在一起，称为共阳极组。对于共阴极组的 3 个二极管，阳极所接交流电压最高的二极管先导通，而对于共阳极组的 3 个二极管，则是阴极所接交流电压值最低的一个管子先导通。这样，任一时刻共阳极组和共阴极组中各有一个二极管处于导通状态，施加于负载上的电压为某一线电压，其余 4 只整流二极管截止。

如图 6 - 5 (a) 所示，在 $0 \sim t_1$ 时间内，u_{co} 为正；u_{ao} 也为正，但小于 u_{co}；u_{bo} 为负；因此 c 点电位最高，二极管 VD5 先导通；b 点电位最低，二极管 VD4 先导通。VD4、VD5 导通后，VD1、VD3 的阴极电位最高，VD2、VD6 的阳极电位最低；这样，VD1、VD3 和 VD2、VD6 都截止。此时，电路通路为 c→VD5→R_L→VD4→b→O，由于二极管的正向电压很小，可以近似地认为负载电阻 R_L 上的电压就是线电压 u_{cb}。

在 $t_1 \sim t_2$ 时间内，u_{ao} 为正，u_{co} 为正，但小于 u_{ao}；u_{bo} 为负值；因此 a 点电位最高，b 点电位最低，VD1 和 VD4 管导通，导电回路是：

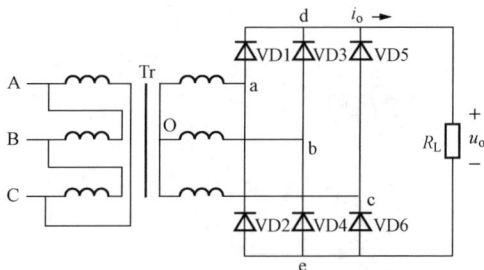

图 6 - 4　三相桥式整流电路

a→VD1→R_L→VD$_4$→b→O，由于二极管的正向电压很小，可以近似地认为线电压 u_{ab} 加在负载电阻 R_L 上。由于 VD1 管的导通，使 d 点电位近似等于 a 点电位，VD3、VD5 管的阴极处于最高电位，因而 VD3、VD5 管在反向电压作用下而截止。VD4 管的导通使 e 点电位近似等于 b 点电位，VD2、VD6 管的阳极处于最低电位，因而 VD2、VD6 管在反向电压作用下而截止。

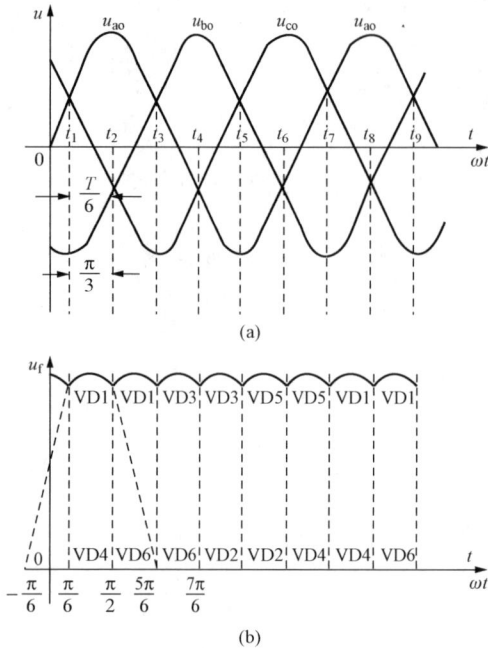

图 6-5　三相桥式整流电路电压波形图

在 $t_2 \sim t_3$ 时间内，a 点电位最高，而 c 点电位最低，此时只有 VD1、VD6 管两管导通，导电回路是：a→VD1→R_L→VD6→c→O，线电压 u_{ac} 加在负载电阻 R_L 上，其他 4 只管子都处于反向电压作用下而截止。

在 $t_3 \sim t_4$ 时间内，b 点电位最高，而 c 点电位最低，此时只有 VD3、VD6 管两管导通，导电路径是：b→VD3→R_L→VD6→c→O，线电压 u_{bc} 加在负载电阻 R_L 上，其他 4 只管子都是截止的。

同理，在 $t_4 \sim t_5$ 时间内，VD3、VD2 管导通；在 $t_5 \sim t_6$ 时间内，VD2、VD5 管导通；在 $t_6 \sim t_7$ 时间内，VD5、VD4 管导通。

可见，在一个周期内，同一组的 3 个二极管轮流导通，每只二极管的导通时间为 1/3 周期，对应的导通角为 120°。

这样，在负载电阻 R_L 上就得到了一个较平直的输出电压 u_o，u_o 的波形及二极管的导通次序如图 6-5 (b) 所示。

2. 电路中电压、电流的计算

在三相桥式整流电路中，每两个二极管导通的时间内，加在负载电阻 R_L 上的电压是变压器二次侧线电压的瞬时值，如在 $t_1 \sim t_2$ 时间内，VD1、VD4 管导通，加在负载电阻 R_L 的电压为

$$u_{ab} = \sqrt{2}\sqrt{3}U_2 \sin(\omega t + \frac{\pi}{6})$$

输出电压 u_o 的平均值为

$$U_o = \frac{1}{\frac{\pi}{3}} \int_{\frac{\pi}{6}}^{\frac{\pi}{2}} \sqrt{2}\sqrt{3}U_2 \sin(\omega t + \frac{\pi}{6}) \mathrm{d}(\omega t) = 2.34 U_2$$

式中：U_2 为变压器二次侧相电压的有效值。

负载电流的平均值为

$$I_o = U_o / R_L = 2.34 U_2 / R_L$$

因为在一个周期内，每个二极管的导通时间是 $T/3$，因此每只二极管的平均电流为

$$I_{VD} = \frac{I_o}{3}$$

每只二极管承受的最大反向电压就是变压器二次侧线电压的最大值，即

$$U_{\text{DRM}} = \sqrt{2}\,\sqrt{3}U_2 = 2.45U_2 = 1.05U_。$$

三相桥式整流电路的优点是输出电压平均值较高，脉动程度较低。

为了便于选择使用，现将各种常用的整流电路作一比较，见表 6 - 1 所列。

表 6 - 1　　　　　　　　　　　　　　　　　　　　**常见的几种整流电路**

类　型	电　路	整流电压的波形	整流电压平均值	每管电流平均值	每管承受最高反压
单相半波	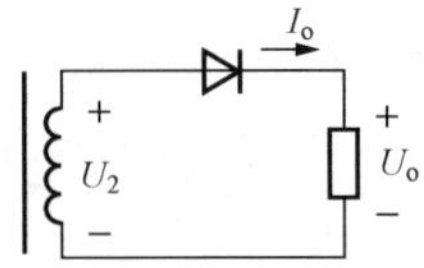		$0.45U_2$	$I_。$	$\sqrt{2}U_2$
单相全波	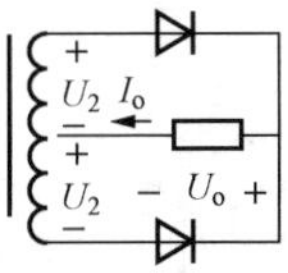	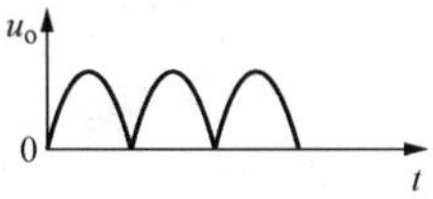	$0.9U_2$	$\dfrac{1}{2}I_。$	$2\sqrt{2}U_2$
单相桥式	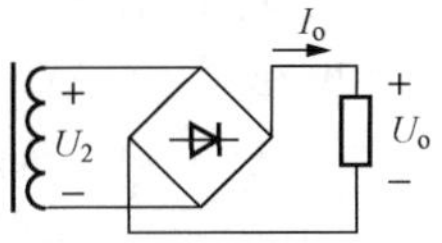	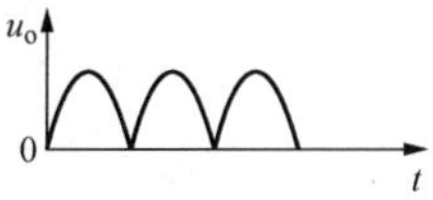	$0.9U_2$	$\dfrac{1}{2}I_。$	$\sqrt{2}U_2$
三相半波	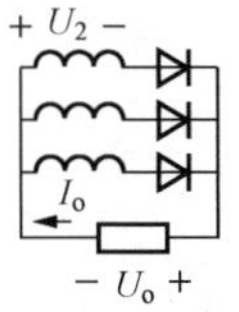	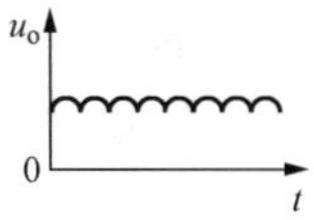	$1.17U_2$	$\dfrac{1}{3}I_。$	$\sqrt{3}\sqrt{2}U_2$
三相桥式	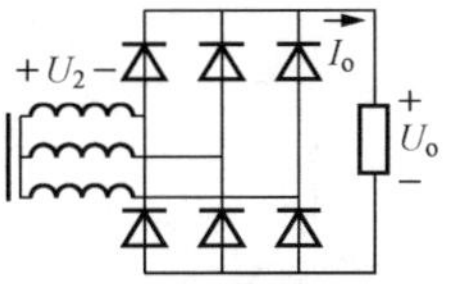	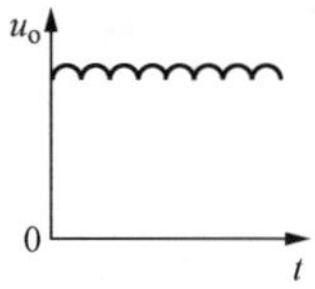	$2.34U_2$	$\dfrac{1}{3}I_。$	$\sqrt{3}\sqrt{2}U_2$

【思考与练习】

1. 若图 6 - 2 中的二极管 VD1 短路或断路，对电路将会产生什么影响？

2. 若图 6 - 2 中的二极管 VD1 接反，对电路将会产生什么样的影响？

3. 如果要求某一单相桥式整流电路的输出直流电压为 36V，直流电流为 1.5A，试选用合适的二极管。

6.2　滤　波　电　路

整流电路输出的电压是一个脉动电压，含有较强的交流分量，这样的交流电源如作为电子设备的电源大都会产生不良的影响，甚至不能正常工作。为了改善输出电压的脉动程度，在整流电路和负载之间，加接滤波电路，使输出电压的波形变得比较平滑。常用的滤波电路有电容滤波器、电感滤波器、电感电容滤波器和 π 型滤波器等。

6.2.1 电容滤波器

电容滤波器的电路结构就是在整流电路的输出端与负载电阻之间并联一个足够大的电容器，利用电容上电压不能突变的原理进行滤波，如图 6-6 所示。

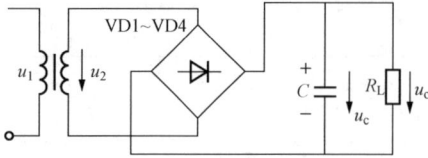

图 6-6 单相桥式整流电容滤波器

1. 电容滤波器的工作原理

设变压器二次侧正弦波形如图 6-7 （a）所示。当电路不接滤波电容时，输出电压波形如图 6-7 （b）中的虚线所示；当接入滤波电容时，负载上的输出电压即为电容上的电压 u_C。

设电容器事先未充电。当 $0 < \omega t < \frac{\pi}{2}$ 时，$u_2 > u_C$，整流二极管 VD1、VD3 导通，电容 C 充电，在忽略二极管正向压降的情况下，$u_o = u_2$。在 $\omega t = \frac{\pi}{2}$ 时，u_C 充至最大值 U_{2m}，此后，u_2 以正弦规律下降，电容放电，u_C 以指数规律下降。在 $\frac{\pi}{2} < \omega t < \omega t_1$ 这段时间内，由于 u_2 下降速度慢，u_C 下降速度快，仍满足 $u_2 > u_C$，整流二极管 VD1、VD3 仍然导通，则 $u_o = u_2$，输出电压仍然按正弦规律下降；当下降至 $u_2 < u_C$ 时（$\omega t = \omega t_1$），整流二极管承受反向电压截止，电容器通过负载电阻继续放电，输出电压按指数规律变化；在 u_2 的负半周，当 $|u_2| > u_C$ 时，电容器又开始充电，输出电压按正弦规律上升，只不过此时导通的二极管是 VD2 与 VD4，工作情况与正半周时类似。这样，在输入正弦电压的一个周期内，电容器充电两次，放电两次，反复循环，得到图 6-7 实线所示的经电容滤波后的输出电压的波形。

2. 滤波电容的选择

从电容滤波器的工作原理来看，电容越大，滤波效果越好。因为输出电压的脉动程度与电容放电的时间常数 $R_L C$ 有关。为了得到比较平直的输出电压，一般要求按照

$$R_L C \geqslant (3 \sim 5)\frac{T}{2} \qquad (6-6)$$

选择电容器的容量。式中，T 是交流电压的周期，我国交流电源的周期为 20ms。为安全起见，电容器的耐压应取输出电压的两倍左右。一般采用极性电容器。

3. 电容器滤波的特点

（1）电路简单，滤波效果较好，应用广泛。

（2）输出电压平均值提高。因为电容的放电填补了整流波形的一部分空白，所以在满足式（6-6）的条件下，负载电压的平均值可按下式估算：

单相半波整流电容滤波

$$U_o = U_2 \qquad (6-7)$$

单相桥式整流电容滤波

$$U_o = 1.2U_2 \qquad (6-8)$$

电容越大，波形越平滑，输出电压的平均值上升越大。

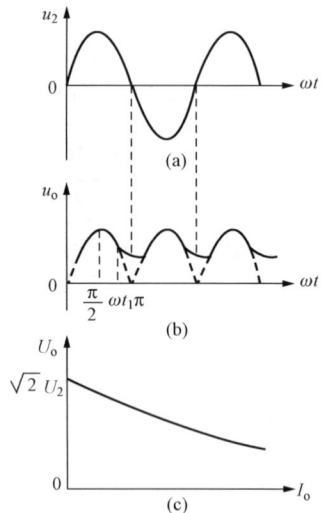

图 6-7 桥式整流电容滤波
的波形图及外特性

（a）变压器二次侧正弦波形；

（b）输出电压波形；

（c）电容滤波器外特性

（3）整流二极管导通时间短，电流峰值大。由于二极管的导通时间短，而在一周期内电容器的充电电荷等于放电电荷，即通过电容器的电流平均值为零，可见在二极管导通期间，其电流平均值近似等于负载电流的平均值，因此电流峰值大，有冲击电流。为了使二极管不因冲击电流而破坏，在选用二极管时，一般取额定正向平均电流为实际流进的平均电流的两倍左右。

（4）外特性较差。图 6 - 7（c）是电容滤波器的外特性。当电路空载（$R_L = \infty$）时，由于不存在放电回路，输出电压为 $\sqrt{2}U_2$。随着输出电流的增大（R_L 在减小），电容放电的时间常数 $R_L C$ 随之减小，放电加快，U_o 下降，即外特性较差，或者说带负载能力差。

通常，电容滤波器适用于要求输出电压高，负载电流小且负载变化不大的场合。

[例 6 - 2] 单相桥式整流电容滤波电路中，其输入交流电压的频率 $f = 50\,\mathrm{Hz}$，负载电阻 $R_L = 200\,\Omega$，要求直流输出电压 $U_o = 24\mathrm{V}$。试选择整流二极管和滤波电容器。

解 （1）选择整流二极管。

流过二极管的平均电流

$$I_{VD} = \frac{1}{2}I_o = \frac{1}{2} \times \frac{U_o}{R_L} = \frac{1}{2} \times \frac{24}{200} = 0.06(\mathrm{A})$$

二极管承受的最高反相工作电压

$$U_{DRM} = \sqrt{2}U_2 = \sqrt{2} \times \frac{24}{1.2} \approx 28(\mathrm{V})$$

因此可选整流二极管 2CZ11A。它的最大整流电流 $I_{om} = 1\mathrm{A}$，反向工作峰值电压 $U_{RM} = 100\mathrm{V}$。

（2）选择滤波电容器。

根据式（6 - 6），取 $R_L C = 5 \times \dfrac{T}{2}$

$$R_L C = 5 \times \frac{1}{50 \times 2} = 0.05(\mathrm{s})$$

所以

$$C = \frac{0.05}{R_L} = \frac{0.05}{200} = 250 \times 10^{-6}\mathrm{F} = 250\mu\mathrm{F}$$

取 C 耐压为 50V。

因此可以选择容量为 $250\mu\mathrm{F}$，耐压为 50V 的电容器。

6.2.2 电感滤波器

若在整流电路和负载电阻之间串入一电感线圈，如图 6 - 8 所示，就构成了电感滤波器。电感滤波器是利用了电感元件的电流不能突变这一特性进行滤波的。

当电感足够大时，满足 $\omega L \gg R_L$，整流电压的交流分量大部分降在电感上，而直流分量则大部分降在负载电阻上。若忽略电感线圈的电阻和二极管的管压降，则电感滤波器的输出电压为

$$U_o \approx 0.9U_2$$

电感滤波器的主要优点是带负载能力强。缺点是体积大、成本高，元件本身的电阻还会引起直流电压损失和功率损耗，所以电感滤波器使用于大电流或负

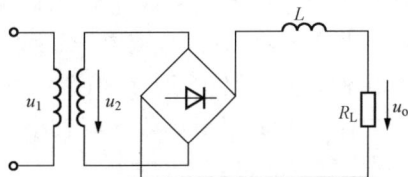

图 6 - 8 电感滤波器

载变化大的场合。

6.2.3 电感电容滤波器

将电感滤波和电容滤波组合起来构成电感电容滤波电路，如图 6-9 所示。

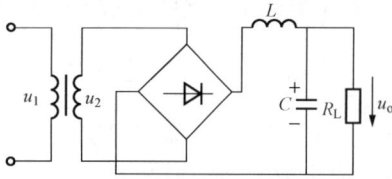

图 6-9 LC 滤波电路

由于电感线圈的存在，线圈中要产生自感电动势阻碍电流的变化，使得加在电容与负载并联支路中的脉动程度减小，整流输出电压的交流分量主要降落在电感上，而直流分量经过电感线圈加到负载上，输出电压中的交流成分较小。然后在电容与负载并联的回路中，再进一步滤掉交流分量。这样，便可以得到较平直的直流输出电压。这种滤波电路对于大、小负载均能达到很好的滤波效果，它用于要求输出电压脉动较小的场合。

这种滤波电路具有如下特点。

(1) 由于电感线圈对整流电流的交流分量具有感抗 $X_L = 2\pi f L$，谐波频率越高，电感越大，感抗就越高，滤波效果越好。因此，它适用于低电压、大电流的场合。

(2) 滤波电感较大，匝数较多，电阻亦较大，因而它两端亦有一定的直流压降，将会造成直流输出电压的下降。但一般情况下，电感线圈直流电阻小于 R_L，因而整流输出的直流电压几乎全部降落在负载电阻上。

(3) 整流二极管导通时间大于半个周期，峰值电流很小；因此，电流对管子无冲击。

6.2.4 π型滤波电路

为了输出电压的波形更为平直，可以在 LC 滤波电路前面再并一个电容构成 π 型 CLC 滤波电路，如图 6-10 所示。

整流输出电压首先经过电容滤波，然后再经过 LC 滤波电路，因此输出电压的脉动程度大大减小，输出电压波形基本平直。

在 CLC 滤波电路中，由于电感体积大而笨重、成本又高，因此在负载电流较小的场合，用电阻去代替电感线圈，构成 π 型 CRC 滤波电路，如图 6-11 所示。

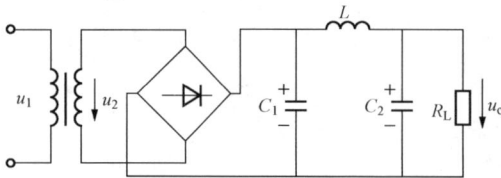

图 6-10 π型 CLC 滤波电路

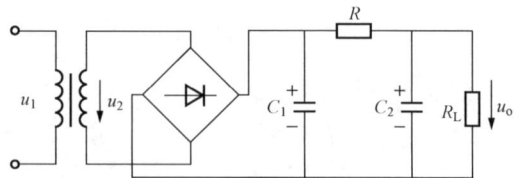

图 6-11 π型 CRC 滤波电路

在 π 型 CRC 滤波电路中，整流输出的脉动电压先通过 C_1 进行滤波，C_1 两端电压的交流分量通过电阻 R 和电容 C_2 与 R_L 并联的阻抗分压，由于电容的交流阻抗很小，所以交流分量绝大部分降到电阻 R 上，因而输出电压中交流分量大为减小。对于直流分量 C_2 相当于开路，当 $R_L \gg R$ 时，直流电压绝大部分降落在负载电阻 R_L 上。

这种滤波电路中 R、C 值愈大滤波效果愈好，但 R 太大将使直流电压降增加，所以这种滤波电路主要适用于负载电流较小而又要求输出电压脉动很小的场合。

【思考与练习】

1. 电容滤波和电感滤波电路的特性有什么区别？各适用于什么场合？

2. 单相桥式整流电容滤波电路的输出电压范围是多少？

3. 单相桥式整流电容滤波电路中，整流二极管承受的最高反相工作电压是多少？为什么？

6.3 直流稳压电源

经整流滤波后的电压往往会随着电源电压的波动和负载的变化而变化。为了得到稳定的直流电压，必须在整流滤波之后接入稳压电路。在小功率设备中常用的稳压电路有稳压管稳压电路、串联型稳压电路和集成稳压电路。

6.3.1 稳压管稳压电路

最简单的直流稳压电源是采用稳压管来稳定电压的，是由稳压管 VZ 和限流电阻 R 构成的，如图 6-12 所示。U_I 是经整流滤波后的电压，负载 R_L 与稳压管 VZ 并联。负载上的输出电压 U_o 就是稳压管的稳定电压 U_Z。因为稳压管工作在反向击穿区时，通过稳压管的电流可以在 $I_{Zmin} \sim I_{Zmax}$ 一个较大的范围内变化，而稳压管电压 U_Z 的变化很小，所以 U_o 是一个稳定的电压。

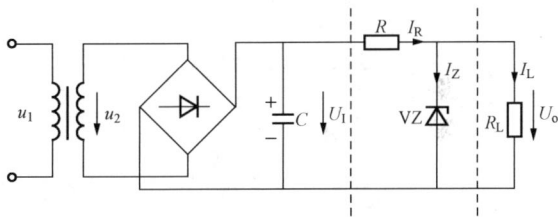

图 6-12　稳压管稳压电路

在整流滤波电路中，引起输出电压不稳定的主要原因是电源电压的变化和负载电流的变化。例如，当交流电源电压增大时，整流滤波输出电压 U_I 随之上升，负载电压也有增大的趋势；当 $U_o = U_Z$ 稍有增加时，稳压管的电流 I_Z 显著增加，限流电阻 R 上的电压亦显著增加，以抵消 U_I 的增加，从而使输出电压 U_o 保持近似不变；当交流电源电压减小时，输出电压也能保持近似不变。其调整过程读者自行分析。

对于负载变化引起的输出电压的变化，该电路也能起到稳压作用。例如，当电源电压不变而负载电阻 R_L 减小时，因负载电流增大而使电阻 R 上的电压增大，负载电压 U_o 因而有减小的趋势；负载电压 $U_o = U_Z$ 下降使得稳压管电流 I_Z 显著减小，通过电阻 R 的电流和其上的电压保持近似不变，因而输出电压 U_o 也保持近似不变。因负载电阻增大引起的输出电压的调整过程，读者自行分析。

选择稳压管稳压电路的元件参数时，一般取

$$U_o = U_Z \tag{6-9}$$

$$I_{Zmin} < I_Z < I_{Zmax} \tag{6-10}$$

$$U_I = (2 \sim 3)U_o \tag{6-11}$$

6.3.2 串联型稳压电路

上述稳压管稳压电路具有电路简单，稳压效果好等优点，但允许负载电流变化的范围小，输出直流电压不可调，所以，一般用来做基准电压。为了克服稳压管稳压电路的这些缺陷，多采用串联型稳压电路，这也是集成稳压器的基础。

图 6-13（a）所示是串联型稳压电路的原理框图，由取样电路、比较放大电路、基准电压电路和调整管 4 部分组成。其电路原理如图 6-13（b）所示。U_I 是经整流滤波后的电压；取样电路由 R_1 和 R_2 组成，取样电压 $U_f = \dfrac{R_2}{R_2 + R_1}U_o$；$R$ 与 VZ 提供基准电压 U_Z；运算放大

器构成比较放大电路，其输出 $U_B = A_{uo}(U_+ - U_-) = A_{uo}(U_Z - U_f)$；而大功率管 VT 是调整管，管压降是 U_{CE}；U_o 是串联型稳压电路输出的稳定的直流电压，$U_o = U_I - U_{CE}$。

稳压原理如下：

设由于电源电压或负载电阻的变化使输出电压 U_o 升高时，则取样电压 U_f 随之升高，运放的输出 U_B 减小，调整管电流 I_C 下降，管压降 U_{CE} 上升，$U_o = U_I - U_{CE}$ 随之下降，使 U_o 保持稳定。这个自动调整过程实际上是一个负反馈过程。从图 6-13（b）可知，R_1 引入的是串联电压负反馈。取样电压 U_f 是正比于输出电压的反馈电压，基准电压 U_Z 可看作是输入电压。所以，根据同相比例运算电路，有

$$U_B = \left(1 + \frac{R_1}{R_2}\right)U_Z \tag{6-12}$$

式（6-12）表明，改变基准电压或调整电位器，就可以改变输出电压。

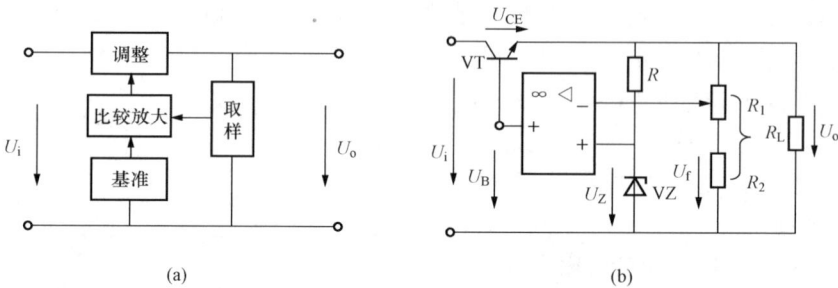

图 6-13　串联型稳压电路

(a) 原理框图；(b) 电路原理图

6.3.3　集成稳压电源

即使采用运算放大器的串联型稳压电路，仍有不少外接元件，还要注意共模电压的允许值和输入端的保护，使用复杂。如果将调整管、比例放大环节、基准电源、取样环节和各种保护环节以及连接导线均制作在一块硅片上，就构成了集成稳压电路。由于它具有体积小、可靠性高、使用灵活、价格低廉等优点，所以目前得到了广泛的应用。

图 6-14 所示是塑料封装的 W7800 系列（输出正电压）和 W7900 系列（输出负电压）稳压管的外形和管脚图。这种稳压管只有 3 个管脚：一个电压输入端（通常为整流滤波电路的输出），一个稳定电压输出端和一个公共端，故称之为三端集成稳压器。对于具体器件，"00" 用数字代替，表示输出电压值，如：W7815 表示输出稳定电压＋15V，W7915 表示输出稳定电压－15V。W7800 和 W7900 系列稳压管的输出电压系列有 5V，8V，12V，15V，18V，24V 等，最大输出电流是 1.5A。使用时除了要考虑输出电压和最大输出电流外，还必须注意输入电压的大小。要保证稳压，必须使输入电压的绝对值至少高于输出电压 2～3V，但也不能超过最大输入电压（一般为 35V 左右）。

三端集成稳压器的应用十分方便、灵活。下面介绍几种常用电路。

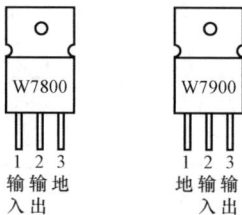

图 6-14　W7800、W7900 系列集成稳压器的外形和管脚

1. 输出固定正电压的电路

电路如图 6-15 所示。其中，U_I 为整流滤波后的直流

电压；C_1 用于改善纹波特性，通常取 $0.33\mu F$；C_O 用于改善负载的瞬态响应，一般取 $1\mu F$。

2. 输出固定负电压的电路

电路如图 6-16 所示。当要求输出负电压时，应选择相应的 W7900 集成稳压管，并注意电压极性及管脚功能。

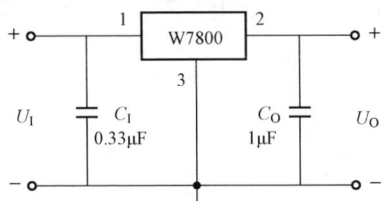

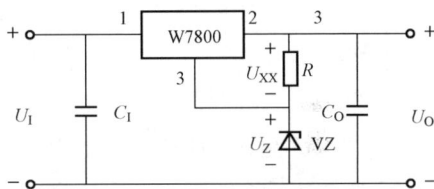

图 6-15　输出固定正电压的电路　　　　　图 6-16　输出固定负电压的电路

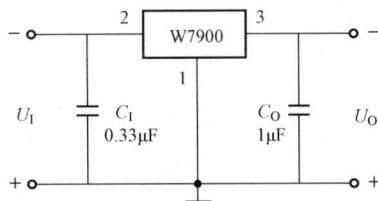

3. 正、负电压同时输出的电路

电路如图 6-17 所示。

4. 提高输出电压的电路

图 6-18 所示的电路能使输出电压高于集成稳压管的固定输出电压。图中，U_{XX} 为 W7800 稳压管的固定输出电压，显然

$$U_O = U_{XX} + U_Z \qquad (6-13)$$

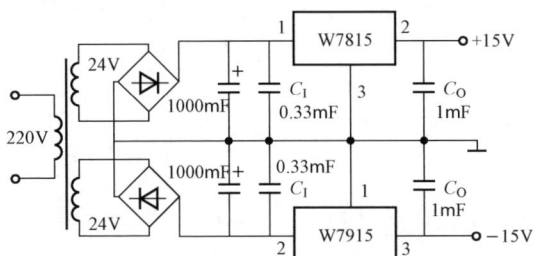

图 6-17　正、负电压同时输出的电路　　　　图 6-18　提高输出电压的电路

5. 扩大输出电流的电路

当所需的负载电流超出稳压管的最大输出电流时，可采用外接功率管的方法扩大输出电流，接法如图 6-19 所示。图中，I_2 为稳压器的输出电流，I_C 是功率管的集电极电流，I_R 是电阻 R 上的电流。一般 I_3 很小，可忽略不计。据图 6-19 可得

$$I_2 \approx I_1 = I_R + I_B = -\frac{U_{BE}}{R} + \frac{I_C}{\beta}$$

式中的 β 是功率管的电流放大倍数。而 $I_O = I_2 + I_C$，扩大了输出电流。图中的电阻 R 的阻值要使功率管只能在输出电流较大时才导通。

6. 输出电压可调的电路

图 6-20 所示电路中，$U_O = U_O' + U_O''$，由于 U_O' 是固定的，而调节电位器可改变 U_O''，从而实现了输出电压的可调。

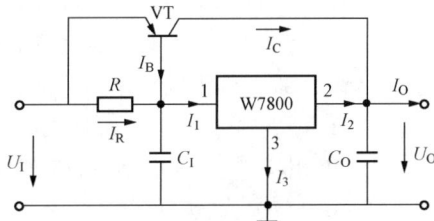

图 6-19　扩大输出电流的电路

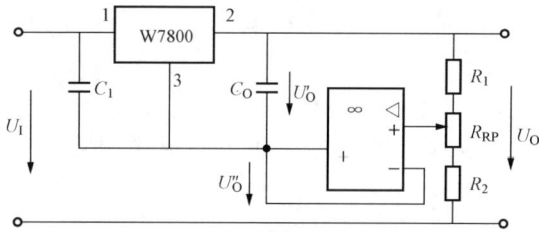

图 6 - 20　输出电压可调的电路

【思考与练习】

1. 78 系列和 79 系列三端集成稳压器属哪一类型稳压电路？它们的区别是什么？

2. 稳压电路对输入电压波动的范围有没有限制？对负载的变化有没有限制？

3. 简述电源电压下降时，稳压管稳压电路的稳压过程。

本　章　小　结

（1）在电路系统中，常需要将交流电网电压转换为稳定的直流电压，为此要用整流、滤波、稳压等环节来实现。

（2）整流电路是利用二极管的单向导电性将交流电转换为脉动的直流电。为抑制输出电压中的脉动程度，通常在整流电路后接有滤波电路。滤波电路一般可分为电容滤波、LC 滤波、π 型滤波等。电容滤波适用于输出电压较高、负载电流较小的场合；而 LC 滤波、π 型滤波适用于输出电压较小，负载电流较大的场合。

（3）为了保证输出电压不随电网电压、负载和温度的变化而产生波动，可再接入稳压电路。在小功率供电系统中，多采用串联反馈稳压电路。

（4）集成稳压器有集成度高，输出功率大，稳压效果好，可靠性高，安装、调整方便等优点，越来越广泛地得到应用。

习　　　　题

6.1　在单相半波整流电路中，已知 $R_L = 80\Omega$，用直流电压表测得负载上的电压为 110V，试求：

（1）负载中流过电流的平均值；

（2）变压器二次电压的有效值；

（3）二极管的平均电流及承受的最高反向工作电压，并选择合适的二极管。

6.2　题 6.1 中的负载若要求电压、电流不变，采用单相桥式整流电路时，计算变压器二次电压的有效值及二极管的电流与承受的最高反向工作电压，并选择合适的二极管。

6.3　桥式整流电路如图 6 - 21 所示，试画出下列情况下 u_{AB} 的波形（设 $u_2 = \sqrt{2}U_2 \sin \omega t\,\mathrm{V}$）。

（1）S1、S2、S3 打开，S4 闭合；

（2）S1、S2 闭合，S3、S4 打开；

（3）S1、S4 闭合，S2、S3 打开；

（4）S1、S2、S4 闭合，S3 打开；

（5）S1、S2、S3、S4 全部闭合。

6.4　单相桥式整流电容滤波电路，已知：交流电源频率 $f = 50\mathrm{Hz}$，要求输出 $U_0 = 30\mathrm{V}$，$I_0 = 0.15\mathrm{A}$，试选择二极管及滤波电容。

6.5　在图 6 - 11 所示的具有 $RC\pi$ 型滤波器的电路中，已知变压器二次交流电压的有效值为 6V，若要求负载电压 $U_o=6V$，$I_o=100mA$，试计算滤波电阻 R。

6.6 直流稳压电源如图 6-22 所示。试求：

（1）标出输出电压的极性并计算其大小。

（2）标出滤波电容 C_1 和 C_2 的极性。

（3）若稳压管的 $I_{Zmin}=5mA$，$I_{Zmax}=20mA$，当 $R_L=200\Omega$ 时，稳压管能否正常工作？负载电阻的最小值约为多少？

（4）若将稳压管反接，结果如何？

（5）若 $R=0$，又将如何？

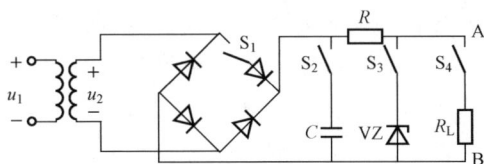 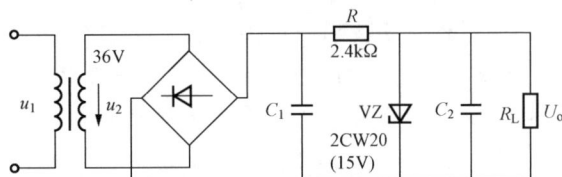

图 6-21 题 6.3 图   图 6-22 题 6.6 图

6.7 用三端集成稳压器 W7805 组成一个直流稳压电源，画出完整的电路图，选择合适的电路元件。该电源的输出电压是多少？

6.8 用三端集成稳压器 W7905 组成一个直流稳压电源，画出完整的电路图，选择合适的电路元件。该电源的输出电压是多少？

6.9 用三端集成稳压器设计一个输出 ±15V 电压的直流稳压电源，画出完整的电路图，选择合适的电路元件。

6.10 某一电阻性负载需要可调直流电压 $U_o=0\sim60V$，电流 $I_o=0\sim10A$，若采用单相半控桥式整流电路，求电源变压器二次电压有效值，并选择整流元件。

6.11 题 6.10 中，如果不用整流变压器，而将整流电路的输入端直接接在 22V 的交流电源上，能否满足上述要求？若可以，选择整流元件。

第7章　电力电子技术

电力电子技术是一种利用电力电子器件对电能的某些参量或特性（如电压、电流、频率、相位、相数、波形等）进行变换和控制的技术。如果说微电子技术是信息处理技术，那么电力电子技术就是电力处理技术。

电力电子技术一般由电力电子器件、电力变换电路和控制电路组成。横跨"电力"、"电子"与"控制"3个领域，是一门电力、电子、控制三大电气工程技术领域之间的交叉学科。目前，已发展为多学科互相渗透的综合性技术学科。其应用十分广泛，不仅用于一般工业，也广泛用于交通运输、电力系统、通信系统、计算机系统、新能源系统等，在照明、空调等家用电器及其他领域中也有着广泛的应用。

7.1　电力电子器件

电力电子器件也就是电力半导体器件，根据不同的开关特性，电力电子器件可分为如下3种类型。

（1）不可控器件。这类器件通常为两端器件，除了改变加在器件两端间电压极性，不能控制其开关和关断，如整流二极管等。

（2）半控型器件。这类器件通常为三端器件，通过控制信号能够控制其开通而不能控制其关断。普通晶闸管及其派生器件属于这一类。

（3）全控型器件。这类器件也为三端器件，通过控制信号既可以控制其开通，也可以控制其关断，因而也称为自关断器件。这类器件有可关断晶闸管（GTO）、电力晶体管（GTR）、电力MOS场效应晶体管（P－MOSFET）、绝缘栅双极晶体管（IGBT）和MOS控制晶闸管（MCT）等。

除上述分类法外，根据控制信号不同，电力电子器件还可分为如下两类。

（1）电流控制型。包括电力晶闸管（GTR）、晶闸管（SCR）、可关断晶闸管（GTO）等。

（2）电压控制型。包括电力MOS场效应晶体管（P—MOSFET）、绝缘栅双极晶体管（IGBT）和MOS控制晶闸管（MCT）等。

本节重点介绍晶闸管的结构和工作原理。

7.1.1　晶闸管的基本结构

晶闸管又称可控硅，是在晶体管基础上发展起来的一种大功率半导体器件。它具有容量大、电压高、损耗小、控制方便等特点，被广泛应用于可控整流、逆变、交流调压和开关等方面。

晶闸管的结构如图 7-1 （a）所示，它由 4 层半导体 $P_1-N_1-P_2-N_2$ 重叠构成，形成 3 个PN结：J_1、J_2 和 J_3。最外层的 P_1 和 N_2 分别引出阳极 A 和阴极 K，中间的 P_2 层引出控制极G。图 7-1 （b）为晶闸管的表示符号。图 7-2 （a）是晶闸管的内部结构示意图，图7-2 （b）

是它的外形图。从图 7 - 2（b）看出，晶闸管的一端是一个螺栓，这是阳极引出端，同时可以利用它固定散热片；另一端有两根引出线，其中粗的一根是阴极引线，细的是控制极引线。

　　晶闸管的外形有螺旋式、平板式和模块式 3 种，使用时固定在散热器上。

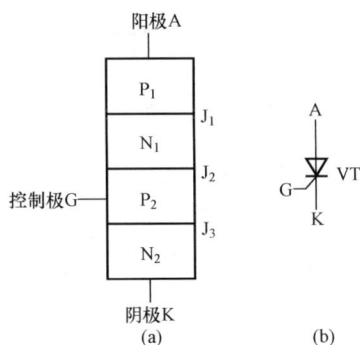

图 7 - 1　晶闸管的结构及其表示符号
（a）内部结构；（b）符号

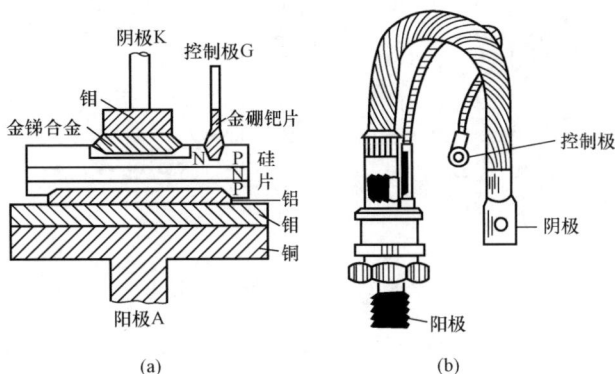

图 7 - 2　晶闸管的结构及外形
（a）结构；（b）外形

7.1.2　晶闸管的工作原理

图 7 - 3 所示的是晶闸管导通实验电路。

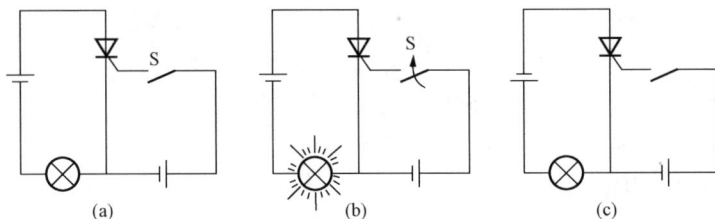

图 7 - 3　晶闸管导通实验电路图
（a）晶闸管不导通；（b）晶闸管导通；（c）晶闸管再次不导通

　　（1）图 7 - 3（a）中，晶闸管阳极接电源的正极，阴极经过灯泡接电源的负极，此时晶闸管电路承受正向电压。控制极电路中开关 S 断开，即控制极与阴极间不加电压。这时灯泡不亮，说明晶闸管不导通。

　　（2）图 7 - 3（b）中，晶闸管阳极和阴极之间均加正向电压，控制极对阴极亦加正向电压，这时灯泡亮，说明晶间管导通。

　　（3）晶闸管导通后，若去掉控制极上的电压（开关 S 断开），灯仍然亮，表明晶闸管继续导通，可见晶闸管一旦导通后，控制极就失去了控制作用。

　　（4）图 7 - 3（c）中，晶闸管阳极与阴极之间加反向电压，控制极电路中开关闭合，控制极与阴极间加正向电压，这时灯泡不亮，说明晶闸管不导通。

　　从上述实验可以看出，晶闸管导通必须具备两个条件：①晶闸管阳极和阴极之间加正向电压；②控制极和阴极之间加正向电压。

　　为了说明晶闸管的工作原理，可以将图 7 - 1（a）看成由两个等效的三极管组合而成，如图 7 - 4 所示，其中 N_1、P_2 为两管共用，即每一个三极管的基极与另一个三极管的集电极相连。晶闸管的工作原理可用图 7 - 5 来说明。

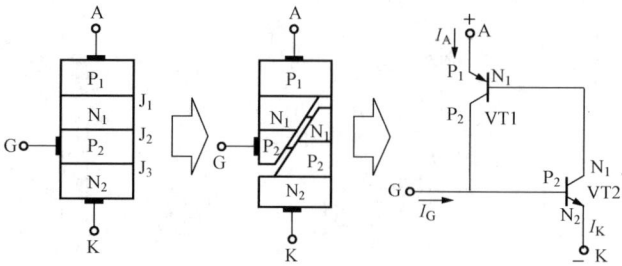

图 7 - 4　晶闸管的等效电路

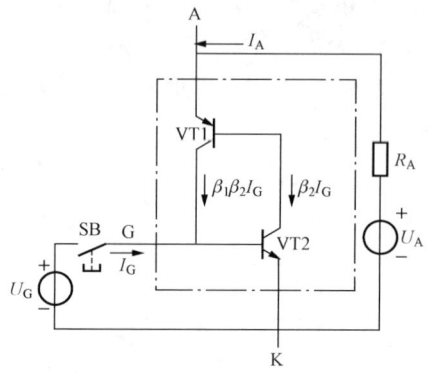

图 7 - 5　晶闸管工作原理图

当晶闸管上外加电压，同时满足上述两个导通条件时，晶体管 VT2 处于正向偏置，控制极与阴极间的电压产生控制极电流 I_G，此电流就是 VT2 的基极电流 I_{B2}，经过 VT2 管的电流放大作用，VT2 的集电极电流 $I_{C2} = \beta_2 I_G$，而 I_{C2} 又是 VT1 的基极电流，经过 VT1 管的电流放大作用，VT1 的集电极电流 $I_{C1} = \beta_1 I_{C2} = \beta_1 \beta_2 I_G$，该电流又流入 VT2 的基极再一次放大。这样循环下去，形成了强烈的电流正反馈，使 VT1、VT2 迅速饱和导通，这就是晶闸管导通过程。

晶闸管导电后，其导通状态可以完全依靠管子本身的正反馈的作用来维持，不再受控制极电流 I_G 的影响，因此控制极的作用仅仅是触发晶闸管使其导通，晶闸管导通后，控制极便失去了控制作用，此时若想关断晶闸管，有以下几种方法：

（1）将阳极电流 I_A 减小到它不能维持正反馈。

（2）断开晶闸管的阳极电路。

（3）在晶闸管的阳极和阴极间加一个反向电压。

由此可见，晶闸管是一个可控无触点单向导电开关。它与具有一个 PN 结的二极管相比较，其差别在于晶闸管正向导电受控制极电压的控制；与具有两个 PN 结三极管相比较，其差别在于晶闸管对控制极电流没有放大作用。

7.1.3　晶闸管的伏安特性

晶闸管的导通和截止这两个工作状态是由阳极电压 U_A、阳极电流 I_A 及控制极电流 I_G 等决定的，而这几个量又是互相联系并按一定规律变化的，它们之间的关系就是晶闸管的伏安特性曲线。图7-6所示的伏安特性曲线是在 $I_G = 0$ 的条件下做出的。

当控制极电压 $U_G = 0$，控制极电流 $I_G = 0$ 时，阳极和阴极之间加正向电压，此时晶闸管的 3 个 PN 结因有一个 PN 结处于反向偏置，其中只有很小的电流流过，这个电流称为正向漏电流，这时，晶闸管阳极和阴极表现出很大的电阻，它处于截止状态，如图 7 - 6 中 OA 段所示。当阳极正向电压 U_A 增加到某一数值时，正向漏电流突然增大，晶闸管不需触发电流就迅速从阻断状态变为导通状态。此时的阳极电压称为正向转折电压 U_{BO}。

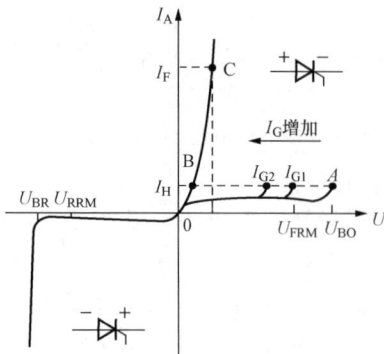

图 7 - 6　晶闸管的伏安特性

应该指出，晶闸管的这种导通是正向击穿现象，很容易造成晶闸管永久性损坏，实际中应避免这种现象发生。当控制极和阴极之间加上正向控制电压 U_G 时，有控制电流通过，若此时在阳极加正向电压，晶闸管就会在低于正向转折电压 U_{BO} 的某个值下，由阻断状态转入导通状态，如图 7-6 中 BC 段所示。晶闸管导通后，通过很大的电流，这时管压降很小，只有 1V 左右，因此特性曲线靠近纵轴且陡直，与二极管的正向特性相似。在晶闸管导通后，若减小正向电压，正向电流就逐渐减少。当电流减小到某一数值时，晶闸管从导通状态转变为阻断状态，此时所对应的最小电流称为维持电流 I_H。

当晶闸管阳极加反向电压，其反向特性亦与一般二极管相似，只有很小的反向漏电流，当反向漏电流急剧增大时，所对应的电压称为反向击穿电压 U_{BR}，如图 7-6 所示。

7.1.4 晶闸管的主要参数

为了正确地选择和使用晶闸管，必须了解它的主要参数。

（1）正向重复峰值电压 U_{FRM}。在控制极断路和晶闸管正向阻断的情况下，可以重复加在晶闸管两端的正向电压。正向峰值电压一般取正向转折电压的 80%。

（2）反向重复峰值电压 U_{RRM}。在控制极断路时，可以重复加在晶闸管两端的反向电压。一般取反向转折电压的 80%。通常取 U_{FRM} 与 U_{RRM} 中的较小者作为晶闸管的额定电压。额定电压通用系列为：1000V 以下的每 100V 为一级，1000～3000V 之间的每 200V 为一级。

（3）正向平均电流 I_F。在规定环境温度（40℃）及标准散热条件下，晶闸管处于全导通时可以连续通过的最大工频正弦半波电流的平均值。

（4）正向平均管压降 U_F。在晶闸管正向导通状态下，A，K 两极间的电压平均值。其等级一般用字母 A～I 表示。0.4～1.2V 范围内每 0.1V 为一级。

（5）维持电流 I_H。在规定的环境温度和控制极开路的条件下，晶闸管触发导通后维持导通状态所需的最小阳极电流。

除了以上参数外，还有最小触发电压 U_G（一般为 1～5V）和最小触发电流 I_G（一般为几十到几百毫安）以及控制极最大反向电压等。晶闸管工作时控制极所有的触发脉冲要由专门的触发电路来提供。当晶闸管工作于快速开关状态时，还必须考虑开关时间、电压上升率和电流上升率等参数，使用时可查阅有关手册。

目前我国生产的普通晶闸管的型号命名含义如下：

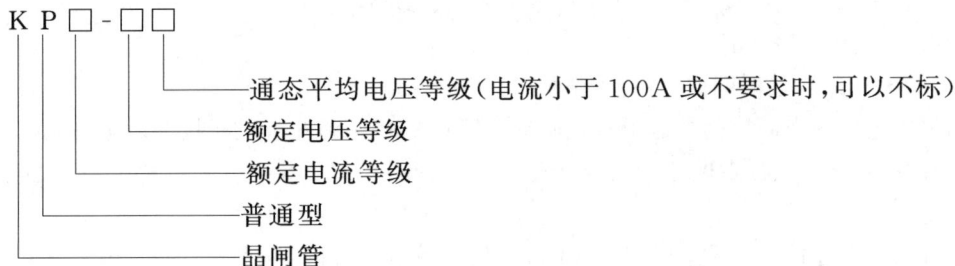

```
K P □-□□
```
通态平均电压等级（电流小于 100A 或不要求时，可以不标）
额定电压等级
额定电流等级
普通型
晶闸管

例如，KP5-7 型晶闸管表示额定正向平均电流为 5A，额定电压为 700V 的晶闸管。

【思考与练习】

1. 在晶闸管中，控制极电流是小的，阳极电流是大的；在晶体管中，基极电流是小的，集电极电流是大的。两者有何不同？晶闸管是否也能放大电流？

2. 晶闸管导通的条件是什么？导通时，其中电流的大小由什么决定？晶闸管阻断时，承受电压的大小由什么决定？

　　3. 为什么晶闸管导通之后，控制极就失去控制作用？在什么条件下晶闸管才能从导通转为截止？

　　4. 型号 KP100－18F 中各字母和数字分别代表什么？

7.2　可控整流电路

　　将交流电转换成大小可调的单一方向直流电的过程称为可控整流。可控整流在工业生产中应用很广，如直流电动机的调压调速、电解及电镀用的直流电源等。

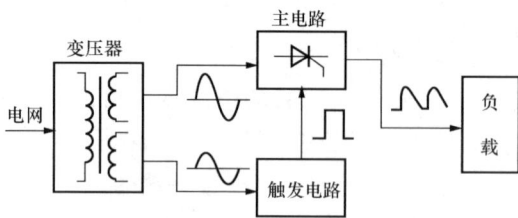

图 7-7　可控整流电路的原理框图

　　可控整流的原理如图 7-7 所示。变压器将电网电压转换成可控整流电路需要的交流电压，可控整流电路的主电路由晶闸管构成，只要改变触发电路送出触发脉冲的时间，就可以改变晶闸管在交流电压一周期内导通的时间，这样，负载上直流电压的大小就可以得到控制。

　　可控整流电路主电路的结构形式很多，如单相半波、单相桥式、三相半波和三相桥式等。这里仅介绍单相可控整流电路。

　　触发电路可以由分立元件组成，如单结晶体管触发电路和三极管触发电路等，但目前广泛采用集成化触发器和数字式触发器。

7.2.1　单相半波可控整流

1. 电路结构

　　电路结构如图 7-8 所示。将不可控的单相半波整流电路中的二极管用晶闸管代替，就成为单相半波可控整流电路。图 7-8 中负载为电阻性。

2. 工作原理

　　图 7-8 中，交流电压 u_2 通过负载电阻施加到晶闸管的阳极和阴极两端。在 u_2 的正半周，晶闸管 VT 承受正向电压。假设触发电路在 ωt_1 时刻送出触发脉冲 u_G 到晶闸管的控制极，如图 7-9（b）所示。

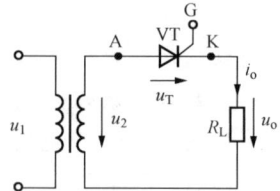

图 7-8　单相半波可控整流电路

　　在 $0 \sim \omega t_1$ 这段时间内，虽然晶闸管 VT 承受正向电压，但因触发电路尚未向控制极送出触发脉冲，所以晶闸管仍处于阻断状态，无直流电压输出。

　　在 ωt_1 时刻，触发电路向控制极送出触发脉冲，VT 导通，若忽略晶闸管的管压降，则输出电压 $u_o = u_2$。

　　在 $\omega t = \pi$ 时，u_2 下降到零，晶闸管阳极电流也下降到零而被关断，$u_o = 0$。

　　在 u_2 的负半周，晶闸管 VT 承受反向电压，处于反向阻断状态，$u_o = 0$。

　　u_2 的下一个周期情况同上述，循环往复，得输出电压 u_o 波形如图 7-9（c）所示，晶闸管承受电压 u_{VT} 波形如图 7-9（d）所示。

　　在可控整流电路中，从晶闸管开始承受正向电压到触发脉冲到来之间的电角度称为控制角（也称移相角），用 α 来表示。晶闸管在一周期内导通的电角度称为导通角，用 θ 表示，如图 7 - 9 （c）所示。显然，控制角 α 越小（导通角 θ 越大），输出电压越大。改变触发脉冲到来的时间，输出电压的波形就随之改变，就可以达到控制输出直流电压大小的目的。

3. 各电量计算

从图 7 - 9 （c）可得，输出直流电压的平均值为

$$U_{\circ} = \frac{1}{2\pi} \int_{\alpha}^{\pi} \sqrt{2} U_2 \sin\omega\, t \mathrm{d}\omega\, t$$

$$= \frac{\sqrt{2}}{2\pi} U_2 (1 + \cos\alpha)$$

即

$$U_{\circ} \approx 0.45 U_2 \frac{1 + \cos\alpha}{2} \qquad (7 - 1)$$

由式（7 - 1）可以看出，当 $\alpha = 0°$ 时，晶闸管在正半周全导通，$U_{\circ} = 0.45 U_2$，输出电压最高，同二极管半波整流输出电压；当 $\alpha = 180°$ 时，晶闸管全关断，$U_{\circ} = 0$。所以，α 在 $180°\sim 0°$ 之间连续可调时，输出电压在 $0\sim 0.45 U_2$ 之间连续可调。

因为是电阻性负载，所以输出电流正比于输出电压，即

$$I_{\circ} = 0.45 \frac{U_2}{R_{\mathrm{L}}} \frac{1 + \cos\alpha}{2} \qquad (7 - 2)$$

从图 7 - 8 可以看出，晶闸管通过的平均电流为

$$I_{\mathrm{VT}} = I_{\circ} \qquad (7 - 3)$$

晶闸管上承受的最高正、反向工作电压为

$$U_{\mathrm{FM}} = U_{\mathrm{RM}} = \sqrt{2} U_2 \qquad (7 - 4)$$

4. 晶闸管的选择

为了留有充分的余量，一般选择晶闸管的正向平均电流为

$$I_{\mathrm{F}} = (1.5 \sim 2) I_{\mathrm{VT}} \qquad (7 - 5)$$

选择晶闸管的正、反向重复峰值电压为

$$U_{\mathrm{FRM}} = (2 \sim 3) U_{\mathrm{FM}} \qquad (7 - 6)$$

$$U_{\mathrm{RRM}} = (2 \sim 3) U_{\mathrm{RM}} \qquad (7 - 7)$$

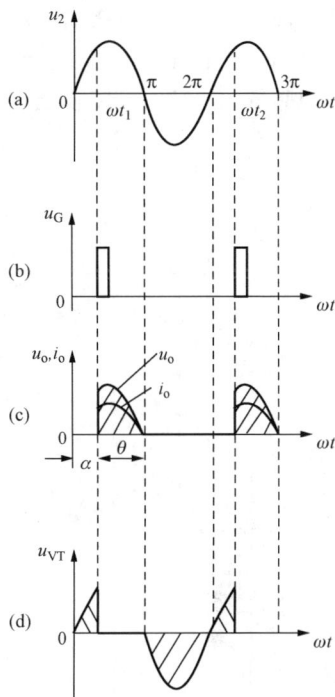

图 7 - 9　单相半波可控整流
电路的电压、电流波形
（a）u_2 波形；（b）u_{G} 波形；
（c）$u_{\circ}$、$i_{\circ}$ 波形；（d）u_{VT} 波形

7.2.2　单相半控桥式整流电路

1. 电路结构

将图 6 - 2 所示的单相桥式整流电路中的两个二极管用晶闸管代替，就构成了单相半控桥式整流电路（简称半控桥），如图 7 - 10 所示。

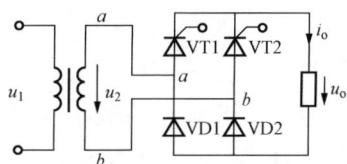

图 7 - 10　单相半控桥式整流电路

2. 工作原理

在 u_2 的正半周，晶闸管 VT1 和二极管 VD2 承受正向电压。若触发电路送出触发脉冲 U_{G} 到晶闸管 VT1 的控制极，则 VT1 和 VD2 导通，电流通路为

$$a \rightarrow \mathrm{VT1} \rightarrow R_{\mathrm{L}} \rightarrow \mathrm{VD2} \rightarrow b$$

此时，VT2 和 VD1 因承受反向电压而截止。忽略晶闸管和

二极管的管压降，则输出电压 $u_o = u_2$。

在 u_2 的负半周，晶闸管 VT2 和二极管 VD1 承受正向电压。若触发电路送出触发脉冲 U_G 到晶闸管 VT2 的控制极，则 VT2 和 VD1 导通，电流通路为

$$b \to VT2 \to R_L \to VD1 \to a$$

此时，VT1 和 VD2 因承受反向电压而截止。忽略晶闸管和二极管的管压降，则输出电压 $u_o = -u_2$。

u_2 的下一个周期情况同上述，循环往复，得到电路中各电压、电流波形如图 7-11 所示。

显然，改变触发器脉冲到来的时间，即改变控制角 α 的大小，输出电压的波形就随之改变，就可以达到控制输出直流电压大小的目的。

3. 各电量计算

与单相半波可控整流电路相比，半控桥式整流电路的输出电压的平均值要大一倍，即

$$U_o = 0.9 U_2 \frac{1 + \cos\alpha}{2} \qquad (7-8)$$

全导通时（$\alpha = 0°$，$\theta = 180°$），$U_o = 0.9 U_2$，输出电压最高；全关断时（$\alpha = 180°$，$\theta = 0°$），$U_o = 0$。所以，α 在 $180° \sim 0°$ 之间连续可调时，输出电压在 $0 \sim 0.9 U_2$ 之间连续可调。

输出电流的平均值为

$$I_o = 0.9 \frac{U_2}{R_L} \frac{1 + \cos\alpha}{2} \qquad (7-9)$$

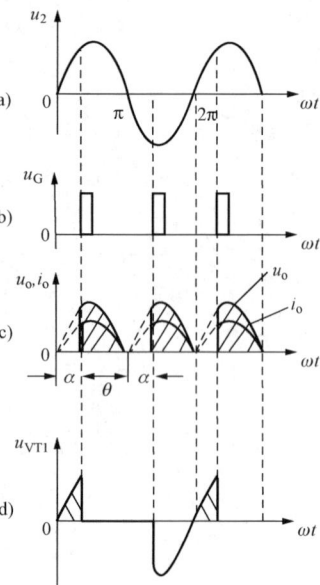

图 7-11　单相半控桥式整流
电路的电压电流波形图

从图 7-11 可以看出，晶闸管通过的平均电流为

$$I_{VT} = \frac{1}{2} I_o \qquad (7-10)$$

晶闸管上承受的最高正、反向工作电压为

$$U_{FM} = U_{RM} = \sqrt{2} U_2 \qquad (7-11)$$

[**例 7-1**]　有一纯电阻负载需要可调的直流电源供电，电压 $U_o = 0 \sim 180V$，电流 $I_o = 0 \sim 6A$，采用单相半控桥式整流电路，试求输入交流电压的有效值，并选择整流元件。

解　设晶闸管导通角 $\theta = 180°$（控制角 $\alpha = 0°$）时，$U_o = 180V$，$I_o = 6A$。
因为

$$U_o = 0.9 U_2 \frac{1 + \cos\alpha}{2}$$

所以

$$U_2 = \frac{U_o}{0.9} = \frac{180}{0.9} = 200(V)$$

考虑到电网电压的波动、管压降以及导通角实际上到不了 $180°$，交流电压的选取应比实际计算的加大 10% 左右。取 $U_2 = 220V$，可以不用变压器，直接接到 $220V$ 的交流电源上。

流过晶闸管和二极管的平均电流为

$$I_{VT} = I_{VD} = \frac{1}{2}I_o = 3A$$

晶闸管承受的最高正反向工作电压和二极管承受的最高反向工作电压为

$$U_{FM} = U_{RM} = U_{DRM} = \sqrt{2}U_2 = 310V$$

选择晶闸管

$$I_F = (1.5 \sim 2)I_{VT} = 5A$$

$$U_{FRM} = (2 \sim 3)U_{FM} = (620 \sim 930)V$$

$$U_{RRM} = (2 \sim 3)U_{RM} = (620 \sim 930)V$$

可选择额定电压为 700V，额定电流为 5A 的晶闸管和二极管，即晶闸管 KP5—7，二极管 2CZ5/700。

【思考与练习】

1. 在图 7 - 10 的单相半控桥式整流电路中，变压器副边交流电压的有效值为 300V，选用 400V 的晶闸管是否可以？

2. 在可控整流电路中，触发脉冲是否应和主电路同步？

7.3 交流调压电路

晶闸管构成的可控整流电路实质上是一个直流调压电路。在实际生产中，交流调压（调节交流电压有效值的大小）也得到了广泛应用，如工业加热、灯光控制、感应电动机的调速等。

图 7 - 12（a）所示为由晶闸管组成的单相交流调压电路，接电阻性负载。电路中的两只晶闸管反方向并联之后串接在交流电路中，控制它们正、反向导通的时间，就可以达到调节交流电压的目的。

在交流电压的正半周，晶闸管 VT1 承受正向电压，VT2 承受反向电压。当 $\omega t = \alpha$ 时触发晶闸管 VT1，VT1 导通，于是有电流流过负载，$u_o = u_i$；当 $\omega t = \pi$ 时，电源电压过零，VT1 自行关断。

在交流电压的负半周，晶闸管 VT2 承受正向电压，VT1 承受反向电压。当 $\omega t = \pi + \alpha$ 时触发晶闸管 VT2，VT2 导通，$u_o = u_i$；当 $\omega t = 2\pi$ 时，VT2 自行关断。

周期性地重复上述过程，在负载电阻上就可得到图 7 - 12（b）所示的交流电压波形。改变控制角 α，就可以调整输出电压的有效值。由图 7 - 12 可得，输出交流电压的有效值为

$$U_o = \sqrt{\frac{1}{\pi}\int_\alpha^\pi (\sqrt{2}U\sin\omega t)^2 \mathrm{d}\omega t}$$

即

$$U_o = U\sqrt{\frac{1}{2\pi}\sin 2\alpha + \frac{\pi - \alpha}{\pi}} \qquad (7 - 12)$$

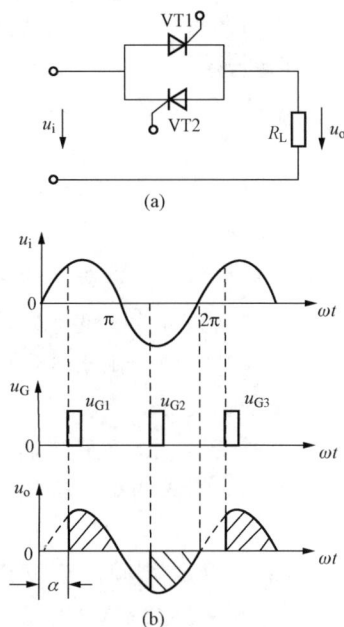

图 7 - 12　晶闸管的交流调压
（a）调压电路；（b）波形图

在交流调压电路中，通常采用正反两个方向都能触发导通的双向晶闸管代替两个反向并联的晶闸管。双向晶闸管的图形符号和伏安特性如图 7-13 所示。G 为双向晶闸管的公共控制极。触发脉冲加于 G 与 A_1 之间，若外加电压的极性如图 7-13（a）所示，在控制极加触发脉冲时，导通方向从 A_2 到 A_1；若外加电压的极性相反，在控制极加触发脉冲时，导通方向就从 A_1 到 A_2。

[例 7-2]　图 7-14（a）所示是双向晶闸管等元件构成的调光台灯电路，试分析其工作原理。其中 VD 为双向触发二极管，当两端电压达到一定数值时便迅速导通，导通后的压降变小，伏安特性如图 7-14（b）所示，R_2 为限流电阻。

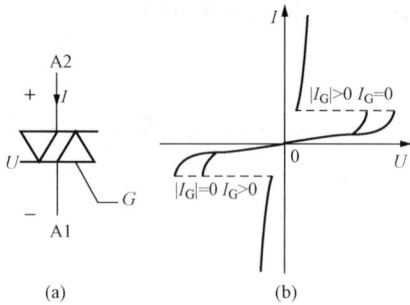

图 7-13　双向晶闸管
（a）极性；（b）伏安特性

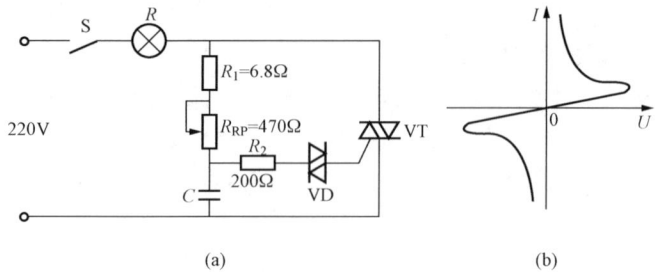

图 7-14　例 7-2 的图
（a）电路；（b）伏安特性

解　开关接通后，电容 C 通过 R_1，R_2 充电，充电时间常数 $\tau = (R_1 + R_{RP})C$。当电容上电压充至触发二极管的导通电压时，触发二极管导通，晶闸管触发导通，灯亮。当交流电源过零时，双向晶闸管自行关断。调节 R_{RP} 可改变 C 的充电时间常数，以改变触发二极管的导通时间，从而改变双向晶闸管在交流电源正负半周内的导通角，改变台灯上电压的有效值，以达到调整灯光亮度的目的。

【思考与练习】
交流调压与可控整流有何异同？

7.4　逆　变　器

逆变是整流的反过程，将直流电变换为负载所需要的不同频率和电压值的交流电。完成这种逆变的电路称为逆变电路或逆变器，又称变频器。逆变器在交流电机调速、感应加热、不停电电源等方面应用十分广泛。若逆变器的输入是直流电源，则称为直流—交流逆变器。一般大功率逆变器的直流电源是由交流整流得到的，因此，这种电源系统又称为交流—直流—交流逆变器。按逆变器输出的相数，可分为单相逆变器和三相逆变器。

由 IGBT 组成的单相桥式逆变器如图 7-15 所示。由于其输入为电压源，故又称为电压型逆变器。

设在 $0 \sim T/2$ 期间，给 VT1、VT2 加驱动信号 u_{g1}、u_{g2}（图 7-15（b）中的 u_{g1}、u_{g2}），则 VT1、VT2 导通，VT3、VT4 关断，忽略它们的管压降，输出电压 $u_o = U_d$；在 $T/2 \sim T$ 期间，给 VT3、VT4 加驱动信号 u_{g3}、u_{g4}（图 7-15（b）中的 u_{g3}、u_{g4}），则 VT3、VT4 导通，VT1、VT2 关断，输出电压 $u_o = -U_d$。电路各点的波形如图 7-15（b）所示。可见，

只要不断交替切换 VT1、VT2 和 VT3、VT4 的导通和关断，在负载电阻 R_L 上就可得到幅度为 U_d，频率为 $f(1/T)$ 的交流方波电压，从而实现了直流到交流的逆变过程。

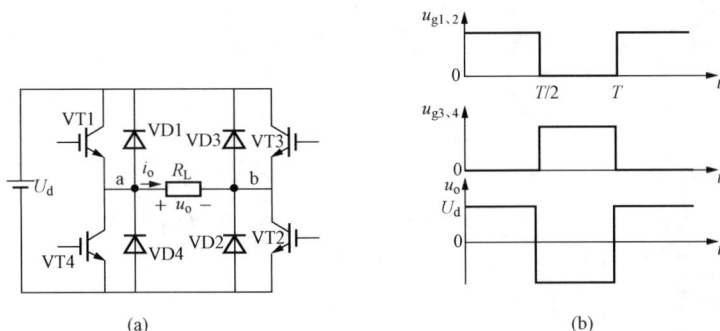

图 7-15 单相桥式逆变器及其波形

(a) 逆变电路；(b) 波形图

根据图 7-15 (b)，输出电压的有效值为

$$U_o = \sqrt{\frac{2}{T}\int_0^{\frac{T}{2}} U_d^2 \mathrm{d}t} = U_d \tag{7-13}$$

显然，改变输入电压 U_d 即可改变输出电压的有效值 U_d，改变切换频率 f 即可改变输出的交流频率。

图中的 VD1～VD4 为续流二极管。对于纯电阻负载，它们不起作用，可以去掉它们。对于大电感负载，由于电感电流不能突变，当某一对 IGBT 关断时，要靠二极管形成电流回路。例如，VT1、VT2 导通时负载电流 i_o 从 a 点流到 b 点，在 $T/2$ 时刻，VT1、VT2 关断，尽管 VT3、VT4 在该时刻加上了驱动信号，但此时由于 i_o 不能突变，仍保持从 a 点流到 b 点，这样就迫使 VD4、VD3 导通，电流流向为电源负极→VD4→a→b→VD3→电源正极。该过程为能量回馈过程，即电感释放能量向电源充电。

图 7-15 中的 VT 若换成晶闸管、晶体管或场效应管，则分别构成晶闸管、晶体管和场效应管逆变器。

上述矩形波输出型逆变器，其导通角为 $180°$，每周期各开关管只开、关一次，控制简单，开关损失小。但由于矩形波谐波成分较大，若作为电动机变频调速电源用，会引起谐波损耗与转矩脉动增大，使电动机效率下降，功率因数降低，并影响电动机的平稳运行，因而仅适用于短时供电的不停电电源。电动机变频调速电源通常采用正弦脉宽调制（SPWM，Sine-Ware Pulse-Width Modulation）型逆变器。

单极性 SPWM 型逆变器的工作原理如图 7-16 所示，将正弦电压 u_C 与三角波 u_R 进行比较（u_R 的频率为 u_C 频率 f 的整倍数，且固定不变），比较的结果得到一组宽度不等的序列脉冲。由于三角波 u_R 是线性变化的，因此便可得到幅值为 U_d、宽度按正弦规律变化的一组矩形脉冲。得到的这组矩形脉冲可以等效为与 u_C 同频率的正弦波电压 u_o，改变 u_C 的频率 f 即可达到调频的目的。等效正弦波 u_o 的幅值（在输入直流电压 U_d 不变的情况下）取决于 u_C 与 u_R 相对值，如果保持 u_R 不变，提高 u_C 的幅值，则 u_o 的幅值增大，反之，u_o 的幅值减小。SPWM 型逆变器输出的等效正弦波电压（基波）u_o 为

$$u_o = KU_d U_{cm}\sin 2\pi ft \tag{7-14}$$

式中，K 为与 SPWM 控制器的参数有关的常数。

目前，逆变器多采用 IGBT（Insulated Gate Bipolar Transitor，绝缘栅双极型晶体管）实现的 SPWM 型正弦波逆变器，并利用微机技术实现 SPWM 控制。由于它具有谐波分量小，噪声低，便于实际调频、调压等优点，性能越来越完善，控制精度越来越高，因而得到迅速推广。

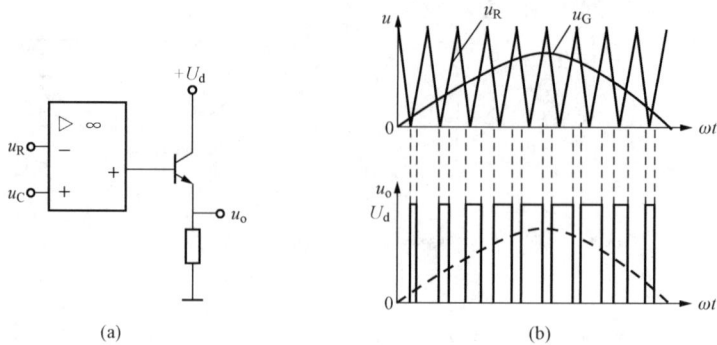

图 7-16　单相 SPWM 型逆变器及其波形
（a）原理图；（b）波形图

【思考与练习】

1. 逆变器的作用是什么？

2. 简述正弦脉宽调制型逆变器的工作原理，其电路中的开关器件可否用普通晶闸管替代？

本 章 小 结

（1）晶闸管是一种开关器件，具有可控的单向导电性。它通过控制极电流来控制管子的导通时刻。晶闸管导通后，控制极失去控制作用。若使其关断，必须使阳极电流下降到小于维持电流或给其加反向电压。

（2）用晶闸管可以构成输出电压大小可调的可控整流电路。通过改变晶闸管控制角的大小来调节直流输出电压。其分为：单相半波可控整流电路，单相半控桥式整流电路，单相全控桥式整流电路 3 种。

（3）晶闸管除整流外，还广泛用于逆变、变频、无触点开关和调压等。逆变是整流的逆过程，把直流变为交流电；变频是把工频交流电变成频率可调的交流电；交流调压是通过改变晶闸管的控制角来实现的。

习　　　题

7.1　某一电阻性负载，需要直流电压 60V，电流 30A。今采用单相半波可控整流电路，直接由交流 220V 的电网供电，试计算晶闸管的导通角、电流的有效值，并选用合适的晶闸管。

7.2 有一单相半波可控整流电路，负载电阻 $R_L = 10\Omega$，直接由交流 220V 的电网供电，控制角 $\alpha = 60°$。试计算整流电压的平均值、整流电流的平均值和电流的有效值，并选用合适的晶闸管。

7.3 一单相桥式半控整流电路，其输入交流电压为 220V，负载电阻为 $1k\Omega$，当控制角 $\alpha = 0\sim90°$ 时，试完成：

（1）画出输出电压、晶闸管电压和晶闸管电流的波形；

（2）计算负载上电压和电流的平均值。

7.4 分析图 7 - 17（a）和图 7 - 17（b）所示电路的工作原理。若电路为感性负载时，能否正常工作？应采取什么措施？

7.5 图 7 - 18 所示是用两个晶闸管组成的单相交流调压器电路，试分析其工作原理。

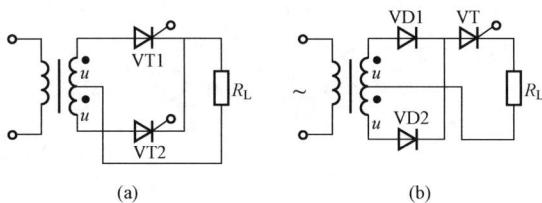

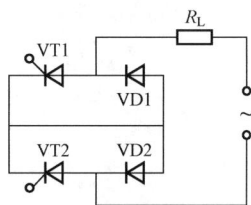

图 7 - 17 题 7.4 图   图 7 - 18 题 7.5 图

参 考 文 献

[1] 秦曾煌. 电工学. 北京：高等教育出版社，1999.

[2] 刘全中. 电子技术. 北京：高等教育出版社，1999.

[3] 罗映红，等. 电子技术. 兰州：兰州交通大学出版社，2005.

[4] 王英. 模拟电子技术. 成都：西南交通大学出版社，2008.

[5] 唐介. 电工学. 北京：高等教育出版社，1999.

[6] 刘润华. 电工电子学. 山东：石油大学出版社，1999.

[7] 徐淑华. 电工电子技术. 北京：电子工业出版社，2003.

[8] 童诗白. 模拟电子技术. 北京：高等教育出版社，2001.

[9] 汪晓安. 模拟电子技术. 西安：西安电子科技大学出版社，2002.

[10] 孙肖子. 模拟电子技术基础教学指导书. 西安：西安电子科技大学出版社，2002.